The Madness of Knowledge

知识也疯狂

人类的求知、无知与幻想

［英］史蒂芬·康纳 | 著　　叶泉 | 译

浙江人民出版社

图书在版编目（CIP）数据

知识也疯狂：人类的求知、无知与幻想 /（英）史蒂芬·康纳著；叶泉译. — 杭州：浙江人民出版社，2023.9
 ISBN 978-7-213-11177-8

Ⅰ. ①知… Ⅱ. ①史… ②叶… Ⅲ. ①知识论－研究 Ⅳ. ①G302

中国国家版本馆CIP数据核字（2023）第155275号

浙江省版权局
著作权合同登记章
图字：11-2019-190号

The Madness of Knowledge: On Wisdom, Ignorance and Fantasies of Knowing by Steven Connor was first published by Reaktion Books, London, UK, 2019. Copyright © Steven Connor 2019.
Simplified Chinese edition copyright: 2023 ZHEJIANG PEOPLE'S PUBLISHING HOUSE
All rights reserved.

知识也疯狂：人类的求知、无知与幻想

[英] 史蒂芬·康纳 著　叶泉 译

出版发行：浙江人民出版社（杭州市体育场路347号 邮编：310006）
　　　　　市场部电话：（0571）85061682　85176516
责任编辑：齐桃丽
策划编辑：陈佳迪
营销编辑：陈雯怡　张紫懿　陈芊如
责任校对：王欢燕　江景芬
责任印务：幸天骄
封面设计：李　一
电脑制版：北京之江文化传媒有限公司
印　　刷：杭州丰源印刷有限公司
开　　本：880毫米×1230毫米　1/32　　　印　张：13.5
字　　数：300千字　　　　　　　　　　　插　页：2
版　　次：2023年9月第1版　　　　　　　印　次：2023年9月第1次印刷
书　　号：ISBN 978-7-213-11177-8
定　　价：78.00元

如发现印装质量问题，影响阅读，请与市场部联系调换。

"但我不想和疯子在一起。"爱丽丝说。

"哦,那可不行。"猫说,"我们都是疯子,我疯了,你也疯了。"

"你怎么知道我疯了?"爱丽丝说。

"你一定是疯了,"猫说,"否则你就不会到这里来。"

爱丽丝认为这根本不能证明什么。

——[英]刘易斯·卡罗儿《爱丽丝梦游仙境》

目 录
Contents

001 / 引 言

第一章
045 / 求知的意志

第二章
094 / 认识你自己

第三章
149 / 知识的秘密性

第四章
194 / 知识的问答

第五章
244 / 冒牌的知识

第六章
274 / 无　知

第七章
319 / 知识的空间

第八章
352 / 知识阶层统治制度

388 / 参考资料

422 / 进一步阅读

引 言

"认识论(epistemology)"与"科学家(scientist)"一样,都是现代词汇。英国科学促进协会(British Association for the Advancement of Science)在19世纪30年代早期开始使用后者,前者则最早见诸1847年出版的《英语评论》(*English Review*),是约翰·戈特利布·费希特(Johann Gottlieb Fichte)对德语单词"Wissenschaftslehre(科学的理论)"的翻译。据作者的解释,"epistemology(认识论)"这个译法参照了"technology(技术)"一词的翻译[1]。希腊哲学关注的是如何区分权威可靠的知识与普通大众的意见,可以说它的整个概念体系和框架是建立在认识论基础上的。然而,让人颇为好奇的是,直到19世纪,认识论这种将认识转向其自身状态和其可能性的努力才有了正式命名——即便不是获得完全的了解。

此外,还有一些人也提出了类似的名称。拉尔夫·卡德沃思(Ralph Cudworth)*在1688年完成的一篇论文中(不过直到1731

---

* 拉尔夫·卡德沃思(1617—1688),英国神学家和哲学家,剑桥柏拉图学派的主要成员。——译者注(全书若无特殊说明,均为译者注)

年，该论文才得以发表），提出了"epistemonical"一词，大意是"能被认识的"。在论文中，卡德沃思先指出："一切理论真相不过是能被清楚认识的事物，而凡是能被清楚感知的，皆是实体和真相。"这意味着虚假根本无法存于世。接着，卡德沃思又提出："凡是能明白无误地认识的事物，人们就不会受其蒙蔽，唯有人们认为无法理解的事物，他们才会被其蒙蔽。"[2]这样说来，"epistemonical"的派生词"epistemony"（指"能被认识的状态"）也许能为人所接受。当然，这个词并不存在，除卡德沃思本人外，也没有人认可这个词。

在英语中，前缀"epistem-"也用于一些具有寓意的人名。最著名也最重要的例子就是拉伯雷（Rabelais）《巨人传》（*Gargantua and Pantagruel*）中的埃比斯特蒙（Epistemon），他是知识和力量的化身（耐人寻味的是，他的首级在一次战役中被斩落，不过后来又被缝合回原位）。苏格兰国王詹姆斯四世在他所著的《魔鬼学》（*Daemonologie*）中，描述了法洛马斯（Philomath，意为"爱好学问之人"或"追求学问之人"）与埃比斯特蒙（有学问之人）之间的辩论。1609年，托马斯·海伍德（Thomas Heywood）创造了一位名为埃比斯特门斯（Epistemus）的人物。盖伊·梅吉（Guy Miège）编撰的《法语奇词字典》（*A Dictionary of Barbarous French*）*改编自兰德尔·科特格雷夫（Randle Cotgrave）的《法英词典》（*A Dictionary of the French and English Tongues*），书中将"epistemon"一词定义为"教师"。[3]

---

* 该词典中收录的多为不再使用的旧词、方言中的词汇或编造的词。

在"epistemology"一词出现前,并没有专门的词来描述人们长久以来进行的认识世界的活动。与之类似,我认为目前也没有词语可以描述这种非常普遍的现象——与知识相关的、复杂的感觉状态和幻想的产生与发展。所以,我打算用"认识感知(epistemopathy)"一词来描述这种现象。这个词要比"认识论"的使用范围更广,同时也更难以界定,因为这个词并非旨在讨论知识本身,而是在探讨与知识相关的观念、目的,甚至与知识相关的幻想(我们经常不得不如此表述,无论正确与否)所激发的感觉范围。如此说来,认识感知当然并不仅限于探讨认识的范围和方式,还牵涉到认识的一切主要和次要职能需投入的活动,如琢磨、探究、发现、论证、推理、教导和领悟等等。简而言之,认识感知关注的是与知识相关的一切。亚里士多德在《形而上学》(*Metaphysics*)开篇中写道:"依其本性,所有人都渴望知识。"[4] 认识感知关注这种对知识的渴望,也关注与这种渴望相关的热情,以及缺乏这种渴望的状况——因为无知不仅是指知识的遗漏或缺位,无知自身也有其使命,甚至如雅克·拉康(Jacques Lacan)所说,无知也是一种热情。[5]

对于我计划讨论的领域而言,"知识(knowledge)"一词并不足够精确,或者不足以涵括我要讨论的范畴。"知识"一词在不同的时期有不同的含义,如记忆、智力、理性、理解、信仰、技能、智慧、认知等,或者知识就是思考的意思。但由于这是一个兼容并蓄的词,它的内涵不断丰富,这个词实际上可以相当有效地表达我们关于知识的思考——这种思考往往只是一种感觉。然而,我们在关于不同形式的认识活动和对知识的思考中,却有将两者合二为一的倾向,这颇令人诧异。

也许有人认为,对于知识的渴望是现代哲学固有的特征。铭刻在德尔斐(Delphi)的阿波罗神庙上"认识你自己"的教诲已经逐渐发展成"认识你的认知"的告诫(这个过程就像爱丽丝挥舞着火烈鸟球棒参加槌球比赛*那样困难),对此,笛卡儿和康德也做了相关探索。对于实践认识论的思考,也许是偏向现代的,因为目前对于知识的探讨已经从假定的已知世界转向知识的可能性,认识论必须立足于人们能理解的领域。但我们也必须承认,每一种形式的认识论中都存在认识感知,例如获得知识的自我实现和自我管理的渴望。彼得·斯劳特戴克(Peter Sloterdijk)曾提出一个颇令人关注的观点:世界上从来没有存在过真正意义上的宗教,既往一切形式的宗教教义和信仰,不过是人们对于末世理论和人类技术的自我实现和自我改造。[6]

同样地,我们也许可以推测,多个世纪以来高等学府努力研究的、更为形而上学的宗教思想,曾经也未经过科学实验或个人经验的检验,或许正因如此,这些宗教思想才一直利用苛刻的内在逻辑限制,解释一种人为编造的体系,或者说一种认知技艺(epistemotechnic)——一种子虚乌有的、制造神迹的思想。这种宗教思想解释的知识体系,涉及的是不存在的事物和人为幻想的各种复杂关系(确实只是幻想中的关系,但这些关系促进了一种复杂关系网的形成)。这种宗教思想就是一种认识论,但因为它涉及的皆为幻想的事物,并且不加限制地添加事物和关系,所以这是一种纯粹的认识感知,是狂热地试图感知和促进其自我生成的能力。这种认识感知并没有听上去那么糟糕,但是相当怪异。作为一名年轻的

---

* 在《爱丽丝梦游仙境》中,主人公爱丽丝参加了一场非常困难的槌球游戏。游戏中,球棒是火烈鸟,槌球是活刺猬,拱腰的士兵成了球门。

学者，我曾热切地追寻20世纪80年代盛行的文学理论中形而上学的观点所倡导的抽象理念，故而对宗教做过一些研究。

  行文至此，读者应该清楚，我所说的"认识感知"一词有双重含义，它既指知识涉及的感知形式，也指对这些感知形式的探究，我们可以称它为"认识感知论（epistemopathology）"。不过，再三思索后，我放弃了"认识感知论"一词，因为这个词有负面含义（它易联想到"pathological"，意为"病态的"）。从希腊单词"pathos"衍生出来的词，如神经病患者（neuropath）、接骨医生（osteopath）、顺势疗法（homeopath）等，在人心中激发的联想基本都与疾病相关。不过，我对于"psychopath"一词的词义衍变更感兴趣。1884年之前，这个词的意思是精神病医生，指研究或治疗精神疾病的人。1885年，《帕摩尔公报》（*Pall Mall Gazette*）将"psychopath"的词义更改为精神病学科（而不是指学习精神病学科的学生），并引用俄国精神病学家伊凡·巴林斯基（Ivan Balinsky）的话作为根据："精神病学科最近才引起医学界的关注。"[7]当时，一名叫塞梅诺娃的女性犯罪嫌疑人供认谋杀了儿童沙拉·贝克，巴林斯基为其进行辩护。不过早在一个星期前，即1885年1月17号，《笨拙》*杂志就刊登了一首题为《快乐的医生》的诗作，首次向公众解释了"psychopath"一词的最新词义。

    医生提出了一个新的辩词，
    没有比这更糟糕的，
    为什么？——她是一个"精神病"（Psychopath），

---

* 《笨拙》杂志的英文名为*Punch*，是英国老牌的讽刺漫画杂志之一，通过诙谐的讽刺手法描述社会热点问题。

> 因此你不能责怪她！……
> 只为一己私利，
> 精神病患者就不惜屠杀血亲挚爱，
> 所以永远不要阻止一个精神病患者，
> 追寻他的天职！[8]

希望我已经解释清楚，我何时用认识感知来指示所探讨的一种现象，何时指示对这种现象的探讨，不过我承认二者有时候并不容易区分。也许这正好暗示了我们对于知识的任何一种感知中，都包含求知的欲望，包含了解知识感知的冲动。

创造"认识感知"一词并非我一人之功，因此我亦无须承担其全部过失。最早使用该词的是心理学家西格蒙德·科克（Sigmund Koch）。1981年，他自称是"一门新学科谦逊的开创者"，并说"这门即将广为人知的新学科名为'认知病理学'，研究认知和创造失败的原因，其元理论是'认识病理组织学（epistemopathologistics）'"。[9]十年后，科克虽欣然承认这个领域内的研究者唯有他一人，但他再次发表声明，称"建立了一门新的学科——认知病理组织学（cognitive pathologistics）"，其目的是"对当今学界盛行的各种认识感知进行分析和判断"。[10]不过，我对"认识感知"一词的使用超越了精神病理学的范畴。认识论探究的是认知的真理或理性，认识感知则将与知识相关的感情作为研究对象，或者应该说，认识感知致力于建构与知识相关的感情。这些相关的感情指认知内在的或主观的活动——我们在认知过程中体会到的狂喜和懊恼的感觉，以及学习、思考、论证、疑惑、琢磨、遗忘等主要或次要的认知活动。

知识的问题

本书第一章"求知的意志"将提到:当下主导的与知识相关的思考和感知不是对于真理的关注,也不致力于清除知识中的错误和偏见,使感性逐渐向理性过渡;恰恰相反,支配与知识相关的思考和感知的是一种不断扩大的怀疑,认为知识无法轻易与人类似乎固有的求知欲分离。调查研究思维也许是一种精神机能障碍,这个观点贯穿叔本华、尼采和弗洛伊德的著作,尼采进一步强调了这个观点,他认为知识意志就是权力意志。

但是(虽然我们可能还不知道这个转折关系是否成立),现代社会的特征是,知识以技能和信息的形式,获得了广泛的形式化和自主化。电子信息技术的应用是这种形式化和自主化的最新阶段。个体知识与各种形式的人工智能之间的鸿沟在加大,前者指能自觉进行认知的个体所拥有的知识,后者指需要或不需要认识自身的知识。可以说,现代认识感知的特点是,关注如何协调这两者间不断加大的鸿沟。这个鸿沟也存在于经实践检验的知识与第八章将要提到的外部认识论(exopistemology)之间。从某种意义上说,认识感知是感性和理性之间的对抗,是有感觉和没有感觉的认知间的对立,尽管这种对抗正是认识感知本身的一种副作用。

因此,认识感知并不是一种蕴含丰富感情的知识,一种由感情驱动并随感情变化的知识(不过一切知识也许本是如此)。认识感知指的是一种知识感觉,一种我们发展并维系的关于知识的感觉。当然,感觉并非认知的对立面。并不是说感觉是获得领悟或做出判断必要的组成部分,而是说感觉是认知的方式和方法,即感觉协助认知。感觉不只是一种认知的形式,还是一切认知的必经之路,毕竟一切认知活动都以某种形式出现,要实现某种目的。由于形式存在变化，认知必须始终通过某种特征或意义呈现出来，尤其当人们试图相信自身或他人拥有所谓的"客观"知识，即没有受到任何一种主观感觉影响的知识的时候。这是因为，事物变化是主观愿望、力量或情绪最为强烈的一种活动的表现形式。可以想象，其强烈程度等同禁欲之人心中那股剧烈的冲动，一种所有求知若渴的人都熟知的冲动。我所提倡的认识感知，将会以此解释种类广泛的各种知识感觉。此类感觉既包括满足、自信、兴奋和成功后的喜悦，也包括气恼、震怒、妒忌、冲动、痛苦、无聊和抑郁。

　　因此，认识感知是超越了事实的知识的有形化形式。显然，认识感知活动容易受到自我的驱动。如此一来，人们在探究认识感知时，如何避免被拉回到关于什么可以精确或安全地认知的认识论问题（尽管当前的认识论仅涉及认知的世界，并非整个自然世界）。在我看来，认识感知往往倾向于取代认识论，或以认识论的面目出现。那么人们如何知道自己或他人是如何感知知识的呢？知识的有形化当然可以成为哲学的研究对象，例如，从实用主义传统的角度进行研究。大卫·休谟（David Hume）就曾提出："理性是且只应当是激情的奴隶，并且除了服从激情和为激情服务之外，不能扮演其他角色。"[11]威廉·詹姆斯也曾对理性的实用性做出表述。他在作品中说："一件物品的合理性也意味着使它拥有合理性。整个世界都在使自己获得合理性，但尚未如愿（这就是世界在不断变化的原因）。既然如此，知识为何就应该例外呢？知识为何不能像其他事物一样，使自己获得合理性呢？"[12]这种论述听上去与我知识有形化的观点接近。我唯一确定的是，我们对于知识感觉的认识准确度的疑问，确实是我们有能力提出的疑问，但这些疑问并不是唯一的，多数情况下，这些疑问也不是我在本书要探讨的问题。

有人曾对我说，我可以将这些构思和探讨的角度称为知识的一种现象学。不过，在现象学这个哲学领域内，探讨知识的著作也为数甚少，这的确不同寻常。而且我们似乎很难避免将对知识的现象学探讨变成一种对现象学知识的探讨。在现象学知识中，知识占据现象学的上风，而不是相反。现象学如何定义知识，或现象学可以为知识的探讨做出何种贡献，虽然多数哲学家都对此感到焦虑和困惑，但是对认识感知的探讨也包括这些问题。[13]

为避免与他人的观点混淆，我没有将本书探讨的内容称为知识现象学。恩斯特·卡西尔（Ernst Cassirer）的《符号形式的哲学》（The Philosophy of Symbolic Forms，1929）第三卷的标题便是"知识现象学"，他对这个词的理解与我并不一致。卡西尔在其序言中就明确表示，他笔下的现象学并非胡塞尔所说的现象学，而是指黑格尔的现象学。

> 在谈到知识现象学时，我所说的并不是现代意义上的"现象学"，而是在黑格尔确立和系统化的理论基础上使用其基本含义。对黑格尔来说，现象学是所有哲学知识的基础，因为他坚信，哲学知识必须包括文化形式的整体性，而且在他看来，这种整体性只有在从一种形式到另一种形式的过渡中才能显现。真理是整体——但这个整体不能一下子呈现出来，而必须由思想依靠其自身的自主运动和节奏逐步展开。这种展开构成了科学的存在和本质。因此，思想的要素，即科学的存在和生命，只有通过运动才能得到满足和理解。[14]

因此对于卡西尔而言，知识现象学并非对于知识的知觉和经验——知识的感觉——的思考，而是指知识在不同时期的模式和表现形式逐渐发展完善的过程。这个目标也许反倒提供给了我所认为的知识现象学包含的意义存在的理由——有别于卡西尔定义的这个词的现代意义——因为思想自我展现的历程是幻想形成的最为激烈的历程之一，推动了哲学和历史的发展。

尼采、詹姆斯、维特根斯坦和杜威等人提出认识具有不确定性，这意味着认识论既需考虑认识感知，也需更为接近认识感知。无论从哲学还是非哲学的角度来看，认识感知都应与各种形式的思考和认知一起考虑，如此就不必将认识感知提升至认识论的地位，或归结为认识论。不可能存在完全通过被动感知获得的知识，因为在知识中，认知总是在发挥作用，我们也一直需要对其进行解释。认识感知并非认知，尽管两者不可分割，正因为这种不可分割的状态，它抗拒被简单地认知。认识感知可称为应用认识论，是被动与世界产生联系的认识论。在我看来，这个世界更多的是一个快速转向认识论的世界。

真实的幻想

认识是以事实为前提的。只有真实客观的事，你才能知道它。"我知道巴黎位于北半球"，这样的话毫无意义。所以，虽然有些奇怪，但让人颇为担忧的是，关于认识的这句话反过来并不成立。换言之，你只能认识真实的事物，而且一切真实的事物，虽然不一定是已知的，但应当是可知的，卡德沃斯把它称为"epistemonical（可知的）"。这个词虽然没流传开来，不过在这里倒是派上了用场。许多人都愿意相信妙不可言的真相，这些真相过于微妙和灿烂，因而无法成为普世的知识，它们拥有的只是文字所赋予的魔力，因此应剔除出认识论的范畴，尽管它们是认识感知极为重要的组成部分。对于一切知识而言，可知性是必需的，但这种可知性令人不安，因为它似乎使得真相依赖于其可知性（这里的"可知"指按我们定义的认知的方式进行理解）程度，甚至成为其可知性程度的附庸。我们可能更希望看到的是与此相反的情况，即可知性依赖于真相。

在本书中，我将以较大的篇幅来探讨知识的幻想——不仅指我们希望认识的事物，还指我们希望认识的与知识相关、更为有力从而不易驾驭的事物。这包括一般意义上关于认识的虚假观念（我认为我懂意大利语或微积分，但真要用时，我就傻眼了），也包括对个人或集体在原则上可能知道的事物的渴望性思考，以及对人们仅仅希望可能知道的事物的幻想。在这些情况下，"幻想（fantasy）"一词意味着错误的理解，不管是出于自大、虚荣、极端的冲动还是仅仅出于显而易见的错误。正如弗朗西斯·培根所说："人类的理解并不是冷冰冰的顿悟，而是受制于人的意志和情绪，因此我们才会创造奇妙的知识。人类愿意相信的是他期待的真相。"[15]

不过，我笔下"幻想"一词的意义不是虚假的或自以为是的观念，或者培根所说的"奇妙的知识"（培根用的是拉丁文"quod vult scientias"，意为"随心所欲的科学"）。我使用"幻想"一词，主要是说明感情投入的力量。在此基础上，要将真实与虚假区分开来更为困难，并且幻想是一种物质，而不是知识的价值及其对于人的意义。这里的幻想也可能指这些感情投入中的夸张、怪异和轻率，不过这些与我们所追寻或获得的知识没有必然的联系，理性的合理性正是我们运用幻想的一种方式。投入并不意味着任何特定的个人利益。一个机构对一项知识研究进行投入，是因为此举可以赋予它存在的理由。但投入通常表示出投入者的兴趣，因为从某种意义上说，一个人的存在就蕴含在他投入的事物中。

如此看来，幻想往往可以定义知识所需承担的责任。这其中经常涉及各种意愿，或一厢情愿的想法。"一厢情愿（wishful thinking）"毫无疑问是一个足以传达17世纪精神的词汇，但这个词直到20世纪30年代才出现，也许是受了心理分析的影响。各种意愿——回归家园、丰衣足食、青春常驻、历经世事、追逐权势、长生不老、自由自在等等——都可以直接在幻想中得到满足，这个过程正是人们所熟知的"愿望达成"的过程。不过，知识幻想中最主要的意愿会自动与幻想和愿望本身联系起来，也就是说，我关于某些事物的愿望也许可以通过幻想得到满足，但幻想自身的愿望是希望我幻想出来的内容是真实的，或者至少看上去足够真实。也许我们还需进一步指出，求真的愿望就是幻想的根本力量所在（那些恰巧是真实的事件除外）。我们之所以开启幻想之门，不仅是因为我们希望虚假的事物——精灵、天使、毫无道理的数字等等——成真，还因为我们希望，更准确地说，要求存在一种真实，并且有能力去实现这种真实，这一点我们已经表达得非常直接了。让冰块燃烧这种疯狂的念头超越了一切妄想和欲望，再没有比这更强烈的欲望了。而对于此种漠视，我们永远无法无动于衷。

因此，幻想是一种可能成为现实的思想。没有幻想，我们就无法思考。幻想往往是思想和客体之间的中介，因为在我们的思考与思考本身之间必须存在一种思考的幻想，使得思想为我们所认识。我们的头脑虽然一直处于动态，但只能通过思考的幻想进行有意识的思考,就像这样的内心独白:"我要开始思考了。是的,我开始思考了。"本书在探讨相关问题时,会聚焦于一个事实:我们永远无法知道,或者说捕捉到,"我在思考"实际上指的到底是什么,因此,我们的思考需要与幻想进行合作。

这是求知过程中,一个虽非主要但非常重要的组成部分。它可能不仅仅是一种通过求知来行使权力(创造知识客体的权力)的意愿,也可能是依附思考的幻想的表现。这种幻想不是要侵占和穿透认知客体,而是要取代认知客体,仿佛依赖于认知(从可知性的角度而言),而非恰恰相反。由此看来,认知的幻想是弗洛伊德关于其"神奇思维(magical thinking)"的一种表达,即"思想全能"(对知识的创造力的幻想)使世界成为现实,或维持着世界的运转。[16]幻想并没像许多人指出的那样,将世界客体化,让知识主导世界。幻想也可以通过激活世界来发挥自身魔力。这种魔力无须通过令人恐惧的形式表达出来,比如像培根修士或弗兰肯斯坦那样,摆弄人体的各个部位,模仿生物的不同机能。创造一个不断超越脑力的宇宙,是人类心智方面一项强有力的活动。宇宙拥有无限超越人类认知的能力,这是一个确定无疑的事实,人类不得不承认。但人类谦逊的态度中,却又秘藏了一种尊严——即使这一事实千真万确,我们的心智也缺乏契机来认识无限超越人类认知的宇宙,人类心智会选择不去直面这一事实,从而保有尊严。浩瀚无边的思想一方面令心智难以置信地变得微不足道;另一方面又使心智不必受制于自身思考的束缚,提升了心智的重要性。正如弗朗西斯·夸尔斯(Francis Quarles)1718年所写的那首飘逸空灵的短诗:

我的灵魂，请问比羽毛更轻的是何物？是风。

比风更轻的呢？是火。

那比火更轻的呢？是心智。

比心智更轻的呢？是思想。

比思想更轻的呢？是这泡沫般的世界。

比这世界更轻的呢？是虚无。[17]

人的心智比火焰更轻，却比世界表象的涌动更密集、更充实，而世界表象的涌动甚至比思想更轻、更渺然。所以，世界越弱小，心智就越能敏锐地发挥和提升它的力量。这是欲望的一种独特形式，促使人们推动神学和哲学研究，也使个人拥有力量来创造超出个人创造力的事物，以及拥有力量来统治超越一切掌控的可能性的事物（除了认知能力以及命名的伪认知能力）。与一切广泛的不可解释的事物一样，心智是不可知的、无法幻想的、不可言说的。当神秘主义者面对浩瀚广袤的世界感到畏惧时，他们实际是在蓄势待发，希望有朝一日成为促成超越的决定性因素。自我超越总隐藏着超越自我的梦想，实现这个梦想的不是体力，而是认知中重要的组成——幻想。一方面，心智必须竭尽所能，超越其极限；另一方面，从构词角度说，将"确定性（certainty）"和"可知性（conceivability）"等词转换成其对立面几乎不费吹灰之力（在单词前加上否定前缀un-或in-即可）。

这种力量蕴含的快乐可以在意想不到的地方爆发出来。海森堡（Heisenberg）提出的"不确定性原理（uncertainty principle）"认为，亚原子范围内的一切现象都受到观察者效应的影响。换言之，对事物行为的观察改变着事物的行为，它促使事物放弃对自身性质——是粒子还是波——的踌躇。不确定性原理给绝对知识带来了限制，我们自然可以将其视为一种干扰。不过，认知行为能够促使迷茫的认知客体做出决定，认知客体必然会受到认知行为的影响，因此，也可以将不确定性原理视为对这种不可能性的肯定。宇宙中的所有事物，无一例外都受到人类探索行为的影响。这个观点令人颇感欣慰。矛盾的是，从认识感知的角度看，它与另一种明显相反的观点难以区分，即宇宙中的一切无知无觉，不受人类心智的影响。

幻想心智与世界一致，是必要的。一致不仅意味着世界从属于思想，也意味着它们必须一致。根据连贯偏见的原则，也就是说，两者必须共享同一形式。这是一种强大的偏见，让人们相信那些看上去更为有序而不是更为无序的事物。有序经常（虽不总是）意味着以叙事的形式展示出可为人理解的因果关系。这是一种自反性，因为当心智将可以有序排列或建构（而非缺乏系统性）的事物认定为可知时，就是在认可其自身的特质，当然还有其强大的偏见。当心智理解反映其结构和期待的事物时，会产生愉快，从中我们可以看到幻想的力量。为何这种获得一致的期盼可以带来愉悦呢？用奥卡姆剃刀的原理来解释的话，就是这样的结构比较节约。尽管许多科学家对节约有自己的评价，但我们也可以推断，人们对连贯事物的渴望会对节约意识产生影响，因为从认知和情感角度而言，认识不连贯的事物代价高昂。

幻想意味着实行经济简约原则，其目的是让人对某一事物的思考成为可能。杰罗姆·S.布鲁纳（Jerome S. Bruner）、杰奎琳·J.古德诺（Jacqueline J. Goodnow）和乔治·A.奥斯汀（George A. Austin）在1956年合著了《思维研究》（*A Study of Thinking*）一书,书中三位作者提出了一个论断:思维就是有机体"降低其环境复杂性"的方式,这个论断是正确的。尼古拉斯·卢曼（Niklas Luhmann）的系统理论拓展了这一论断,将其精确定义到一个降低了复杂性的、合乎情理的范畴。[18]如此说来,实行经济简约原则并获得回报往往是一种幻想。无论如何,幻想往往可以将迂回曲折得让人无法忍受的长篇故事大幅度简化。人类是在实行经济简约,而且我们的思维方式就是为了节约而存在的。

简而言之,知识之所以疯狂,主要在于我们往往要求知识必须可以（迅速地）为人类所理解。换言之,要认识一个事物,或使其获得可知性,就必须引导知者和世界走向有序和简洁。这并不总是涉及明显的简化,有时候人们会觉得这不仅没有降低复杂性,反而增加了复杂性。不过,认定某个事物复杂,经常会妨碍我们继续对其进行思考。我们不能仅对复杂性自身进行思考,或者说,不能将复杂性置于其自身范畴内对其进行思考,我们往往将复杂的知识置于一个有限的框架内,即众所周知的发散系统内,对其进行探索、描述及编排。要明白这一点,只需要看看现代"多样性"这个概念持续不断地趋同化就行了,趋同指的就是"多样性"这个概念不断背离其本意,其意义不再是不可预测的变化,而是"严格规定的比例"。

即使完全的混乱状态——无法压缩的、完全的不可预测性,或无规律的完全的分歧——也有可能为人们所认知,仅仅是对这种极限状态的认知,也将是一种对它的遏制或压缩。因为这涉及从复杂性转向信息、从无序转向有序的过程,这个过程可以量化（可能也无法以其他形式表达）,彼此抵消,以便将多种可能减少至唯一选择。简约原则往往可以让一些概念或现象,例如资本主义、新自由主义、全球化、恐怖主义或文化冲突等，听上去要比解释它们复杂混乱、难以言说的成因或可能出现的情况更为合理。要解释它们的成因或可能出现的情况，估计需要借助各种公式。这就是知识的疯狂：我们只能认识可知的事物，却永远无法得知是否有可能认识其他事物。我们同样也永远无法确定，知识是否只是把世界调整到我们的焦距内。即便知道这一事实，从可知的角度来说，这也足以让我们拜倒在知识一致性法则之下。

知识的疯狂也有其他解读。一种非常极端又为人熟知的观点是：知识如果可以疯狂，那么对知识的渴望就预示或导致了这种疯狂。必须承认，以往和疯狂联系在一起的是诗歌，而现在变成了科学，或者与科学同宗同源的相关"科学"：前者是一系列实验探索的行为，后者则是幻想，既嫉妒又自我陶醉，正如诗人艾略特所言，在幻想中，"饥饿使人贪婪"，这是一种全能的、神性的力量。[19]人们有时候把疯狂当作思想的一种失控的无序状态，不过我们得习惯这样的事实：实际上，疯狂更可能以对规则进行过度削减的形式存在。如果精神分裂症患者的妄想是由偏执系统指定的，那么他们的妄想就不可能更统一。我们难以确定，控制思想的神话系统（仙女、精灵、天使、恶魔、光芒和能量等等）的错觉是否一直具有系统性，或者我们只是最近才对其产生了系统的兴趣。围绕信仰构建的人类社会倾向于使理性和疯狂之间的区别变得无关紧要，因为理性本身总是坦率地采取系统的、满足愿望的妄想形式。但自从17世纪知识开始从信仰中分离出来，疯狂越来越朝着系统性、理性的方向发展，而不是与之背离。在这期间，理性的运用不仅是不合理的，也是不理智的。

互联网为我们提供了自我传播的便捷方式，为我们展示了人类是多么容易屈从于一种系统性的谬论,这种谬论的特点是对知识在道德上、情感上和宗教上的高度投入,以及迫切向公众表明它所倡导的一切。疯狂的科学家、犯罪高手、邪恶的天才,这些人都是我们熟悉的知识陷入疯狂状态的化身。我们身处一个危机四伏的系统世界中,威胁并非来自邪恶,而是来自秘密的知识,尤其是那些无人可以掌握的知识(例如"算法"不过指一种逻辑程序,本是一个不包含任何恶意的词,现在却披上了邪恶的外衣)。应对这样一个世界,唯一合理的方式就是获取更多的知识,尤其是能进行对抗的知识。这必然是一种可以认识的知识,我们可以让自己的知识支撑一个认识主体的存在:好学癖可以因此变异为认识论病理学。[20]

"非理性"一词曾用于指示疯狂的理由导致的现象,但这种现象并非不合理的原因导致的,而是在理性发展过度或荒谬的程度下出现的现象。合理性的问题就在于它可以转变为非理性。"合理的"与"理性的"两词之间的词义变动,说明合理性可以调节理性。例如,屠杀大部分现存人口以减少二氧化碳的排放量,遏制环境恶化,这种做法是理性的,但对于绝大多数人而言,这种做法是不合理的。

另外一种知识的疯狂没有那么极端,但是更为普遍,相当于为"某事"或"某人"疯狂的那种状态,往往指一种极端但令人赞赏的迷恋或热爱。本书主要关注这种让人振奋的痴狂状态,这种痴狂与愚蠢并不总是画等号。这种热爱也许会妨碍我们做出判断,不过本书的重点并不在于如何确保我们做出正确的判断(并不是因为这个问题不重要)。

还有一种知识的疯狂,虽非主要但已发展完备——以神奇思维为存在形式的思维模式。弗洛伊德将其明确定义为思想的全知全能，从更广阔的意义上讲，指的是"英雄所见略同"的想法带来的自我满足感。对神奇思维的思考有时会被当代形式的批评所困扰，这些批评将神奇视为生活世界的一部分，而生活世界一直是现代理性主义的诋毁和统治的受害者。因此，探究神奇思维的目的在于要么消除神奇，要么保护和提升神奇。兰道尔·斯戴尔斯（Randall Styers）在第二种目的上做出了一种最极致的探索。他认为：

> 关于神奇思维的学术论述经常符合欧美统治阶级的利益，他们试图规范和控制其殖民地的财产和其国内民众，尤其是处于社会边缘的、让人头疼的那些群体。[21]

但是，除了这些非此即彼的竞争式的思考，还有其他的思考方式。在对待神奇思维的态度上，很少出现非此即彼——要么理性，要么非理性——之外的情况，因为一个人不可能在它的轨道内外找到自己的位置。同样不可能的还有让思维与某种权力结合起来，即便允许这样做本身就是一种权力。这便是为什么认识感知既不是一种认知的缺陷，也不是治疗认知缺陷的方式。认识感知探究的是我们对认知是什么感觉，以及用什么感觉认知。

对神奇思维决然的支持或反对，听上去都像是在证明这就是一种感觉，应该作为认识感知研究的内容。这当然是对的，不过，将这种非此即彼的感觉辨识出来，远远没有穷尽感觉的可能性。求知欲很可能伴随着做决定时的感觉，或做决定的欲望，也可能（或许总是）伴随着更加复杂多样的感觉。不管我们是否注意到，感觉在认知过程中不断发挥作用，尤其在来回变动或悬而未决的阶段，即我们称为推测、假设、怀疑等的阶段。塞缪尔·贝克特（Samuel

Beckett）在小说《陪伴》（*Company*）中写道："当他坐在黑暗中不知要想些什么时，你可以幻想一下他内心的想法。"[22]对于这句玩笑话，一个比较委婉的说法是，一个人的确可以幻想这样的"想法"，或者更确切地说，这样一种既奇特又熟悉的感觉——不确定自己在想些什么，同时也小心避免准确地知道想的是什么。

让我们回到幻想与真实的关系上来。我先前说过，柏拉图以来的哲学家一致认为一个人无法认识不真实的事物。我们有一种奇怪的说法，你必须在"真实"中认识事物。真实指的是可以向人们展示其真实的事物，它的真实性也必须被证明。不存在没有必要的或只是既定的真实。真实并不只是碰巧存在，因为真实是在一项言论和"这个言论是真的"之间施加引力的事物。必须将真实打入存在内部，因为真实自身就是真实的存在，真实是必须被认识和展示的。这当然属于现象学而非本体论的范畴。只有对于我们这些专注并且痴迷真实的力量的人，真实才能发挥其力量；只有我们这些知道自己所专注之事的人，才会认为事物必须转化为真实的状态。如果事情真的是这样，那就是这样，就没有必要去担心它。为何一定要认识真实呢？这是对如下这一问题的认知变体：如果真的存在一个全能的神明，为何他需要被赞美或信仰呢？

幻想是这种强制力量的动力，也是促使这种强制引擎发挥作用的力量。因为这样颠三倒四的表达，我得向读者致歉，并希望我能就此承诺不必再如此表达。真实不仅仅是理查德·罗蒂（Richard Rorty）所说的"语句的特性"，而且这些语句往往是强制性的。[23]实际上，真实自身不仅是强制性的，也是不容置疑的。幻想既是这种要求的结果，也是这种要求的始作俑者，即要求真理主动地、必要地存在，而不是被动地存在。真实，即事实，是我们所信赖的，实际上不能指望它们可以被碰巧获得。这不仅是对权力的欲望，也是将权力赋予真实的欲望。我们之所以在真实面前无能为力，是因为对权力的欲望在其中发挥了作用。除了利用幻想来加强两者之间的联系，我不知道是否有其他方法解决这个矛盾。如果我减弱了关于认识真实的幻想，那就加强了让真实被我轻视的幻想。

很难用这种方式去思考幻想，因为众所周知幻想是不真实的，是对真实随意、幼稚或者敷衍的逃避。人们认为幻想是对生活艰苦状态的补偿，幻想让继续生活下去成为可能，即使是生活在谎言中。幻想是与"过度"联系在一起的。形容某事物"异想天开（fantastic）"，相当于说该事物已经超出了真实所必要的最低限度。而在人们心中，真实与幻想正好相反，真实是简单的、不可更改的、绝对的。我们常会坚持己见，称"事情不会如此简单"。但是，可能存在"如此简单的事情"，因为某事物并非总是要比另一事物稍微复杂一些。

因此，本书在讨论时会基于这样一个原则，即幻想不是真实的对立面，而是真实高层次的力量。事实上，真实是幻想和力量紧密结合后产生的结果，因为幻想就是力量，而力量总是如梦似幻（当然，绝不仅仅或完全是虚幻的，因为它总是在发挥一种真实的力量，因而也就是现实本身的力量）。一个人必须与他人产生联系才能存在，幻想也以类似的方式存在。我们坚定地认为，这是一种理所应当的存在方式，尤其是我们坚持认为存在独立于我们的时候。因而，对于那些绝对不受我们影响的力量，如飓风、数学、时间、死亡和税务等，在我们的幻想中更是以此种方式存在。这就是为何在这些事物上，人类赋予了自然力量，虽然这些事物施加于我们的力量是我们通过一种复杂但又充满激情的否认赋予它们的。这种否认使得我们可以参与到这种力量中来。真理是我们强加于事物之上的不可掌控、难以更改的力量,因此那些以追求真相为己任的人——律师、神父、专家、医务工作者、媒体从业人员和学者,其所作所为必定是充满了幻想的。何种幻想如此充满理性?何种理性这般受到梦想的驱动?

若花太多篇幅讨论这个问题,恐怕会显得既无聊又自我,不过我在这里阐述的关于幻想如何运作的讨论,自然会带来相当大的认识上的收获。在幻想运作的过程中,所有对于知识的投入都可以被描述为一种幻想。如果我将相关知识占为己有,为成为唯一或位列那些明白幻想如何运作的人而沾沾自喜,那这是不是我的一种幻想呢?是否我就可以谴责他人运作幻想呢?很难否认,对于人文学科领域的学者或受到幻想吸引的人而言,这种锐利的、高瞻远瞩的视角至少有时是他们研究幻想过程的一个重要组成部分。此刻,这种感觉在我心中不断翻涌,我知道作为读者的你也有相同的感受。幻想的力量无与伦比。而在一切幻想中,最强有力的就是通过知识拥有控制幻想的幻想,还有用以展示这种幻想的力量。之后的各种幻想,悲观的也好,乐观的也好,我们只能进行推测了。我写这本书的目的并非打个响指,将人类从认识论桎梏下的混沌状态中唤醒,然后再引导人们走过崎岖进入正道,而是试图解释清楚这些示于众人之前的各种认知主张,是如何影响我们的。

显而易见,这些看法与所谓的真相的政治是有关联的。真相的政治决定了任何时刻存在的可能性,用米歇尔·福柯(Michel Foucault)从乔治·冈圭朗(Georges Canguilhem)那里借来的术语来说,"在真实中"。[24]我同意这种说法,前提是我们承认,政治是追求真理的幻想力量发挥最强大作用的领域之一。幻想的政治毫无疑问是存在的，但一切政治本身也是幻想——当然不仅仅是幻想，因为幻想中存在力量，这种力量意味着不存在仅仅是幻想的事物。从希望追求真理的意义而言，幻想的政治——例如，对平等观念或消费者幸福感的谴责——指的是一种方式，用以将某种关于真理的幻想维系下来。斯拉沃热·齐泽克（Slavoj Žižek）认为，当我们声称自己已经超越了意识形态时，正是意识形态最为明显之际。不过，齐泽克所说的"意识形态"一词所发挥的作用是具有典范性的，它不会承诺表面光鲜的真理，而只存在于且只会存在于更多的意识形态中：

> 这也许是"意识形态"基本的维度：意识形态不仅是一种"虚假意识"，一种对现实虚幻的反映，它还是某种现实，这种现实本身已被看作属于"意识形态的"——"意识形态"就是一种社会现实，其存在本身就意味着参与者对其本质不了解——也就是社会有效性，这种社会有效性的不断复制说明个体"并不知道他正在做什么"。在受到"虚假意识"支持的情况下，"意识形态"不是一种（社会）存在的"虚假意识"，而是存在本身。[25]

我们不要因为阅读及写作这样的语句而感到满足。对学者而言，真理-幻想与好学癖、求知欲是无法分开的；我们愿意相信的与权力相关的幻想来自认识到事物的真相，来自真理希望我们认识的以及宣扬的事物。

众所周知的事

米歇尔·塞尔（Michel Serres）反复说过，世界上的所有邪恶都来自追求归属的欲望，我们应该要小心注意的不是虚无，而是邪恶，但一切邪恶依然奔赴虚无。[26]不过，我更愿意说，世间一切邪恶皆来自对真理的欲望，因为欲望指的就是追求真理的意志，而归属的欲望就是归属真理的幻想。在沉溺这种归属感前，我得先建立这样一种信念：我也许的确可以归属于一个团体。大多数强化归属感的仪式都依赖于某些信仰或传统，这些信仰和传统拥有坚实真理的力量。如果它们本身就不是真实的，那么我们就通过某种仪式，赋予其真实的地位。

当然，我们并不总是清楚我们在说什么或做什么。而且，我们也不总是清楚意识到我们并不明白自己的言行。事实上，因为看上去没有必要，我们很少探究"认识某事物"到底意味着什么（这里的"意味着"意指"感觉上是"），因而我们对于自己知道什么以及如何知道知之甚少。再者，我们似乎经常不想认识此类事物，不然在过去为认识论争吵不休的多个世纪以来，我们会对此类事物表现出更大的兴趣，因为尽管我们似乎明白认识不同事物——可以包括电脑密码、如何烤鸡和驾驶车辆、英语的语序规则等——意味着什么，但我们没有多少认识这类事物的经验。要获得经验，或者成为行家，虽然不一定妨碍我认识某种事物的体验，但会使得这种体验没有必要。于我而言，我似乎只是正好认识我所认识的事物，因为我的认知在需要的那一刻正好完成了。我不必按下内部图书管理员的对讲机，他就会说"先生，请稍等片刻"，然后很快将我需要的卷宗放到我的桌上。或者更让我尴尬的是，我自学的知识舍我而去，令我疑惑我是否曾掌握过这些知识：我怎么可能不知道我真的不了解这些呢？这意味着我也许经常假定我认识各种事物，但实际情况并非如此。

这令人担忧，因为我们的身份不取决于我们的感觉、行为、外貌或住址，而取决于我们认识到了什么。我们的知识——事实、记忆、能力、可能性等——曾是我们生活中最为重要也最为脆弱短暂的部分。不过，一记右勾拳，一条破裂的脑动脉，或者一个神经纤维缠结，就足以让你丧失大部分你以为已经掌握的知识。

我突然有个想法，我"陷入沉思"。任何一个人如果对我说"你在想些什么"，我总会不知如何作答，这是因为我似乎的确并不拥有能称之为"想法"的思考，除非我可以将我头脑中的活动以一种提议的形式总结出来，就像我正在做的事情一样。不过，思考似乎又与事物无异，它是某种产物，而不仅是某种过程。而我的想法就恰如话语一样，一旦出口，就与我自身是分离的。

在与一位哲学家朋友交谈时，我告诉他说，我觉得有一件事很有意思，那就是我没有任何可以称之为"认知事物的感觉"的体验。就像《爱丽丝梦游仙境》中在法庭上进行审判的那只白兔一样，这位哲学家朋友回答说："我猜你其实想说的是，这件事很没意思。"他的评论让我颇为沮丧，但在内心，我认为这样一件事情，竟然无法引起任何人（哪怕是一位哲学家）的丝毫兴趣。认识论大部分的研究都是关于我们如何能够确信所认知的事物和所能认知的事物，而"确信"应该意味着不必每次都进行检验。在认识感知——拥有知识的感觉，包括意义更广泛的知识的感觉——运作的范围中，知识总是可以获得的。像其他很多事一样，我的知识实际上也不过是一种猜测或可能性。所谓的"我知道某事物"，不过意味着我极有可能可以按照要求来使用或调度知识。因此，我只是在一厢情愿地认为或假设我周遭的人们拥有知识，而我周遭的人也对我做同样的假设。我自己本身就是雅克·拉康（Jacques Lacan）所说的"假设知道的主体"[27]。我似乎并不与头脑内的知识同向流动，必须对认知主体的认知进行推测。所有这一切推断和假设使得认知成为幻想的对象，甚至与幻想无法分离。我所称之为幻想的事物有助于我推断自己是不是理应成为的那一种人，以及何为那一种人。

要确定个体如何进行认知已经是很困难的一件事情了，而要理解集体认知所涉及的经验就更为困难。在这方面，集体认知就如同集体记忆或集体感觉（我在另外的文章里对此有进一步的讨论），因为如果没有某种类似集体主体的事物来进行感觉或记忆，我们就缺乏可信的方式来对知识进行集体认知。[28]必须承认，集体认知不仅需要一个假设知道的主体，还需要一个理应存在的集体主体。

而且，所有认知似乎也存在某种基本的共性。我们发现要将任何一种知识占为己有几乎是不可能的。知识就像笑话一样，需要传播开来，或易于为人所理解。隐秘的知识当然是存在的，不过我将在第三章里提出。即便是隐秘的知识也具有社会性，因为隐秘的知识往往由一个特定的集体共同掌握，而不是由个人来掌握。

要认知任何一个社会或社会系统，无法通过直接的方式，唯有将其转化为客体，而这些客体本身大致相当于一种幻想。将仪式或表演看作某种隐秘存在的外在表现形式是不正确的。隐秘的存在根本不是一种存在，这就是为何急需将隐秘的观点转换为存在的观点。一个社会就是该社会中的个体或观察者对该社会的幻想。不过，幻想并不只是一种视角，因为幻想从来就不仅是一种原子或个体现象。对社会的幻想总是存在的,不过由于幻想的社会性,社会的幻想无法成为纯粹的幻想。系统和集体是虚幻的,但这些幻想具有系统性和整体性。

知识的集体性是由认知经验难以捉摸的特性所暗示的。我知道辨认出我所认识的事物的那种感觉,也知道以为自己认识某种事物的感觉(我以为而已),但不知为何,我所知道的事物却不可能被他人感受。知道某事的过程可能是无意识的,这就是为何我们如此依赖种种讲述和解释来说明我们的确知道我们所知道的事物——而且我们也知道自己知道该事物。这种重叠,即知道我们知道的状态,意味着我们的认知必须能超越我们自身。这些讲述和解释无须以我们的语言来表达,否则我们的语言自身就无法让人理解,甚至可能不会被认为是语言了。这说明知识不能发端于我们,也不能与我们共存,而必须成为我们"认识"的事物的一部分。如果我们是智人,那么"智人"*一词已经清楚表明,我们所拥有的知识是共享的,是可以保存并传承下去的。

通常认为,如果说知识驱散了神性,那么它也为逃离的或遭到排斥的神性提供了栖身之所。在《圣经·歌罗西书》中,使徒保罗写道:"一切智慧和知识,都在上帝那里藏着。"上帝是一个无尽的知识宝藏,了解超出了人类的认知能力的一切——宗教信仰可以体现在詹姆斯国王用希腊语写就的呼吁"使他们认可神的奥秘"(《圣经·歌罗西书》)——这种观点预先暗示了对知识进行神化的可能性。在现代,这种可能性也许可以在保持上帝神秘莫测的特征的同时,免受"上帝是自身的载体"观点的消解。也许,这一切

---

* "智人"的英文为homo sapiens,其中"homo"一词意为同样的、相同的,"sapien"意为智人、现代人。

在英语词组"look up"中尚能找到一丝留存的痕迹,该词在1632年开始有使用的记载,意指咨询或搜求。

我们比以往任何时候都要更具有知识的集体感,供我刚刚指出的"我们"来使用。这种感觉曾经超越了任何个体,但从某种抽象意义而言,又为个体所使用。取代宗教信仰但与之形态类似的是对知识的信仰,即对我们"知道"的事物无限肯定的推断。尽管认识知识的只是抽象的"我们",但做出认知的我们,或者是假设知道的第一人称的复数,只是一种虚构的载体,或者字面上的"理解知识之人"。

本书第五章"冒牌的知识"主要讨论与伪装的知识相关的价值和感觉的历史。不过,可以说,认识感知让我们体会到,一切认知中都存在着欺诈的元素。认识感知可以帮助我们理解自身玩认知游戏的方式,换一种轻描淡写的口吻来说,即我们演示各种知识把戏的方式。认知犹如一场戏剧演出,需要舞台及道具,两者既是修辞上的——例如在第四章"知识的问答"中一问一答的固定模式的探讨——也指有形的,如第七章"知识的空间"中探讨的知识的各种场景和场合。总会有一种与认知相关的场面调度,使得我们难以知道幕后到底有些什么。

认知的愉悦

我对幻想的关注似乎强调的是负面的情绪,尤其是挑衅性的以及焦虑的情绪。认识感知主要的意义可以说是在学术和准学术写作过程中收获的大量的快乐。这些快乐既来自各种焦虑情绪的创造和维持,更重要的是,也来自将焦虑状态报复性地、胜利地归因于过去应受谴责的行为者。我们将看到,男性、白人、所有掌握财富和权势的群体受到焦虑及他们的邪恶或不劳而获的特权的折磨,尽管这种情况并不鲜明,也不易察觉(因而只是焦虑,而非完全的痛苦),以免他们看上去并不深陷无知的泥潭,需要对以后无所不知的状态进行解释,修正错误。不过,很重要的一点是,要认识到与知识相关的感觉并不总是阴郁灰暗的。认知的情感对于快乐和生存来说似乎都很重要。

比如,知识既需要稳定也需要变化。事实上,我们可以将知识理解为在这两个原则之间架起的一座桥梁,因为认知既可以确保一个世界的存在而不需要个体的感知或体验,也可以使个体适应那个世界。这并不仅是一个抽象的原则,因为稳定与变化两者中都有大量感情的投入。因此,劳伦斯·弗里德曼(Lawrence Friedman)提出:情感投入在知识中扮演核心的角色;情感并不只是一种强调,以及世界上对某种事物的特别的兴趣,而是构成了自我与世界的基本关系,这种关系对于知识和个人心理发展来说都是必要的。正是情感使得保守与先进的融合成为可能,因为对知识所赋予的世界的恒久不变的信任,以及由此产生的对知识本身的信任,是我们进行试验、推测和探索所必需的。弗里德曼认为,与环境的情感联结使得幼儿对新鲜的刺激做出反应,从而承受并吸纳刺激。[29]认知就产生于适应和吸纳的过程中。弗里德曼在总结让·皮亚杰(Jean Piaget)研究玩耍活动时指出:

> 相关刺激已经颠覆了某些平衡,而重获平衡的方式最终能发展成为逻辑思考。作为生物体就意味着追求平衡。这说明一个事实,如果一个生物体要做出适应,它必须允许环境改变它,但它又必须限制这个改变,以期

能保留自身的结构和身份。[30]

弗里德曼认为，在这种适应世界以及吸纳世界的情感互动中，母亲的形象起到了重要的作用：

> 母亲的认知模式不仅给孩子提供了一种接纳刺激的方式，还提供了保障孩子自身完整性的方式。母亲的模式是安全的，因为母亲是满足孩子需求的人，同时也尊重孩子的需求。认知因而逐渐形成。孩子的需求和动机是其认知所熟知的，而其母亲同样熟知，因为她一心要满足这些需求。她的熟知使孩子能够"认识"，或理解，或吸收，或包容通过她的眼睛看到的陌生体验的多样性。[31]

我们甚至可以将意识自身看作一种带来奖赏或痛苦的生活享乐系统下的产物。一切生物行为的目的都是追求快乐的最大化以及对痛苦的逃避，我们很容易就建立起遵循这一原则的机制。另一种看待意识的方式是将其看作一种强化手段，通过强化这种系统，使得决策可以与简单的行为和反应相辅相成。重要的是，这种强化手段规定和允许了时间的深化行为——记忆和预判的能力，可以将以往和未来的状况进行对比。

主体性中重要的一个组成部分是选择性注意的能力，将一个人的注意力有意识地引导至特定的观察对象处。事实上，通过果蝇注意力的试验，布鲁诺·范·斯温德伦（Bruno van Swinderen）认为主体性就是选择性注意的能力。[32]选择性注意不一定牵涉人的意识，雅各布·冯·乌埃克苏尔（Jakob von Uexküll）就曾提出一个颇令人信服的观点，一个物种的意识不过就是（可以浓缩为）一种对环境的选择性注意。[33]不过，选择性注意也可以调整或增强构成一个物种的本能倾向。选择性注意可以将本能最优化，也可以通过引导和修正注意力的形式，将自身最优化。

对某事物的感知和注意力皆由对该事物的重视程度引导。我们关注的是对我们有重大影响的事物，即那些可以给予我们回报或引发不快的事物。这种选择性注意，或者说本能最优化的意识，会产生一种有趣的翻转。意识使回报最大化，但是关注的能力也可以创造其自身的回报系统。由于我们关注的是我们在意的事物，我们慢慢地就会关注我们的关注行为本身。选择性注意先是促进我们的快乐感，然后对选择注意能力的选择性注意又进一步提升快乐感。认识×事物的快乐有可能发展为知道我认识×事物的快乐。

对于像人类这样相对高度发达的生物而言，这种快乐最终会变得至关重要。我们称之为"享乐递归"的人群可能会越来越关注意识的质量以及关于他们世界的质量的意识。他们生活的目的甚至可能是发展这种意识的快乐和获得更多回报，在某些情况下，借此获得一份薪水，甚至获得法律的保护，免受任何干扰。对于那些可以建立这种自我关联的人群而言，未经审视的生活是不值得的。对意识进行有意识的反思所带来的愉悦，甚至可以让感觉和行为凌驾于那些客观上有助于人类健康或生存的问题之上。

如果意识的形成以获得现实的快乐为原则，那么我们也可以运用这个原则达到自己的目的，来推进更具自发性的思考和认知力，并产出所承诺的快乐的知识。思考最初是生命沉默的工具，但后来开始设法使生命为自己服务。即便是最有力和最重要的回报系统——性快感，也可以被求知的原则所超越。性欲与好奇心更为紧密地交织在一起,以至于性爱活动也成为一种"认知"活动。尤其在宗教层面,这种活动的结果常是"生命的孕育",在武加大译本《圣经》和14世纪的威克里夫译本《圣经》中都有提到亚当和他妻子夏娃同房(《圣经·创世纪》)。[34]弗洛伊德的好奇心试图维持本能的支配地位,将认知看作性满足感的一种间接形式。本书认为,认知很重要,为了达到目的可以压制性快感。

这其中可能牵涉到自我性别认知这个奇特的现象。众所周知,物以类聚,人以群分。嗜好香肠之人绝不会与毫无生趣的素食者气味相投;而对猪满怀厌恶之人,将吃猪肉馅饼之人视为变态,绝不会与之为伍。就像红色头发或白皙肌肤这些外貌特征一样,知道自己喜欢的食物也可以帮助我们明白自身与他人的区别——一种虽不强大但有用的认识自己的手段,而认识自己是一件极为棘手的事情,因为让人恼火的是,我们人类从方方面面而言都难以区分彼此。不过,还有一种方法是以参照性偏好来总结对自己的认识,这种以部分代替整体的做法虽然省事,但的确怪异。今天,坦诚自己的性取向就仿佛在履行一项宗教职能,如同承认自己的信仰一样,就像你顺从地拒绝保守秘密一样。我们可以推断,坦诚性取向的快乐就如同认为自己取得自我认知所带来的快乐。这种断言属于命令式的。知道你的喜好反过来加强了这种喜好。显然,我们会自觉发现可以给予我们快乐的事物,尤其是我们认为最为重要的来自食物或性的快乐。这种发现就相当于对我们进行的认知。我希望知道我是喜欢X的那种人。如果我们能说服自己相信喜欢X(如香肠、性事),就可能会喜欢Y(如橘子酱、野性),这种快乐就会得到强化。这种快乐必须在部分程度上阻止我们辨别出错综复杂的、替代这种快乐和与之相近的事物构成的网络,这种网络正是我们对于这些事物的把握。

格致的中断

这些对于思考的快乐的反思也许可以让我们更容易理解对于死亡的恐惧。这种恐惧是我们回避痛苦的愿望的延伸和强化，有利于生物的进化，但弗洛伊德认为"生物体拥有不惜克服一切障碍以生存下来的决心，这种决心令人疑惑"，这个现象也需要进行解释。[35]这种明显的反常实际上也许不过是一种同义重复，因为没有任何个体会拒绝生存的机会；表现出弗洛伊德所谓的理性的欲望来消除焦虑和解决这个难题，这些个体才会幸存下来，有机会面对弗洛伊德的问题。生存的本能必定在希望存活的各种个体中得到高度发展。这并不意味着生存是他们的目的，而意味着他们是已经生存下来的个体。

认知与死亡结成紧密的同盟。有人声称，人类是地球上唯一知道自身终将不免一死的生物。若果真如此，死亡的迫近将会调节人类所认识的事物，以及调整人类知道自身知道的事物和知道自身知道这一事实。从某种意义而言，死亡是知识不可逾越的限制，因为我知道，作为生者我永远无法知道何为死亡——至少不会知道我自己的死亡，而且坦白说，这是我唯一真正感兴趣的死亡。不过，死亡同样是知识的一种有利条件，因为我的知识也许是在我死亡后唯一留存于世的东西了。如果我的存在是一种向死的存在，那么这种存在就是一种知道自身向死的存在。我们不能认为先有死亡，然后才偶然地出现了与死亡相关的知识，好像这两者完全互不牵涉，至少对我们来说不是如此。人类知道自己死亡的结局——人类知道有些事物是永远无法为人所知，知道死亡是一切知识的最终结局——

关于死亡的认识事实上就是死亡的全部。不过，不可知的死亡却占据了知识的全部。死亡是我们在地球上所知的一切，也是我们需要认识的一切，尽管至少还有一种事物与之类似。因此，不仅死亡是虚无的，我们认识它的方式（不管是从数据统计还是从生理角度而言）同样如此。而且任何知识都会受到一种事实的影响——我们只是在短暂时刻内拥有知识，使我们得以在最终结局前徘徊。如此说来，知识就是死亡的全部，而死亡就是知识的全部。

当然，我们可以通过种种对未来的美好憧憬，尝试回避死亡这件事，但没有一种憧憬能消除疑惑。一些对死亡的解释依然是必需的，而且也需要解释感觉和认知为何会在一个生命消亡后丧失。认知所固有的对于知识的绝对限制，与其他各种次要的限制形式是同源的。知识的光彩不仅会被对于死亡的蒙昧而遮盖，正如我将在第六章"无知"中讨论的那样，它还以与各种未知形式的频繁联系为特征。认识某事物，往往指的是知道我们已经知道了什么，以及还有什么我们尚未知道。

不过，依然有些人疑惑，为何缺乏意识会导致焦虑和痛苦。自卢克莱修（Lucretius）以来的哲学家一直致力于理解，或者说假装尚未理解，虚无为何会带来恐惧。思量痛苦的结束带来的愉悦与思量思考的结局带来的痛苦之间的对立尤为突出。菲利普·拉金（Philip Larkin）在其诗作《晨曲》（*Aubade*, 1977）中，巧妙传达出了斯多葛学派式的对死亡恐惧的嘲讽。在诗中，拉金指出，要求我们对无法感受的事物不产生恐惧毫无意义，因为无法感受正是我们所恐惧的。[36]拉金并不是第一个提出异议的人。在约翰·德莱顿（John Dryden）的剧作《奥伦-泽贝》（*Aureng-Zebe*）中，主人公奥伦-泽贝也曾说："死亡自身即是虚无；但我们恐惧的是不知为谁，不知去向何方。"[37]《晨曲》意欲传达一种意识，即我们不能拥有或至少抱持死亡的意识，因此它将会消除。拉金的诗作试图取代某些没有清楚言说的事物，告诉我们死亡是不可知的，因而我们关于死亡必然性的知识事实上无法长久得以保留。不过，知道我们认知的抽象知识可以带来快乐，这快乐也许足以抗衡我们的恐惧。这与一个事实相悖，那就是这首诗传达出了似乎对除了逃避知识之外的任何事——工作、社交或饮酒等令人麻木的例行公事——都没有太多信心。《晨曲》中确实呈现了这样的一种麻木状态，因而似乎接受了直面死亡的不可能性。这是认知的一个小伎俩，或是一种认知享乐的小设计，通过将回避假装成正视，诗作想象我们在面对所逃避的东西。

我承认，在我一生中，有一些工作出乎意料地带给我收获，因而对于失业的恐惧既使我痛苦，也使我获益，这意味着我不能思考，或没有可思考的事物。我曾听安东尼·霍普金斯（Anthony Hopkins）解释过他不得不离开出生地的理由。他说，错不在威尔士，而是他感觉他必须逃离"空虚的头脑所带来的痛苦"。有人认为，无知陌路的极大幸福状态就是涅槃，但于我而言，还需要可供思考的事物，也就是一起思考的事物。之所以这样说，是因为我认同伊迪丝·内斯比特（E. Nesbit）在其1905年创作的诗作末尾所传达的情感。这首名为《重要的事》（"The Things That Matter"）的诗歌在结尾讲述了一位老妇人回顾一生，她遗憾的不是生命即将消亡，而是她愚蠢地挥霍了一切她所认识的有用的事物。诗中说道：

    哦，上帝，你赐予我求知的欲望，
     你已经将知识存入我的大脑，

> 我请求你，如果可以，
> 请让我生命消逝时不再蒙昧。[38]

如果我不知道我在经历涅槃，我就不可能在经历涅槃，这时所有的旧烦恼就会再次袭来。我认为，任何一种思考，哪怕是最为虚无缥缈的白日幻想，至少也暗含了对意义及结果的研究，可以说是一种推理。因此，并不是"我思，故我在"，而是"我思，以使我能在"。而为了进行思考，我们需要认识事物，需要有观点或者内在表征的储备。我认为，准确来说，我并没有储存我所知道的事物，供我随时提取和展示；实际上，是我称之为认知的功能使我得以完成提取和展示观点的目的。获得认知意味着将事物作为认知的客体。

进行思考意味着在知识中进行穿越，从你自认为知道的事物转向发现其他你尚不知道的事物，或者至少是尚未充分认识的事物。这种认知指的就是进入思考的状态，或者忙于进行思考。W. R. 拜昂（W. R. Bion）提出了容器–内容物结构模型，在其构想中，有一种痛苦或困惑是，虽然我们头脑中充满了想法，却感觉那些想法并不属于我们（这并不总是表现为不安，有时也表现为接近于在某种超然的幻想中进行手淫的快感）。[39]拜昂认为，如果没有容器，这些经验将会令人感到痛苦及不知所措。不过这是一个非常粗糙的比喻，因为容器的运作与枕头套不一样。枕头套包裹着的是鼓胀的枕芯，而容器通过局部应力和铰接形成，相当于巴克敏斯特·富勒（Buckminster Fuller）所描述的"张拉整体式结构（tensional integrity，也称作tensegrity）"。就像是观赏舞蹈时只知舞蹈不知舞者，在思考中我们往往只知所思不知思考者，或者只知所思观点不知思考。

　　我对濒临死亡是何种感觉这个问题的兴趣一直没有间断（虽然这听起来有些病态，我一直尝试激发对处于死亡的状态是何种感觉这个问题的兴趣，但我无法找出其意义）。我想我需要将濒死状态和濒死的感觉——飞机急坠时那种感觉——区分开来。我所指的死亡是一种与永远无法恢复或召回自身的事物的延伸对抗——一种永远无法成为知识的认知。但这个困境的相关知识是存在的，也正是在这种知识的范畴内，有一种我们永远无法进行的认知，因而一片阴影在这个范畴内出现。贝克特在其随笔《看不清道不明》（*Ill Seen Ill Said*, 1981）的结尾幻想了知者和认知的结合，可以将此解读为贝克特尝试加速或完结在文中从始至终受到仔细探究的老妇人死亡的描述。文章的结尾既充满了感情又具备完整性：

　　　　那最后的一刻，也是最初的一刻。余下的，足够吞噬一切。那贪婪的一分一秒。整个天与地，不留一丝腐肉。再一次，最后一次，从容地呼吸着虚无，认识那快乐（know happiness）。[40]

　　最后的两个词有人认为是一种祈使的语气，但在法语中，其实是一种不定式，可以独立存在，是前句的同位语。还有一种幸福，在于能够知道知识的最终结局。当然，准确地说，这根本不是幸福，因为它只是可能发生，所以与其说它是一种认知，不如说是一种折磨。[41]这些话语其实与贝克特有关联。在"痛苦消失"之前，《向着更糟去呀》（*Worstward Ho*, 1983）传达出一种节制；在《啊，美好的日子！》（*Happy Days*, 1961）中，女主人公维妮希望"不要在信任的基础上胡言乱语,毫无疑问,有些事让我痛苦。(停下来喘口气)"。[42]

确实,认知永远无法与自身取得一致,这种明显的、异常的独特状态也许已经开始扩展至一切,直达头顶,慢慢地,最终,或者实际上早在之前,就已经构成了一种普遍的瘫痪。也许需要将我目前所知道的一切纳入不可挽回的范畴,纳入意识到认知永远无法以知识的面目出现的语境中。一种不让人完全满意的权宜之计,是用写作或其他一些记录的形式将自身的知识外化。但这也不是认知,只是认知的一种迹象。通过建构、阐释来与我所知道的形成一致,这些工作可以加强我一切认知的努力,以免我自身的认知被众多我绝无机会知道的事物所吞没。认知最终的结构与暂时的蒙昧之间存在差异,这种差异实际上在暗中分裂我所有的认知。因此,从某种意义而言,我是了解死亡的,或者说我的认知活动无时无刻不在暗示知识的注定结局。当然,我此刻正在享受这些令人难以理解的快乐,可以更肯定的是,在构思这些语句和酝酿这些感情时,我在感受快乐。思考可以从对无知的恐惧中衍生出某种满足感,似乎在承诺认知可以超越自身,甚至进入未知的中心。这通常需要利用虚拟的认知,即幻想出的伪知识或准知识。

伪认知

文学作品可以为认识感知的症状和诊断提供一些线索。过去,人们认为文学以令人愉悦的或清楚的自证方式来建构现实。例如,在济慈的诗作《希腊古瓮颂》(*Ode on a Grecian Urn*,1819)结尾处有关于知识的含混的宣言:"'美即是真,真即是美。'——这是你们所知道的一切和该知道的一切。"假如有一个奖项,奖励在有限的空间里尽可能多地塞进靠不住的、得来不费工夫的论断，这一联诗句必定会将该奖项收入囊中。自不待言，美并不一定总是真，更别提成为真相本身了。同样，真相并不一定总是美丽的（真相难道不该是"赤裸裸的""直接的""不加掩饰的""活生生"的吗？）。即便将这些不合情理的说法看作知识以便进行讨论，我们也显然知道，在"你们所知道的一切"之外，还有许多其他事物（更让人满意、更为有用的事物），因而将这些事物当作不必要的而放弃就显得疯狂了（"你们该知道的一切"），因为我们已经拥有先前提到的动听但虚假的废话。我如此进行分析的目的是希望能说明，以认真的态度去对待这些论断是相当怪异的，尽管评论家长久以来一直向我们也向彼此解释，为何这是一种有着严重缺陷的，或者至少是毫无益处的解读诗句和阅读文学的方式。

20世纪初出现了关于文学所蕴含的知识的重大困惑。在19世纪大部分的时间里，文学与知识的关系一直被看作理所应当、不言而喻的。19世纪许多作品的名称都可以体现这种关系，如塞缪尔·贝利（Samuel Bailey）的著作《政治经济、政治学、伦理学、形而上学、严肃文学及其他知识分支中的问题》（*Questions in Political Economy, Politics, Morals, Metaphysics, Polite Literature and Other Branches of Knowledge*，1823），以及1837年创刊的《新伦敦杂志》，杂志的副标题为"文学、科学、艺术及常识混编"。19世纪末，人们开始认为按照韵律组织文字以及编写故事并非学术的范畴，也并非在积累人类知识。如果要将文学引入大学的教学内容，重要的是赋予文学学术的地位，以及为文学阅读和写作找到理据。

I. A. 理查兹（I. A. Richards）在其作品中对文学的学术主张进

行了重组，影响深远。在《科学与诗歌》（*Science and Poetry*, 1926）中，理查兹做出了颇具影响力的一个论断："人们误解和低估诗歌的主要原因是过高估计了诗歌中包含的思想……重要的永远不是一首诗歌表达了什么，而是这首诗歌是什么。"[43]对于理查兹而言，一首诗，或者任何文学作品，皆是"种种欲望和冲动的非凡而精妙的集合"，而这集合中的词语就是"一种手段，用以组织、控制和加强全部经验"。理查兹所称的世界的"神奇视角（Magic View）"已经式微，而"真正的知识"，也即精确的科学知识，却在急剧增长，所以通过文学写作传达出的对于作品的理解就成为必要。真正的知识如此丰富，其力量如此显而易见，因而消解了人们心中的一个推测：

> 我们的感觉、态度及行为源自我们的知识。我们应该意识到，应该尽可能地根据这种观点行事，将知识作为感觉、态度和行为的基础。

相反，文学所能提供的是一种建立在理查兹所说的"伪陈述"基础上的知识，伪陈述被定义为"一种完全由其在释放或组织我们的冲动和态度方面的效果来证明其合理性的文字形式"，而不是一种"由其真实性来证明的陈述，即它在高度技术意义上与它所指向的对象相符合"。文学可以部分帮助我们走出产生于这样一个认知的现代困局——在很多情况下，仅有事实性知识从根本上而言是不够的：

> 既然我们不可能获得足够的知识，而且相当清楚的

是，真正的知识无法为我们所用，只会增强我们对自然的实际掌控，那么这个困局的解决办法是将伪陈述与信仰剥离开来，但在分离的状态下，保留两者的存在，将两者作为主要的工具，帮助我们端正对待彼此以及对待世界的态度。

理查兹认为，文学提供了一种似是而非的知识——一种表演性及实验性的认知活动空间，而对感觉的组织是其中重要的组成部分。这个观点也许与我所称的认识感知中的一种形式相差无几。不过，理查兹不仅比我更有自信地将文学伪陈述与真正的知识区分开来，也比我更乐观——不顾一切地，甚至是兴奋地——致力于救赎这类知识。在我看来，我们可以称之为"认知幻想（epistemofantasia）"的动作，即理查兹的神奇世界视角与科学思维的结合，比理查兹所猜想的要广泛得多，当然并不仅仅集中于文学或艺术领域。

认知当然有许多不同的含义。认识论的目的在于将这些含义区分开来，以便将当中许多不适于作为哲学研究对象的含义筛选出来。可作为认识论中哲学研究对象的，包括认知内容、认知方式、熟知状态、理解状态、体验状态及掌握信息状态等。认识感知的目的部分在于能够记录下我们可能感觉到的认知的不同方式与内容之间的联系和区别（这里是指对认识感知本身的探究，而不是对认识感知症候的探究）。对于认识论学者而言，闲言碎语及固有成见与宗教信仰或试验数据相距甚远，但在认识感知的范畴内，它们极为相似，以致让人产生不安之感。我们被许多不同的媒体信息和体验所包围，这种认知的系统模式以及认知解码后的信息传播，会使我们感觉完成认知的方式成倍增加，也会使综合运用这些方式的场合成倍增加。文学文本没有提供一种不同的认知模式，一种闪耀着光芒或反抗精神的认知模式（我们对于文学文本一种经常性的自以为是的理解是，文学文本往往会描写与邪恶的斗争）。文学文本也许可以成为一个观点交汇和冲撞的场所，尽管这个场所既不多样也不独特。例如，现代文学中认识感知的目的往往是协调认知主体的知识，以及被媒体和中介加工过的信息。协调的对象有时是文学作品自身，它似乎既参与思考的行动也参与数据的处理。

文学阅读与写作并不是认识感知的冲动和态度得到实践的唯一方式，尽管文学阅读与写作的确为认识感知的运作提供了丰富多样的场所。相应地，文学阅读与写作将在后面的讨论中占有一席之地。与认识感知相关的假设也会帮助我们理解文学与知识的关系，这种关系似乎长久以来一直牢牢地被对于文学的理想化梦想所控制。这种理想化梦想将文学看作一种表达和美化知识的特殊方式，而不是鼓励和分辨出对知识的关注的方式。文学有助于知识-幻想，不只是因为文学是一种特别的知识，还因为它允许知识-幻想的存在。不过，我们应该避免向认识感知的诱惑屈服，赋予文学阅读与写作一种特殊的地位或使命。在某些学科领域尤其是艺术领域内做研究的人，有一种未经检验的论断，就是他们应该在自己所关注的领域内具有特殊的、拯救性的使命。理查兹认为可能本质上或精准地属于诗歌或文学的许多"似是而非"的知识形式，在个人和社会存在的许多其他领域也明显地、令人信服地发挥着作用。以本书后面各章所涉及的内容为例，这些内容包括知识的野心及理智的疯狂、性好奇、伪饰及自信错觉、秘密的保守和揭开、辩论、争辩、猜谜及问答行为、压制及神化愚蠢的历史、人工智能的神话，以及对于政治和经济的预测。所有这些都呈现了多种不同的方式来展开和研究人类与知识的关系。这种关系定义了我们，同时又如此让人困惑，超越了我们的理解范畴。

第一章

求知的意志

亚里士多德认为，尽管人类皆渴求知识，但未必会一直抱有强烈的欲望去了解这种求知欲。本章将会探讨由求知欲引起的复杂情感，也就是正如我们看到的，对知识的热爱、求知的意志或驱动力。由于我们给知识及求知欲所赋予的价值相当复杂，对求知欲引发的情感进行探讨并不容易，不过也正因为如此，探讨这个问题令人兴奋激动，欲罢不能。

认知能力并非一种单一的能力，而是一种混合多种能力的综合体，其中必然包含好奇心、预测能力、进行实验的欲望、记忆能力和解释能力等。我们须得假设这种认知能力综合体，最初是人类了解外部世界的一种手段。当知识发展至一定程度时，我们意识到在经验中存在着与我们形成对抗的事物，而且它们也不受我们的影响。在人类进化的早期，实践知识必然会产生客体的概念，以及从词源的角度而言，必然会产生我们主动或被动面对的事物的概念。因为拥有知识，所以我们能在世界更多的地方居住或安家，但一个必要的前提可能就是从世界脱离出来，发展出一种直觉，即认识到世界可能是另一种不同的面貌，或世界的面貌可能是外力使然。

但这也就使思考成为可能。思考是一种能力，它能将世间万物以及我们对世间万物的印象和看法视为客体。客体必须可以意象化，不过这也将意象客体化。主体性必须与米歇尔·塞尔所谓的"超验客体"同时形成，也就是说，若客体要反抗并超越思考，需要对思考的行为和事实进行自反性认识。[1]对知识的阻碍和征服似乎是突然发生的，主体受制于其促成的客体化，塞尔将这个过程描述为：

一种快速的漩涡，客体在其中对主体的对称性构造，以闪电般的半周期和无休止重复的方式在推动，促进了主体对客体的先验性构造（transcendental constitution）。[2]

严令禁止

基督教中关于堕落的故事将知识和意志结合在一起。它以错误的，甚至是邪恶而狡猾的方式诱惑人们相信，人类有可能在不辨善恶的情况下生存。如果上帝允许人们吃禁果，这也许是可能的，但上帝发令禁止后，亚当和夏娃便对善恶有所了解——他们内心至少会有一种强烈的意识：了解善恶本身就是邪恶的。

对于人类，或者至少对于那些相信堕落相关故事的人而言，知识似乎常常与有意识地打破界限联系起来。即使承认并遵守禁令，这也在某种程度上暗示了无视禁令可能会导致说不清道不明的坏事发生。我无法想象，设想出一种极限却并不设法对它进行超越是何种状况。任何对极限的思考都必然包含着对极限的超越。如果寻求了解善恶是被禁止的，那大概是因为寻求了解善恶的行为本身便是一种罪恶。但是，如果寻求了解善恶是邪恶的，那么知道这一点是不是也有点而且已经是邪恶的呢？因此，禁止了解善恶本身就开始暗示或传播善恶相关的知识了。奇怪的是，与意欲了解作恶的行为不同，创造世界的上帝似乎并不在意作恶的行为。那么，无意的作恶与仅是了解邪恶两者之间，到底何为恶？

约翰·弥尔顿（John Milton）的《失乐园》（*Paradise Lost*，1667）更为深入地探讨这个问题。弥尔顿笔下的撒旦以蛇的形象出现，不仅诱使夏娃吃树上的果子，还将她引路至树下。这一点寓意深远。在《圣经·创世纪》中，夏娃已经得知果园中哪些树的果实禁止食用："园子里那棵树上的果子，神曾说，你们不可吃，也不可摸，不然你们会死去。"我们认为"园子里那棵树"的意思显而易见，并且这不是某种几何解谜游戏。但弥尔顿的诗异乎寻常的地方是，夏娃特地要求撒旦指引那棵树的方向，这意味着她可能并不知道树的具体位置：

> 但是，树长在哪里？从这过去有多远？
> 因为上帝在这里种了很多树。
> 在伊甸园里，种类繁多，但是都不太认识。
> 我们的选择如此丰富。[3]

要指出的是，禁止接近一棵已知的、特定的树与无法接近一棵存在于花园某处特定的但没有准确位置的树，这两者之间有着巨大的区别。前者是一道禁令，后者是一道谜题，类似如下这道："在这个花园的某个地方有一棵树，你绝对不能吃它的果实；你的任务就是找到那棵树，并且不能吃那树上的果实。"在一个前言不搭后语的故事中，这或许只是一个轻微的逻辑问题。但是，值得注意的是，这个谜题涉及一个掌握预知未来知识需解决的基本问题，它要求紧密结合英语单词"will"的两个功能：指示结果和意图，即无论发生什么（结果），都必须是上帝计划（意图）发生的事情，其发生的方式是特殊的及自我应验的，这是上帝意志的特征。上帝要么已经知道亚当和夏娃不会一直蒙昧无知，这有点像一个神明在偷偷自娱自乐，要么他并不知道。在后面这种情况下，人们必定会开始疑惑到底谁在此掌管大局，因为上帝似乎不再是一个全知全能的神了。或许上帝万能的权力中也包括限制自身知识的权力，就像孩子在游戏中分组选人时哼唱《点兵点将》的童谣，"选哪个好呢"[*]，或是捉迷藏时蒙住眼睛数到十。同样，这是一种认知上的捉迷藏游戏，它相应地将上帝拟人化了。又或者上帝知道亚当和夏娃不会一直蒙昧无知，但他的确不知道他知道。（这么说上帝也有无意识状态吗？）在《圣经·创世纪》中，上帝说亚当和夏娃吃了禁果之后变得如同神一样（哪位神？还有其他的神吗？），由此产生了认知的隔阂和困境。在这隔阂和困境中，偷吃禁果就像是一种"欢迎来到我的世界"的问候语。

  这些质疑源远流长，而这种幼稚的消遣的目的并不是得意扬扬地去揭穿上帝造物故事中可能存在矛盾之处。在如此重大而严肃的问题上，用垂钓美洲枬鲷[†]来进行诱惑是不够的，对于这种廉价的诱惑我们应该予以抵制。任何故事如果牵涉到既全知全能又不作恶的造物主，都应当解释事物何以在历史中能曲折发展。

---

[*] 这首童谣英文名字为"Eeny, Meeny, Miny, Mo"，名字并无实际含义，英美儿童玩游戏分组或者选人时常唱这首童谣，大致相当于中国的《点兵点将》之类的儿歌。

[†] 一种少见的可食用深海鱼，体型较大，不易捕捉。

存在于故事里的可以是造物主,也可以是历史。简而言之,这世上可能存在一些故事,解释事物如何从无到有。但如果故事讲的是一个原本就存在的造物主在创造历史,那么这个故事总会遇到麻烦(不过,幸亏故事讲的正是麻烦,且专为处理麻烦定制)。一旦神圣的造物计划出现问题,必定是计划从一开始就存在瑕疵,而人们通常认为一个神圣的造物计划其设计特征是完美无瑕的。

这让人不禁怀疑,一切世界起源的神话,提供了永远无法满足需求的伪知识,制造出让人苦苦思索的难题,以及考卷中的问题,其目的或许不是给出那些不可解开的谜题。并非所有的造物神话都像伊甸园故事那样依赖于知识的问题。尽管这一因素看起来像是撰写"人类堕落"故事的全体作者的另一个失误——因为这意味着故事本身必然会违背它所叙述的对知识的禁令——但这个因素无疑也是故事大部分活力的来源。再者,对我当前的目的最重要的是,这个因素将使禁令和因为禁令而产生的反抗意志成为对认知内容的解读的本质,即存在和行为之间的必要中介。此后,认知往往与意愿,尤其是与求知的意愿联系起来。

意志

知识就是力量,这是我们所认识、所信赖、所告诫自身的一个观点。正如弗朗西斯·培根在1620年出版的《新工具》(*The New Organon*)中所说:"知识和权力这两个人类的目标就像一对孪生兄弟,就存在方式而言,知识实际上等同于权力。"[4]认识到这一点并不困难。多个世纪以来,肯定因为这是一件相当显而易见的事情,所以很难激发人的兴趣。如果我知道颠茄有毒,可以致命,那我就比那些不知道这点的人占据明显优势。我对羚羊的习性了解得越多，猎杀它们的机会就越大。吉罗拉莫·卡尔达诺（Gerolamo Cardano）于1564年左右在他的《论赌博游戏》（*Liber de Ludo Aleae*）一书中首次对概率进行了系统的推算，但他在有生之年没有出版这本书，大概是因为他除了在许多领域成就斐然外，还是一位叱咤赌场的高明赌徒，需要依靠自己的知识来维持收入。实践性知识，即如何做某事的知识，在其他条件相同的情况下，显然等同于做某事的能力。知道如何缝制衣物是缝纫能力内在的组成部分，至于我是万万不可能去缝制任何衣物的（即便在世界某地，某人在做这件事）。也许只有当知识发展至从这些直接目的中抽象出来时，知识和权力之间的关系才开始变得有趣，足以引起人们的思考和评论。事实上，很可能正是在知识和权力越来越频繁地互相联结，联结方式越来越细化的时候，知识和权力才开始紧密结合起来。敲诈行为可以为知识和权力的结合提供绝佳的案例：我知道某人的私情或某人非法干预市场，但只有在许多条件（可能蒙受羞耻、维护声誉的代价、监管系统的存在等）的合力下，这个知识才会转化为权力。也就是说，也许只有当知识不再直接地表示"能够做某事"的意思时，肯定其本质才有意义。

但这种复杂情况又产生了另一种可能性。为什么我们很少承认知识也是弱点？因为知识不仅告诉我们可以做什么，也告诉我们永远无法做到什么，还告诉我们与前者相比，后者的概率巨大。知识使我们知道自身的极限和潜能，包括知识本身的极限。在我做出认知前，我一无所知。我实际上对一切都所知不多。正如我在引言中提到的，认识到我们终有一死就是我们的终极知识，这是我们所对抗却又引以为豪的知识，因为我们认为在一切生物中唯有人类能有这样的认识。这也许是唯一确定无疑的知识，但它也是不可逾越的知识极限。我们之所以为人，是因为我们终将蒙受这个终极知识带给我们的屈辱，即我们意识到永远无法了解自己，且这种想法无法抑制。我们的知识必须对这种终极无知的必要性有所了解。

在这种情况下，我们也许会疑惑，"知识就是力量或权力"这一论断实际上是否包含了一种祈祷，一种对未来的期许：知识将会永远是、一直是以及仅仅是力量吗？当知识的力量变得既更为强大又更依赖外部环境时，加上错误知识带来的影响，某种追求力量的欲望就会出现，以维护知识和力量之间纯粹的同一性。

在我们的认知中，追求权力的欲望是一种综合体，因为追求权力的欲望必定总是预先把力量强加给自己，否则个体如何驱动追求权力的欲望呢？很难设想存在一种不会沉湎于某种权力的欲望。对于人类来说，欲望首先是一种对权力的主张，因而任何一种欲望，不管指向何种对象，都是追求力量或权力的。因此，意志力，或者说追求欲望的力量，总是和追求权力的欲望配合行动。是否存在一种追求软弱但又不自相矛盾的欲望呢？不自相矛盾意味着这种追求软弱的欲望足以成功获得软弱的状态，同时又可以削弱其追求软弱的欲望，或者抵制作为欲望常见组成部分的自我赋权。本书第六章将会探讨一些追求无知状态的方法，但这些方法都假设或认定对无知状态的欲望是具有正面作用的。

如果我们接受这样一个事实——知识意味着追求权力的欲望，并且由这种欲望驱使，那么这个关系也可以颠倒过来。不仅一切认知都包含了权力，一切权力也都需要并且渴望知识。如果我要行使我的欲望，那么我必须知道我之所欲为何。我们已经明白，这并不总是一件直接明了的事，以至于弄清我们的所欲所求实际上成为欲望行动的重要组成部分。我可以一意孤行，决意找到我真正想要的，或者更常发生的是，找到我确实不想要的。如果我在无意中按照别人的意愿行事，或者受到一种既可以属于我也可以不属于我的强迫性的欲望所驱使，又或者我觉得自己在按照某种客观意志的指示行事，那么我就无法认识我的欲望，这意味着我不能说我在真正执行我的意志。追求意志的欲望必须包括对个人欲望的了解。

如果存在求知的意志或欲望，那这是一种怎样的意志或欲望呢？当我们以这样的方式思考欲望时，我们其实是在思考这种欲望能为我们带来什么或确保什么收获。欲望的主体是不限定的，任何人都可以拥有欲望，但其最终指向一个或多个限定的对象。进食或交配的欲望实现了生存，使有机体得以存活而不是死亡。欲望也可视为一种外在的意志，这种意志通过在个体内安置一种替代性的或类似的意志来进行自我实现。我想要内心渴望的东西，是为了使一种更高级的，至少不那么明显的意志得以实现，即个人存在意志。这个微型化的意志模块不仅安置在个体内进行运转，而且从某种意义上说，它即是个体，使用意识达到其目的，就像它利用饥饿、快乐和痛苦一样。

不过，也许事情完全按照相反的方向运转。意志（Will）的概念已上升至抽象层面，是一个专有名词，指一种普遍意义上的、从某种角度看仅以存在意志作为意愿的意志，一种总是需要替代的意志和意志行为来完成其目标的意志。这个概念采用了类似英语语法中的逆成构词法*，是一种从局部、具体的意志或意志行为向外及向后的投射。也就是说，普遍意志的概念也许只是一种知识效应，我们只能对它进行推断，而不能立即对它做出认知。

---

* 逆成构词法是构词法中一种不规则的类型，即把一个语言中已经存在的较长单词删去幻想中的词缀，由此造出一个较短的单词。

普遍意志通过次一级的或替代意志来实现其目的,这个事实使得单个意志可以拒绝听从普遍意志的要求。厌食症、自杀及其他一系列的自残行为,也许还有各种形式的禁欲行为,似乎代表了一种拒绝普遍意志的欲望,而普遍意志本来会通过自我照顾的冲动来实现。

这类苦行者的问题是,他们可能永远无法确定他们的行为实际上影响了他们似乎主张的异见。拒绝以普遍意志的形式出现的欲望,也不能确定它实际上是否能实现普遍意志的目的。如果不是自我主张(assertion of self)、血气*的力量、自我奋斗,普遍意志还会追求什么呢?对于这种不确定性,没有比塞缪尔·贝克特的《无名》(*The Unnamable*, 1953)更极端的表现了,其激烈的程度来自它试图体现"不情不愿之人的喃喃自语,抱怨他们的人性扼杀了什么"[5]。凡是引用过并认同这句话的,我以及其他许多人,都不无伤感地认为这句话中所说的"人性"实际上是发出扼杀行为的一方,它压制了那些喃喃自语者试图表达的一切。

在英语中,陈述性认知(知道相关事实和事件)和程序性认知(知道怎么做)之间的区别被忽略了,因为英语中使用"knowing(认知)"一词统称这两种操作。但年代更久远的一个单词"ken(知道)"在苏格兰语中得以保留,它与德语"kennen(认识)"和英语"can(能)"有关联,意思是研究或学习,它说明了认知和能够认知之间是有联系的。但也许知识最重要的特征是它通过顺从体现出一种主张。正如弗朗西斯·培根在他的《新工

---

* 血气是柏拉图思想的重要概念。柏拉图在《理想国》一书中,指出人类的灵魂由三个部分组成:理智(reason)、欲望(desire)和血气(thymos)。

具》中提出：

> 人类是自然的代理人和解释者；人类所做和所理解的，仅仅是他观察到的或通过推断得出的自然运行秩序；人类无法知道也不能做得更多。没有力量可以中断或打破这条因果链；顺服自然才能征服自然。[6]

通过服从来征服比我们以为的更常见。培根上文中的句子"顺服自然才能征服自然（nature is conquered only by obedience）"可翻译为拉丁文"neque natura aliter quam parendo vin citur"，其中"parendo"是"pareo"的将来时被动分词，即我遵照命令而来，字面意思相当于"被迫前来"或"被召唤"。"我愿意（I will）"的意思就是我愿意将我的意愿按照要求呈现出来。英语在表达意志时，有一点颇有趣：如果意志通过我们的许多话语表达出来，尤其在涉及命令式的表达时，会显得很别扭，使直接表达意志变得很尴尬。意志似乎更倾向于通过言语而不是直接在言语中发挥作用。如果我说，"你要照我说的去做"，那么这句话明显使用的是一般将来时态[*]，实际上说明的是将来要发生的事情，因而在这句话中意志的力量就被将来时态所掩盖了。类似的情况还发生在越来越古旧的词汇"shall（将要）"上，其使用情景相当复杂。"汝不可杀戮"和"你应参加舞会"，两者都表达了一种责任或必要性，但没有直

---

[*] 英语中一般将来时态表示将来经常或反复发生的动作，常用的表达方法是"will"后接动词原形，这里的"will"是情态助动词，不是表示"决心、决意做某事"的实义动词。

接表达出来。如果我说"我将要"或"我愿意",那么我是在表示我同意一些并非由我提出或创造的条件。如果我以君主或女皇的身份发话,我可能会盛气凌人地宣称"这是我的意志",但在这种专横的话语中,我再次使自身与我所发出的号令彼此远隔开来,因而我自身也无法与这个号令表现出同一性。

叔本华和尼采

贝克特在《无名》中精心设计了种种困境,又尽力反抗这些困境(精心设计的目的就是尽力反抗)。这些困境是对亚瑟·叔本华哲学中所概述的某些可能性的一种辩论式的戏剧化,而这些可能性可以被视为许多关于意志与知识关系的现代概念的起源。叔本华的论点明确体现在他的《作为意志和表象的世界》(1819)第1卷第27节中。在书中,叔本华解释了世界作为知识的一种观念或表象是如何成为一种似乎与之相异或对立的表达,即"在整个有机自然界中,一种盲目的冲动和缺乏知识的奋斗"[7]。在不同种类的个体中,意志趋向于将自身客体化,最终产生类似于意识的东西。作为对力量的最大化或优化,在较低的层次上,这些力量通过本能表现出来,并导致不同器官和有机体的分化。

> 由此出现了基于动机而产生的运动,因此知识就变得必要。所以,在意志的客体化的这个阶段,要求以知识作为权宜之计,以保护个体和物种繁殖所需。它似乎由大脑或更大的神经节代表,就像其他所有努力或决心自我客体化的意志都由一个器官来代表一样,换句话说,它表现为一个器官。

但大脑与其他器官并不同，因为它是使世界得以形成的器官，这里的世界不仅是"盲目的冲动"，而且是表象或观念，是一个我们可能认知的世界。

但有了这个权宜之计，作为表象的世界现在代表的一切形式、客体和主体、时间、空间、多元性和因果性，现在一目了然。世界现在展现了它的另一面。从前，它只是意志，如今同时是认识主体的表象和客体。到目前为止，这一意志在黑暗中坚定不疑地遵循着它的倾向，在这个阶段为自己点燃了曙光。

最初，知觉系统和意识系统作为意志的代理，是意志的外化或机械表现。但随后，知觉开始对自己的运作方式有所了解——"知识之光渗透至意志盲目操作的车间，启蒙了人类，使其不断成长"。针对这一过程，叔本华解释道："我称之为神奇的先知。"（这个解释的启发性并不是很大）直觉从此让位于审慎的思考，首次使得错误和不确定性成为可能。但同时也使得意志和表象这两个领域之间产生根本的分歧。

因此，广义上的知识，从理性知识到纯粹的感知知识，最初来自意志本身，属于意志客体的更高层次的内在存在，它只是一种保护个体和物种的方式，就像身体的任何器官一样。因此，知识本来注定要为意志服务，以实现意志的目标。几乎所有动物和人都是如此。

叔本华由此给知识赋予了一个新的功能。首先,"知识可以摆脱个体的束缚和枷锁,摆脱意志的一切目的,纯粹为自己而存在,只是作为反映世界的一面清晰的镜子而存在。这就是艺术的源泉"。其次,"如果这种知识对意志起作用,就会导致意志的自我消除,换句话说,甚至是内在的屈从。这是终极目标,实际上是所有美德和圣德最内在的本质,是来自世界的救赎"。

这创造了一种新的努力的可能性:意志从此可以在知识的引导下,将个人努力最大化,努力将自己从个人奋斗中解放出来。叔本华有时似乎相信,知识可以自行发挥作用,完全不受意志的支配,例如,在天赋的运作方面:

> 天赋若要出现在一个人身上,他所拥有的知识能力要远远超过为个人意志服务所需要的。而这些多余的知识已经变得自由,现在成为净化意志的主体,成为世界内在本质的明镜。

但在《作为意志和表象的世界》第1卷的结尾,叔本华已经得出了这样一个结论:把自己从意志的运作中解放出来也意味着把自己从所有的知识中解放出来,因为知识(或"作为表象的世界")是"意志的客体化",而"世界是意志的自我认识"。因此,不可能有关于存在状态的实证知识。叔本华试图将此种存在状态刻画为超越意志的存在:

> 但是,如果非要坚持以某种方式获得一种实证认识,即哲学只能以否定意志的方式来表达消极的认识,那么就

只剩下一种状态了,就是所有已经完全否定意志的人所经历的状态,这种状态被称为陶醉、狂喜、启迪、与上帝合一等等。但这种状态不能真正地被称作知识,因为它不再具有主客体的形式。而且,只能通过自己的经验才能达到这种状态,无法进一步交流。

叔本华似乎不确定意志和知识之间的关系,因为知识既是意志的客体化,也是否定意志的途径——这也必然意味着对所有知识的否定:"没有意志,没有表象,就没有世界。"也许,求知的意志必须始终参与到这一矛盾之中,即使求知的意志在努力超越这个世界,它也始终置身于这个世界中,始终是这个奋斗的世界的一部分(只要求知的意志继续努力,就一定无法超越自身)。

叔本华最有影响力的追随者是性格暴躁易怒的尼采。虽然尼采认为叔本华从意志中获取知识的做法有很多值得赞许的地方,但他不赞同叔本华通过自我克制、利用知识来压倒意志的方式。叔本华认为生命被过度高估了,而尼采却希望找到一种方法继续肯定生命,但同时又超越传统上理解的知识。为此,他呼吁"一种纯粹的经验认识论",这种认识论"既没有理智,也没有理性、思想、意识、灵魂、意志及真理"。[8]知识虽能给予你自由去做你原本无能为力的事,让你从没有意识到的束缚中解脱出来,但尼采认为,"知识就是力量"的意义不在于这句话能令人振奋,而在于知识的目标"不是去'知道'而是去构想,根据我们的实际需求,将混沌状态系统化,将规律和模式付诸混沌状态之上"(《权力意志》)。任何有机体最迫切、永不休止的需求是建立规律。

"理性"的发展不过是一种整理和创造的过程，在过程中产生了相似和平等，这是每一种感官印象所经历的同一过程。这里没有预先存在的"想法"在起作用，而是功利主义的考虑，即只有当我们看到事情呈现近似和平等的状态时，它们才是可预测和可管理的。

按照这种观点，抽象的知识往往是一种幻想，因为认知的全部工作都可以理解为欲望的满足。它是达尔文式的，既包含热切的奋斗，又有简单功利的冷漠，把抽象知识理解为一种为生存而奋斗的积淀（个体不需要知道这一点，而且不知道的话，往往会运转得更为良好）。知识是用笔墨写就的激进的自然。同时，知识本身也是抽象的，因为奋斗是一种结果，而不是一种形成的冲动，所以万物均不想处于这些欠缺的状态。奋斗只不过是不得已而为之，毕竟聊胜于无。宁要同质化和全体整齐划一地维持自我存在，也不愿面对一种永恒的不均状态。

这不是一种求知的意志，而是令知识屈从于自身利益的意志。因此，这种意志的目标与其说是为了真理，不如说是为了驯服。正如贝克特所说，把知觉歪曲为可理解性。[9]尼采在这一点上做了进一步的讨论：

一个特定的物种要生存下去，也就是要增强力量，它必须在其对现实的概念中充分捕获什么是一致的，什么是可预测的，以便在此基础上构建一套行为模式。保存的效用，而不是需要澄清的抽象理论，是感官发展的原因。它们不断发展，以至于它们的观察方式足以保护我们。换言之，对知识的渴望程度取决于权力意志在物种中达到的程度。一个物种掌握如此多的事实，是为了掌握它，是为了让它付诸实践。

知识的运作乃至逻辑思想的运作都涉及尼采所谓的"挪用（appropriation）"，他将世界等同于做出认知的人。

考虑到利益及损害，对万事万物一视同仁的基本倾向受到修正和控制。它会自我调整，以便在不否定生命和危及生物体的情况下，得到较小程度的满足。通过该过程，原生质不断吸收它所占有的物质，并根据其自身的形式和系列来安排它的外化进程。

知识与大量复制挪用、类似殖民的行为之间的这种联系，意味着摆脱这种殖民主义比人们想象中的困难得多，因为它只会屈服于一种更大、更广泛的知识占领形式。因此，在一个曾经历殖民统治的社会中，人们的情感和观念往往带着浓重的殖民色彩。当地球的空间已经完全为人类所掌控时，唯一可用的空间就是思想的空间。任何去殖民化都不可能不以植入感情和观念的空间为目标。没有一种理论能逃脱殖民的欲望，或者说没有殖民欲望的理论是不可能存在的。什么样的理论不会以向前发展为目的呢？又是什么样的理论会以自我限制为目标，或者特地安排自我了结呢？正如米歇尔·塞尔所表明的那样，污染导致侵占行为，但洁净与污染相比，导致的侵占行为更严重。（难道人们不需要"扫除"阻力吗？）[10]为什么

"尘土（dirt）"的反义词"洁净（cleanness）"[*]不是一种物体而是一种性质？就好像物质被观念所取代一样，无论是通过驱逐还是消除原来的特征，没有什么行为比清除生存空间更具殖民主义色彩的了，因为所有的殖民者都会觊觎无主之地。

尼采对知识的功能持宽泛的实用主义观点，这意味着"我们的'知识'不可能超越维持生命的要求"。也许有人会认为这说明了认识从属于主体，证明了"主体"的权力凌驾于"客体"，这个主体甚至包括似乎由"客体"产生的"主体"。正如我们看到的，叔本华断言："知识可以从这种隶属关系中退出，摆脱身上的枷锁，并且从意志的所有目的中解脱出来，纯粹地为自己而存在。"他在进一步的阐述中说道："如果这种知识对意志做出反应，它可以导致意志的自我消除。"但对尼采来说，甚至意志本身也是一种策略或实用主义的权宜之计。他如此写道："意志只有在有用的情况下才会延展。"所以，对于尼采来说，不存在拥有权力的主体，也不存在一种为了主体利益的权力，存在的是一个由权力意志形成的主体。所以对于尼采而言，不可能存在有关意志的知识，因为意志不过是产生意志幻象的行为。如果没有知识，只有求知意志，那么同样也不会有我们可以直接认识的意志。

> 逻辑上形而上学的假设，对物质、偶然性、属性等的信仰，之所以具有说服力，是因为我们习惯于把我们所有

---

[*] 英语中"dirty（肮脏的）"和"clean（洁净的）"构成一对反义词，作者这里按照挪用的规则，将两个词的名词形式"dirt（尘土）"和"cleanness（洁净）"看作一对反义词，但从语义上看，这两个词严格来说并不构成反义的关系。

的行为看作我们意志的结果,这样,作为物质的自我就不会被变化的多样性所同化。但是根本就没有所谓的意志。

这使得对权力–知识结合体的操作的批判不像人们有时认为的那样直接。对尼采关于权力和知识关系的论点利用最为充分的或许是米歇尔·福柯。在1977年一次题为"真理与权力"的访谈中,福柯极力赞同尼采对真理的观点,他认为重要的不是试图将真理从意识形态或错误中分离出来,而是追踪真理效应的运作:

> 有一场"为了真理",或者至少是"围绕真理"展开的争论——我所说的真理并不是指"有待发现和接受的各种真理",而是指"各种规则的组合,根据这些规则,真与伪被区分,权力的具体效果被附加到真理之上",这不是一场"代表"真理的争论,而是一场关于真理地位及其所起的经济和政治作用的争论。[11]

现在重要的不是事情是否真实,而是知识究竟是"霸权的"还是"被征服的"。福柯认为尼采首先开启的并非对真理的探究,而是对可以称之为"与真理一致"的言行的探究:

> 这并不是要把真理从每一种权力体系中解放出来(在真理已然是一种权力的情况下,这只是一种妄想),而是要把真理的力量从社会、经济和文化等霸权中分离出来,但目前真理正是在这些霸权所构建的环境中运转的。
> 总之,政治问题不是错误、幻觉,也不是意识或意识

形态的异化。这本身就是真理。尼采的重要性由此体现。[12]

但是，很难简单地利用尼采的观点来达到这种目的。对于尼采而言，在转向真理-权力的次要形式时，权力的威力并不会减弱，这好像涉及真理-权力表象的平衡问题。也就是说，关于知识-权力运作方式的知识并不会使人免受这些运作方式的影响，也不能使人免受与权力谈判所依据的伦理原则的影响。这也许可以解释福柯在这一时期另一次采访中表现出的审慎与厌倦，他说道："如今我不大愿意发表对尼采的看法……对尼采思想唯一恰当的褒奖就是使用它、改变它，使它发声，让它表达抱怨和抗议。"[13]虽然在某种意义上，所有的知识对于尼采来说都是实用的，但并不存在传统意义上所理解的如何使用知识的有效知识。对尼采来说，永远不可能有意识地使用权力-知识，因为权力-知识总是在利用你。

尼采的观点新颖独特但又有违常理，原因在于除了真理，他还试图确认知识的地位。与叔本华不同的是，他不希望清除或克服知识的权力意志，而是希望它能够以一种不寻求将他认为本质上不可知的复杂世界（既然不可知，那他是如何知道这一点的呢？）简化，以理性秩序的方式得以维护。其他作家会在知识的讨论上做出的妥协，却是尼采口中一种力量的原则，在雷克斯·韦尔森（Rex Welshon）看来，这是因为：

> 尼采将拥有知识与所谓的情感状态联系起来。无论这种状态是甜蜜的、愉悦的、充满优越感的、充满激情的、大胆的、欢快的，还是充满力量的。显然，知识绝不是一种对论证算法的冷静的追求，也绝不是对思维实

验的精确设计。[14]

对尼采来说，了解知识是一种感觉，而不是认知。这使他能够坚持认为有必要从特定的视角来看待真理。他坚信不存在绝对的真理，也不存在任何不体现特定具体形式需求和利益的认识世界的方式："是我们的需求诠释世界：伴随着共情和反感的冲动。"这并不意味着尼采不相信或不信任知识，尽管这确实意味着他不相信一般人所理解的客观知识，或是消除了竞争视角的知识。在某种意义上，知识是尼采唯一信任的，而不是真理：

> 只要"知识"这个词还有意义，世界就是可知的。然而，它可能有不同的解释。知识的背后没有隐藏的意义，但是可以被赋予无数意义，由此产生了"视角主义"。

对于尼采而言，"视角"远不止是一种观察的方式。当一个人来回转换姿势，寻找拍摄照片的最佳角度时，视角可能会发生变化。我看待事物的角度就是世界对我来说存在的方式。但这也不仅仅是一个简单的事实。观察的方式就是存在的方式，可以将其理解为一种使世界按某种方式存在或按某种方式被打造的雄心壮志。而这正是令尼采继续信任认知行为的原因。绝对和肯定的知识并不存在，或者仅作为一种气势微弱的幻想而存在。但尼采一直将认知视为强者或高人一等，他这个观点颇让人费解也令人感到乏味，但据他这个观点来看，既然认知就是存在的意志，可说认知就是存在的一切。这就是为什么尼采毫无怨言地、以培根式掌控的方式接受他毕生的工作都是在表达知识意志。在《论道德的谱系》（*On the*

Genealogy of Morality）一书的开头，尼采宣称他所有关于生命、权力、知识以及其他一切问题的思想是一个统一体：

> 我至今仍坚持关于这些问题的想法，同时这些想法自身也越来越坚定地凝聚在一起，甚至彼此融为一体。这使我更加乐观地相信，从一开始，它们并不是个别地、随机地或零星地出现在我身上，而是共同源于我内心深处基本的求知意志，这个意志变得越来越清晰，要求也越来越明确。[15]

尼采有时想走在命题性事实或真理陈述的前面，有时又对其置之不理。他唯一认可的知识就是那些正孕育中的知识。这可能就是为什么尼采在他的作品中对知识这个话题似乎只是点到为止，仿佛在试图避免将其观点整合为系统的认识论体系（不过很多人在努力将尼采同知识相关的作品强行整合为一个体系，最近一位评论界的新秀称之为"核心认识论纲领"[16]）。尼采始终在对知识进行探究，但他的目的确实是阻止这种探讨最终形成任何一种完备的、自我认同的认识论。与其说尼采在努力寻找表达这种令人快乐的知识的方法，不如说他是在防止其沦为某种缺乏生气的知识。尼采正是通过利用和捍卫认识论来防止其堕落为一种认识论。成为一名"快乐的认识论专家，实践一种快乐的科学"[17]，要求一个人不仅要容忍多样且多变的视角（就像是要达到一种平衡或最佳状态），而且要接受并亲身实践这些视角。

最后，由于我们的心智用熟悉的视角和评价标准运行的时间过久，显然已经产生了糟糕及无益的效应，因而作为知者，我们要对坚决使用陌生视角和评价标准的心智运行行为持欣赏的态度：以不同的方式看待问题需要很强的自制力，也是智力为未来"客体化"所做的准备。这种准备不是一种"没有兴趣的思考"（其本身是一种非概念和荒谬），而是拥有兴利除弊的能力：我们可以让视角和情感解释上的差异为知识所用。[18]

对尼采而言，这就是权力成为力量的意义所在："假设我们可以完全消除意志，且关闭所有情绪的开关，这不就意味着我们阉割了智力吗？"[19]

尼采拒绝将认知从存在和感觉的运作中分离出来，这无疑是一种强大的力量——强大是因为这种行为使我们注意到并讨论如此之多的关于认知的激情，而这种激情往往会被惯常的与认识论相关的论述所淡化——但尼采思考力量和懦弱的方式却又拙劣到让人生气的地步。因为这种力量里没有尼采所坚信的属于高贵精神的那种欢快的、多姿多彩的、充满生命的活力，相反，它单调乏味，表现出瓦格纳式的自信和对脚下渺小事物的轻蔑碾压。对力量的自我主张本质上是健康的，但尼采对这种力量的主张本质上又是软弱无力的（这种奇怪的偏好似乎在像尼采和D. H. 劳伦斯这样身体孱弱的人身上表现得尤其明显），原因就在于他的主张不过是一种一厢情愿以及心血来潮时的狂热。我们既可以相信尼采的见解，即认知确实是生命的一种形式，同时也可以对生命形式的多样性有一种更为多样的——实际上就是达尔文式的——理解。把生命形式的复杂性简化为力量或懦弱只是一种软弱的逃避，可能会被认为是令人讨厌的，实际上出于这种原因，尼采认为民主和女权主义令人讨厌。关于尼采对于求知意志的理解，不能容忍的不是他的理解事实上是错的，而是鉴于尼采为我们提供了资料来思考认知的过程，他的这种理解是如此乏味（dreary*），如此缺乏生气。在他知识的疯狂中，尼采没能做到妙趣横生，但他倒是可以帮助我们做到这一点。

我们现在将强弱的相互作用称为复杂性——或者按照彼得·斯劳特戴克的说法，是一种"免疫性"[20]思维（可以说免疫学就是在尼采的家门口发展起来的，而几乎在免疫学发展的同时，尼采开始构建自己的哲学框架†）——这种相互作用在软弱中而不是在快乐中获得力量，不在各种躁动中而是在丰富生活的形式中找到快乐。在这样一个时代，我们必须训练如何在我们自己的力量之上拥有权力。这种情况下，也许回应尼采观点的最好方法就是运用他的理据——包括他关于理据与力量关系的观点。对我来说，这也许是个很好的时机来坦承一个事实：虽然尼采认为无名怨愤（ressentiment）‡鬼鬼祟祟、拐弯抹角，其内核也是民主的§，因而令人厌恶，但在我

---

* "dreary"一词来源于古英语"dreor"，意为血液，这提示我们，血腥总是变得那么乏味。
† 与尼采同时代的德国医学家埃米尔·阿道夫·冯·贝林（Emil Adolf von Behring, 1854—1917）和德国细菌学家罗伯特·科赫（Robert Koch, 1843—1910）均对免疫学的发展做出了重要贡献。
‡ 尼采著作中的一个关键概念。来自一个法语词汇，指经济上处于低水平的阶层对经济上处于高水平的阶层普遍抱有的一种积怨，或因自卑、压抑而引起的一种愤慨。
§ 尼采反对民主制度，认为民主制度就是"四面八方的庸碌之辈携起手来，图谋主人"，这样的民主就是那些"一切纵容、软化和把'民众'或'妇女'举在前面的事情，都对普选制——'劣民'统治——起有利的作用"。

看来这种无名怨愤不仅要比军靴和炸弹所代表的武力更巧妙，而且从长远来看，也可能更值得长期投资（长期投资有一点好处，就是确保你有所收益）。事实上，即使不情不愿，尼采有时也无法掩饰对狡诈又诡计多端的奴隶的钦佩。病毒多样的生命形态很好地表明，一旦虚弱的大众变得聪明起来，你除了变得比他们更聪明之外，几乎别无其他防御方式。

浮士德

如果尼采的名字再次在本书中出现的话，那是因为他既能判断出知识的疯狂，也最能体现出知识的疯狂。如果说尼采提供了理解求知意志的哲学框架，那么浮士德则为其提供了戏剧性的体现，这种阐释和示范之间的紧密关系也是他的一个特点。

在克里斯托弗·马洛（Christopher Marlowe）《浮士德博士》（*Doctor Faustus*, 1604）的开头，浮士德一一回顾了传统的学科，依次驳斥了逻辑学、医学、法律和神学等学问。在对每一种学科探讨结束时，浮士德都试图超越该学科的"目的"："合理地辩论是逻辑学的首要目的吗？这门艺术再没有更大的奇迹了吗？"[21]马洛的戏剧突出了贯穿所有版本的浮士德故事中的自相矛盾。有两位浮士德，但他们并不各自代表善与恶，传统上两位浮士德体现了浮士德本性中正统与邪恶的两面。事实上，这两位浮士德体现了两种知识模式。一位浮士德是庸俗的唯物主义者，对他来说知识是获得世俗享乐和权力的手段；另一位浮士德则是唯心主义哲学家，他渴望对一切事物有绝对的认识。第一位浮士德渴望，或者自认为渴望达成获得知识的目的；第二位浮士德渴望的则是纯粹的认知经验，没有目的或超越目的。浮士德在剧本第一部分对引领他进入魔幻艺世界的瓦尔德斯（Valdes）和科内利乌斯（Cornelius）说道：

> 你们的话最终说服了我，
> 去练习魔法和隐藏技巧。
> 但除了你们的话，还有我自己的幻想，
> 它不会接受任何异议。[22]

"不会接受任何异议"的意思是"不会容忍任何异议"，但似乎也暗示了该语句所激发的身体感受，这种感受与知识相对立，或使知识停滞不前。

调节这两种知识模式的原则就是魔力，因为这两种模式都是由一种神奇思维（magical thinking）驱动的。第一种模式将知识看作通往权力和行动的神奇捷径。知识是一种纯粹的技术知识，包含从欲望走向实现欲望的具体程序。知识遵循机械法则，或者一种伪机械法则，即使这些法则实际上是知识暗中给自己制定的。它的魔力由咒语、仪式、法术和魔法圈制造。在第二种模式中，知识本身被神奇地转化为一种自给自足的原则，因此被看作一种纯粹的权力，它独立于任何可能由它产生的附属利益。第一种模式中，知识是有限的，因为它永远不过是有限客体的知识。第二种模式中，知识是无限的，因为它不会被误认为仅仅是关于其他事物的知识，这种模式幻想知识超越了所有由因果和妥协带来的世俗限制。第一种模式假设认知可以了解自身；第二种模式则希望知识永远超越自身的认知能力。

浮士德渴望的是无限的知识，一种可以开启无限知识的能力。但知识之所以是有限的，是因为知识只能以潜在的状态存在，它必须被客体化和工具化,以便实现并发挥它的权力。因此,转而使用魔力,使思维获得无所不能的力量。然而,这种现实化本身就是另一种限制,因为这种现实化脱离了可能性的无限力量。付诸实践的权力不再是权力,这种权力本质上不通过行为的执行得到表现,而通过该行为的可能性得以表现,或通过该行为给其他事物带来的可能性得以表现。行动本身是有限的,它也在带来有限;权力是无限的,因为它总是需要以力量的形式来产生某种行动。如果拥有行动的力量,知识就得到证明,但一旦得到证明,知识的力量就会有所损耗消散。所以知识的力量是由证明它不可能被证明的事物来证明的。浮士德的诅咒不在于所有的魔鬼和地狱般的交易,而在于把背叛付诸了行动。这就是为何必须将浮士德的知识想象成绝对的,而不是具体的、强大的,而且必须指向这个开放的未来。除了渴望知识,浮士德还必须渴望求知欲。

这种二元性模仿的是正统基督教对魔力采取的双重态度。一方面,教会是建立在神迹的原则之上的,基督的一生就是不断演示神迹的一生,而他的复活也正是一种神迹。另一方面,任何一种由人类创造的魔力都会被视为邪恶的,或是欺诈性的。假如我们将撒旦视为一位强大的伪装者,则两种特性兼而有之。神迹是神力重要的组成部分,而魔力只是神迹的拙劣模仿。浮士德对知识的态度似乎在神迹和魔力两者之间摇摆不定。

第二位浮士德认为知识具有自足性,他发现自己几乎不可避免地沦为第一位浮士德。他蔑视当时哲学所宣扬的那一套,将其称为"一份微不足道的遗产……不过是外来的谬论——对我来说太过恭顺和狭隘"——但他又迷醉于由同样的文字所创造的魔力:"这些魔术师的巫术书是天堂,线条、圆圈、符号、字母和字符。"²³在戏剧中，马洛巧妙设计的是一种特殊的"闹剧般的悲剧"，²⁴其中间部分刻画了诸多妖魔鬼怪、荒诞不经的场面，充斥种种魔力，制造出种种虚假的幻象，显得极为沉闷无聊。

这不仅是马洛笔下的浮士德所面临的难题，也是整个浮士德故事体系中有限知识和无限知识之间反复出现的紧张关系，这种关系贯穿浮士德故事始终，频频在马洛、歌德、托马斯·曼、保罗·瓦莱里等人创造的作为文学形象的浮士德身上体现出来。这就产生了正统基督教的神迹所面对的问题，那就是必须将神迹与招摇撞骗的魔力区分开来。难怪特里特米乌斯（Trithemius）曾写过一位名为乔治·萨贝利库斯（Georgius Sabellicus）的流浪学者兼魔术师，有些人认为他是浮士德的再现，他亦以"浮士德第二"自居，声称能够用魔术呈现基督所行的神迹，夸口"救世主基督的神迹并没什么大不了的，他本人可以随时随地、随心所欲地做到基督所做的事"²⁵。神迹和魔力之间的对立映射这样一个问题：不可能将对真理和智慧的追求与对暗黑的魔力不可容忍的实践明确区分开来。从某种意义上说，这既是浮士德也是教会所面对的问题。²⁶

我们甚至可以用戏剧，乃至文学来类比魔力的运作。弗朗索瓦·奥斯特（Francois Ost）和劳伦特·范·埃因德（Laurent van Eynde）是文集《浮士德：知识的边界》（*Faust: ou les Frontières du Savoir*, 2003）的编辑，他们认为浮士德的传奇不仅仅是将知识的意志转化为文学形式，而且是：

一种对知识可能性的特定的文学反思——在这种反思

中，形式本身被置于透视和审问之中。浮士德召唤文学挖掘其自身与科学和知识的关系。[27]

但两位编辑也认为，既然"文学在这里已使知识为己所用，那么实际上文学和知识已浑然一体"，因而文学也可视为具有"真正的认识论功能"。[28]奥斯特和埃因德将文学看作知识从外部审查自身的一种手段，浮士德故事在这一过程中居于核心地位，正是因为浮士德故事中的文学和认识论总是如此紧密地结合在一起：

在进行探究时，理论知识表现出的并不是与其特征相符的推论形式，而是最常以种种幻想的形式出现，多数时候会颠覆知识。[29]

但这也可以反过来解读，在尼采的作品中解读就是如此进行的。浮士德的故事不仅仅是求知意志的戏剧化，还是对求知欲戏剧必要性的戏剧化，投射、表演、场景变换等都是戏剧的元素。这将使我们很难区分孰是认识论，孰是认识感知，即孰是有关求知意志的知识，孰是求知意志的演示。浮士德故事的所有版本都需要我们参与到伪知识中，或众所周知的近似知识的知识中，这可能会给我们一种不安的失落感：在任何认知的行为中，我们可能都需要这样一种近似性。浮士德的故事讲述了一个事实：知识需要故事，孕育故事，而故事却又必须背叛知识。

斯宾格勒

第一次世界大战结束后，奥斯瓦尔德·斯宾格勒（Oswald

Spengler）出版了其历史主义巨作《西方的没落》(the Decline of the West)，在书中将西方文化称为"浮士德式（Faustian）文化"，不过书中没有提及浮士德的故事。斯宾格勒所描述的浮士德式文化正是其他人所界定的现代文化，不过他将浮士德式文化的发轫时间提早至9世纪或10世纪。主导浮士德式文化的是"对世界的探索"，这种探索不断发展变化，向着一个开放的、无限的，而非稳定的、有限的世界前进，而与之对应的是古典文化，也称为"阿波罗式文化"，这个名称借用自尼采的《悲剧的诞生》。斯宾格勒发现，这种对无限的追求在数学领域中尤为普遍：

> 古典时期（约540年）的毕达哥拉斯提出了阿波罗式的、理性的数字概念，这是一个划时代的概念，与之对应的是笛卡儿、帕斯卡、费马、德萨格等人发现的另一个划时代的数字概念，该概念正是追求无限的浮士德式的热情的产物。数字作为物质存在的固有的纯粹度量，与作为纯粹关系的数字同时存在，而且如果我们把古典时期对"世界"（即宇宙）的理解看作一种基于显而易见的、有限的、深刻的需求，世界即相应地由物质构成，那么我们可以说，我们的世界观就是一种对无限空间的实现。在这个无限空间中，一切可见的事物几乎以低一级的形式出现，并且受到无限的存在的限制。[30]

这并不是一种无趣或抽象的追求，因为"浮士德式强大的人物"所体验到的无限是一种充满激情的、"超越所有的可见限制"的努力，一种出现在许多不同层面的食欲般的吸引。

从埃达人最早的哥特式建筑、大教堂和十字军东征，到旧时具有征服特点的哥特人和维京人，其权力意志（采用尼采的伟大公式）都体现出北方灵魂区别于其世界的态度，也出现在超越意义的能量中，即西方数字的动态中。在阿波罗数学中，理智是眼睛的仆人，而在浮士德主义中，理智是眼睛的主人。

斯宾格勒的浮士德主义的特点是"定向能量，善于寻找最遥远的视野"。无限遥远的视野意味着浮士德式的人永远不能将精神家园建立在现实世界中，"无限的孤独才是浮士德式的人所拥有的精神家园"。斯宾格勒将此称为"一种浮士德式的渴望——在无尽的空间中独处"，后来又称之为"一个介于傻瓜和流放于荒野上、胡作非为的弃儿之间的疯癫的李尔王，一个在凄风苦雨的黑夜中消失在茫茫世界的孤独灵魂"——这就是浮士德式的生活感受。

鉴于"在浮士德式的人的世界里，一切都是带着目的的运动"，空间在向前拓展时，实际上表现出时间的紧迫感。"阿波罗式的语言仅仅揭示结果，浮士德式的语言则揭示事物发生的过程。"在哥特式建筑的尖顶、小提琴的乐音及肖像画中，甚至在语法结构及斯宾格勒称之为"那种动词的变革（将我们的语言与古典时代的语言区分开来，因而也将我们的精神与古典时代的精神截然区分开来）"中，斯宾格勒都发现了自我与空间的对立，普遍意志在语言中表现出新的"神话实体"：

在施动者和事件之间插入助动词have和be动词，语法结构"ego habeo factum（I have done）"取代了原有的表示已完成动作的身体的结构"feci（done）"，从而用身体力量的功能代替身体，用动态句法代替静态句法。而"我（I）"和"汝（Thou）"体现出的差异正是表现哥特式画像风格的关键。希腊式画像是一种态度——无论是对创造画像的艺术家还是对画像欣赏者来说，它都不是一种自白。但我们的画像所描绘的是一种独一无二的事物，一旦发生就再也不会重现，是一段在瞬间被表达出来的生活史，是其他一切所围绕旋转的世界中心，就像语法上的主语"我"成为浮士德式句子的力量中心一样。

科学史和思想史当然也是浮士德式文化的一种表现形式，浮士德式的"意志文化"包含了一种对超越知识赋予的、能在遥远他方发挥力量的能力的强烈欲望。例如，望远镜就是一种典型的浮士德式的发现，知识就可以通过这个发现赋能。

"发现（discovery）"这个词本身就包含一些明显非古典时代的意味。古典时期的人煞费苦心地不去驱散笼罩着的关于宇宙的层层疑云，而揭示宇宙的秘密恰恰是浮士德天性中最典型的欲望。新大陆的发现、血液循环理论和哥白尼式宇宙的创立几乎是同时发生的，而且从本质上说，具有完全等同的意义，而火药（即远程武器）和印刷术（远程文字）的发明则稍早一些。

尽管斯宾格勒选择浮士德作为他的文化象征——或者正是由于浮士德对传统知识的不满——但斯宾格勒与尼采一样，对知识抱有矛盾的态度。求知的意志得以反映并使得帝国权力在空间上得以扩张：

> 因此，浮士德式文化极为倾向于政治、经济或精神上的扩张。这些扩张超越了所有地理和物质的界限，没有任何实际目标，只是为了扩张而扩张，将触角拓展至南极和北极，最终把整个地球转变成一个单一的殖民地和经济体系。从梅斯特·埃克哈特（Meister Eckhardt）到康德，每一位思想家都希望"现象"世界听从于认知主体的绝对统治，从奥托大帝（Otto the Great）到拿破仑的每一位领导者都曾践行这个愿望。

然而，浮士德式文化的特征还在于，有远见之人与普通公民之间、学者与平民百姓之间存在内在的差距，这种差距在古典时代却是不存在的，斯宾格勒竟然宣称在古典时代"天下之事，无人不知"。这个特征预示着堕落，知识和力量不再是一种精神追求，而逐渐以机械化和外化的形式呈现。在《西方的没落》最末一章"浮士德式和阿波罗式的自然知识"中，斯宾格勒将以物理学为代表的欧洲科学既看作浮士德式探索的成就，也看作其终结的开端：

> 作为一种历史现象，它的使命是把浮士德式的对自然的思考转化为知识，把处于萌芽状态的对自然的信仰转变成精确的科学……对永生和世界灵魂相关观念的机械性和拓展性的重新思考。

斯宾格勒区分了两种知识模式，他分别称之为"自然知识"和"人类知识"。两者都构成了他所谓的"形态学"，他将其进一步划分为系统形态学和表面形态学，前者遵循机械关系和扩展关系，后者关注"历史和生活，以及其他可以预示方向和命运的一切"。然而，科学知识并不一定是系统的，因为事实上，"在每一门科学中，无论是在目的上，还是在内容上，人类讲述的都是自己的故事。科学经验就是人类精神上的关于自我的认识"。在这种意义上，科学可以被视为属于神话范畴而非认识论范畴：

> 如果自然知识就是一种微妙的自我认识——即大自然被视为映象、人类的镜子——试图解决运动问题就是知识的一种尝试，旨在追寻它自己的秘密和命运……
>
> 如果我们脱离自然——感觉就变成了形式——那么知识就成为体系，我们就知道上帝或诸神是人类的起源，智者们试图通过他们解释周围的世界。

科学知识实际上可以被理解为神话，也就是说，科学知识可以表现不同种类的世界灵魂或形态。通过熵理论把时间引入科学就是一种浮士德精神及浮士德式神话的表现："诸神的黄昏*的神话代表了古代世界的终结，而其对应的非宗教性的现代形式则是熵理论——世界的终结是内在必要的进化的完成。"

在这里，知识以神话的方式推测自己结局的说法似乎表现的正是斯宾格勒自己的观点——知识就是一种神话。斯宾格勒自己的学

---

* 诸神的黄昏，是指北欧神话传说中诸神与巨人、怪物最终决战，世界毁灭并且重生的世界末日。

术抱负是将科学知识神话化,将其引入自己的故事中,并作为浮士德式知识的最后阶段。这种知识的目的是理解和表达自己,斯宾格勒对其有如下的理解和表达:

> 但在帷幕落下之前,历史上的浮士德精神还有一项任务,这项任务尚未明确,迄今为止甚至还被认为是无法完成的。因为仍然需要编写精确科学的形态学,这门学科将揭示所有规律、概念和理论如何以内在形式联系在一起,以及它们在浮士德式文化的整个生命过程中有何意义。将理论物理、化学和数学作为符号的一个整体重新进行研究——这将是一种直觉式的再次宗教化的世界观对机械世界的最终征服,这是形态学最后一次重大的努力,它甚至将对机械世界进行系统化分割,并将其作为表达符号吸收到自己的领域中。

浮士德式的智慧试图如斯宾格勒的分析一样对知识体系进行归纳。斯宾格勒著作的最后一段利用他所分析的系统,将他自己的分析进行了一种和谐的融合:

> 浮士德式智慧精心维系的最终目标(尽管浮士德智慧只在终极时刻才看到这个目标的实现),是所有知识能融合为一个庞大的形态关系系统。动力学和分析学在意义、形式、语言和实质上,与罗马式的装饰、哥特式的教堂、德国的基督教信条和王朝国家是一致的。这一切对世界的感觉都是唯一并相同的。它们与浮士德式文化一起诞生,

共同成长，并将浮士德式文化作为一部历史剧呈现在时空世界中。把几个科学领域融合为一体，将具备复调这种和谐的伟大艺术的所有特征。复调只是无边无际的世界中一种微不足道的音乐，这是世界灵魂深处无休止的渴望，就如雕像般规整的、诞生了欧几里得的宇宙是古典时代获得的满足感。这种知识的融合被浮士德式理性的逻辑必要性规划为一种动态的、强制性的因果关系，然后发展成一种专制的、勤奋的、改变世界的科学，这正是浮士德式灵魂留给未来文化灵魂的巨大遗产，一份伟大卓越、后人可能会忽视的馈赠。然后，西方科学在奋力向前后疲惫不堪，又回到了它的精神家园。

在知识作为力量的原则的延伸中，浮士德式的世界观的衰落是显而易见的。"知识形式的比较形态是西方思想仍要攻克的领域"，但这种自我认识却背叛了它自己，因为它代表着一种努力，试图将历史命运的意义简化为概念知识。

> 通过努力获得的知识、科学顿悟、定义等，皆力量弱小。不仅如此，试图从认识论的角度去把握它们，反而会使这一目标落空。因为命运对于批判性思维来说是完全难以理解的东西，如果内心没有确定性，我们根本无法认知这个发展中的世界。认识、判断以及在已知事物内部（即在已得到区分的事物、属性和位置之间）建立因果联系是一体的，而本着判断的精神看待历史的人只会发现"数据"。

《西方的没落》一书体现了斯宾格勒自身在概念知识和文化灵魂感受之间的内在斗争，这种内在斗争又反映了西方浮士德主义的内在斗争。但也许最能体现浮士德精神的是斯宾格勒那种进行文明分析的变幻莫测的方式，或者可称之为物理上的超距作用（action-at-a-distance）。浮士德式的渴望追求的是进入无限的孤独状态，这种渴望反映的正是斯宾格勒对浩瀚历史的驾驭。他在解释历史意志时，一再强调其取得的成就，断言："把浮士德式文化称为意志文化，不过是表达其灵魂中突出的历史倾向的另一种方式。"

浮士德身上体现了德国人称之为精神科学（Geisteswissenschaft）的追求。关于神奇思维最令人信服的例子就是斯宾格勒所实践的"精神–知识"，以及神奇思维所激发的类似于巫师的学者们的奇思妙想。这些学者，犹如叶芝笔下的爱尔兰飞行员，"回想一切，权衡一切"。[31]确切地说，这并非自吹自擂，因为斯宾格勒引用了浩瀚的文化材料，其范围之广足以令人信服。虽然他认为自己的研究是"自信而头脑冷静的专家"皆能做出的研究，但他对文明的兴衰（当然也包括西方文明的兴衰）宏大的评判，与历史命运中任何虽令人兴奋但只关乎私利的事件一样，充满了权力意志。[32]想要抓住这一切的渴望和努力，几乎完全由提喻（synecdoche）这种修辞所驱动和支配。在这种提喻中，某一卷书的出版、某一道风景的色彩，就代表着一种文明的整体"精神"。在偶然与原型的交汇中，这样的一种渴望离妄想仅一步之遥。

1924年10月，即《西方的没落》第2卷出版后的那年，在纪念尼采诞生80周年的演讲中，斯宾格勒将尼采作为检验他想象的那种异化知识的试金石，也就不足为奇了。他心目中的尼采其实就是一位已故的浮士德式人物：

他性情孤僻，极为孤独；而歌德却个性开朗，乐于与人交往。这两位伟人，一位塑造了现存的事物，另一位则思考不存在的事物。其中一位致力于创造一种普遍形式，另一位则致力于消除普遍存在的虚无。

虽然尼采与他的时代格格不入，但他的这种格格不入及不合时宜却是历史的一种特征。事实上，"在自己的时代里无法感到'自在'——这是德国人所背负的诅咒"。斯宾格勒告诉我们，尼采"拥有超凡的眼光，能让他窥视所有文化的核心，仿佛它们是有生命的有机个体"，他第一个意识到"每一个历史事实都是思想推动下的产物，如同个体一样，文化、时代、财产和种族也具有自己的灵魂"。在尼采身上，斯宾格勒找到了他自己所追求的历史预见的完美实现。斯宾格勒指出了尼采意识中知识和经验之间的对立，他在自己的书中描述了这种对立："千百年来的历史思想和研究在我们面前展现的不是巨大的知识财富（因为知识财富相对不重要），而是巨大的经验财富。"对尼采来说，"生命的目标是知识，历史的目标则是发展知识"。这对尼采来说不仅仅是知识的主题，他的"科学"必须被理解为或者被视为一种"远见卓识"。

他对各个时代的历史面貌进行了呈现，成了（也将一直都是）这门科学的创造者之后，他将视角投向视野的外在极限，描述了他心目中未来的象征，他需要以此来消除当代思想的残余。

但这部分是斯宾格勒认为"在我的研究方法中真正新颖的,在整个19世纪都在努力实现这个观点后,这个观点必须得到表达,必须能为人所理解:浮士德式知识分子在有意识地与历史产生联结"。在浮士德式的人(尼采、斯宾格勒)身上,历史才能够成为真正的历史。对意志的历史运作的认识使得历史和历史学家得到认同,这种认识一度以知识的幻想为媒介,既隐藏自己,又融入意志之中:

> 他对现实历史的最终理解是,权力意志比所有的教义和原则都要强大,它一直在创造历史,也将永远创造历史,不管别人如何证明它或是鼓吹它。

意志无法被认识或分析,所以尼采:

> 没有关注"意志"的概念分析。对他来说,最重要的是历史上活跃的、创造性的、破坏性的意志。意志的"概念"让位于意志的"特性"。他没有说教,他只是指出问题。

通过历史意志的幻想,历史和历史学家在认知上得到统一,创造出思想和行动之间永恒的相互转变。思想赋予行动意义,思想因其退却而转换成行动:

> 正是因为所有行动对他来说都是陌生的,因为他只知道如何思考,所以尼采比世界上任何忙碌的伟人都更了解忙碌生活的本质。但是随着他的了解越发加深,他就越发小心避免行动。如此这般,他浪漫的一生达到了圆满。

斯宾格勒对尼采的描述瓦解了客体性和主体性,超人在纯粹的对思考——对纯粹行动的思考——的自我超越中,重塑了自身:

> 行动与思想,现实与理想,成功与救赎,力量与善良,这些都是永不相互妥协的力量。然而,在历史现实中,获胜的不是理想、善良或道德——它们的王国无法存在于这个世界——获胜的是果敢、活力、沉着冷静以及实践能力。悲叹和道德谴责是无法摆脱这一事实的。人类如此,生活如此,历史亦如此。

因此,具有讽刺意味的是,所有这些对行动优于思想的极力赞美,本身应该是最纯粹又最具潜在力量的思想行为。

思维疗法

控制知识的权力意志常常包含着通过知识控制他人的欲望,但这必须与对权力的渴望相结合,而不是对自身权力的渴望。似乎存在某种特定的、有限的意愿想要了解欲望和需求的强大力量,这种力量在个人对知识的幻想中发挥着作用,但同时必须保持其隐蔽状态,使了解求知意愿的努力成为一件神秘而又不完美的事情。

本章着眼于意志的支配性作用,但意志的含义比支配欲或占有欲更广泛。如前所述,在表明自己意愿的时候,我们是在发出信号说明自己处于一种准备妥当、同意甚至默许的状态。因此,在英语中,意愿通常表示一种愿意暂停自己意志的状态。"上帝的旨意",也就是"D.V"(拉丁文"Deo volent",即"God willing",

意为上帝的旨意），表示一个人的意志屈从于神的意志，而个人似乎愿意屈从于任何事物。从这个更广泛的意义上讲，意愿可以看作一种对于知识的元感觉（meta-feeling）——一种准备好去感知或去认识的状态，"认识"在这里指的是当我们想要体验或承受某种经历时的那种认识。这种求知可能不仅仅是一种欲望，也可能就是一种追求扩大我们感知范围的欲望，而不是追求实现和加深满足感的欲望。好奇心本身不仅仅是人类一种强大的感知状态，而且是一种强大的倾向，让人知道（或者仅仅了解）其他的感知状态。因此，好奇心是一种旨在揭露、强加和侵占的欲望。

人类高度重视知识，以至于用知识来定义自身。我们与所居住的世界之所以产生关系，不仅是一种必要性，也是出于好奇心。毫无疑问，人类并不是唯一具有好奇心的动物，愿意探索自己所处的环境，而不仅仅是居住在其中。这种好奇心为不同的物种提供了各种各样的便利条件，使它们能适应环境，并使它们生存和繁衍的机会最大化。但人类的好奇心似乎尤为强烈，因而人类往往会将其他需求置于探索的需求之下，通过语言发展出塑造表象世界的能力，从而使得精神上和身体上的探索皆成为可能。

弗洛伊德等人一直煞费苦心地想要从求知欲这一根源上理解性欲。弗洛伊德和荣格产生分歧的原因之一是荣格认为性冲动只是"心理能量"的一种形式：

> 自罗伯特·迈尔（Robert Mayer）发现能量守恒定律以来，所有的物理现象都可视为能量的表现，同理，所有心理现象都可以理解为能量的表现。在主观上和心理上，这种能量被认为是欲望。我称它为"力比多（libido）"，用

的是该词的本义，它的意义绝不只是与性欲相关。[33]

我很少认同荣格反对弗洛伊德的观点，但在这个问题上，我愿意接受一个比性欲更广泛的"力比多"概念。荣格还提出"我将'力比多'定义为一种假想的、重要的努力"，再次强调"按照该词的传统用法，'力比多'的内涵并非仅与性欲相关"，并指出可用其他词来替代"力比多"，如"兴趣（interest）"，如法国哲学家柏格森（Bergsonian）提出的"élan vital（生命冲动）"，以及希腊语"ὁρμή（hormé）"，可解释为"力量、攻击、压迫、冲动、暴力、急迫、热情"等含义。[34] 威廉·麦独孤（William McDougall）在他的策动心理学理论中发扬了荣格的观点。根据A. A. 罗巴克（Abraham Aaron Roback）的说法，麦独孤认为"所有动物的行为都是由目的而非认知驱使的"[35]。但是麦独孤进一步区分了认知、情感和目的——或者说知识、感觉和意愿——即使他有时也承认，"甚至是在最简单纯粹的认知或脑力工作中，我们头脑中的目的性或是情感因素也在不断参与其中"[36]。

在我看来，认知和目的的联系不仅仅是偶然的。对人类来说，认知就是一种目的。我们无须一味遵循麦独孤关于目的、冲动或目标导向行为的卓越理论，甚至不需要深入研究他的理论就可以接受这种链接。"认知"无法和"求知欲"剥离，而"求知欲"又比任何个人想知道的事物内涵更为丰富。性好奇为力比多的认知提供了一个目标或渠道，但弗洛伊德所称的求知欲（Wissentrieb）比性欲更为广泛和原始，这当然具有很大的进化论意义。与体会性欲和情感相比，年轻的灵长类动物需要更早地认识认知。

就像灵长类、啮齿类等动物一样，人类表现出的好奇心很可能在发展灵活性和适应能力方面具备某种生存价值。一个生物系统需要暴露在足够多的潜在威胁下，才能保护自己免受威胁，这或许是一种推进——免疫学发展至行为免疫学。但人类与其他动物的区别就在于，好奇心对于人类的生存来说至关重要，因为好奇心使人类结合为一个思想共同体，这不仅指任何一种集体意识，而且指意识到这个事实的集体意识：一种集体意识思维。这种思维能力既具集体性，又具个性。检验一个孩子是否发展了思维能力的标准就是看他们是否能表明知道别人并不了解他们所了解的事物。没有思维能力的孩子会以为其他人与自己想法一致，因而思维能力指的就是明白每个人都有自己的思维方式，明白正因为每个人思维方式各异，因而他人的想法不一定容易被解读或了解。一个人没有思维能力依然可以生存，但对于人类而言，这样的生存几乎称不上是活着。人类的好奇心在一定程度上是一种想知道别人在思考什么或了解什么的欲望。好奇心有时会害死猫，但对人类来说，好奇心是生存的必要条件，这是毋庸置疑的，尤其是因为人类有隐藏知识的能力。

弗洛伊德在涉及性欲和身体问题时经常使用的词是"好奇心（Neugierde或Wissbegierde）"，这是弗洛伊德最常提到的原欲化的知识形式，也是弗洛伊德最喜欢的一个概念，他经常在通信中谈及他自己对各种想法或对问题"感到好奇"。当然，他对与性相关的问题，尤其是对性好奇心本身特别好奇（我们会明白这些词是相关的）。在著作《"文明"的性道德与现代精神病》（*"Civilized" Sexual Morality and Modern Nervous Illness*，1908）中，他将女性智力上的低下归因于她们的性好奇心在早年生活中受到了系统压制：

尽管她们对与性相关的问题感到非常好奇，但她们所受的教育严禁她们思考此类问题，并谴责这种好奇心不正常，有违妇道，是罪恶的表现，从而恐吓自己。这样一来，她们害怕任何形式的思考，知识于她们而言就失去了它的价值。[37]

弗洛伊德称呼其论文《对5岁男孩恐惧症的分析》中出现的病人为小汉斯。他写道："对知识的渴望似乎与性好奇心不可分割。"弗洛伊德使用好奇心来部分解释自己的判断和发现。在《梦的解析》一书中，弗洛伊德从性的角度解释了一个女性病人为何会梦到去肉铺。他以屠夫的身份分析道："我们现在不需要探究这个梦的全部意义。非常清楚的一点是：梦是有意义的，而且意义并不简单。"他在脚注中补充道："如果有人感到好奇，我可以补充一点：这个梦掩盖了我的一种幻想，即我企图去挑逗病人，而病人在试图抵抗我的行为。"弗洛伊德的好奇心通常和他病人的一致。在《日常生活的精神病理学》中，他讲述了如何说服一个13岁男孩描述自己对于阉割的焦虑。

> 我一直以为他有过性经历，受到性相关问题的折磨，这很可能让他在这个年纪不胜其烦；但我没有帮他解释自己的问题，因为我想再次检验一下我的假设。因此，我很好奇他将如何表现我在寻找的东西。

弗洛伊德使用"Wißbegierig"一词来称呼他那些"受过良好教育、保有好奇心的广大读者"，感激他们对《梦的解析》一书持久的兴趣，该书的第二版才能得以出版。弗洛伊德对书中的案例充满

好奇,作为作者,他成功地激发了读者对这些案例同样的好奇心。在"癔症案例的分析片段"中,他如此分析朵拉:

> 此刻我的疑惑得到了化解。使用"Bahnhof(车站,字面意思是铁路庭院)"和"Friedkof(公墓,字面意思为宁静的庭院)"来指代女性生殖器,这本身已足够引人注目,但它也使我觉醒的好奇心(geschärfte Aufmerksamkeit)指向了类似形式的"Vorhof(阴道前庭,字面意思是前院,是女性生殖器的解剖学术语)"。

事实上,唤醒弗洛伊德好奇心的正是朵拉自己的好奇心:

> 这可能会被误认为只是灵光一现。不过,在一片"密林"的背景中加入"仙女(nymph)"的形象,就不会有任何的疑问了。这是一片象征性的性爱地界!"仙女"指小阴唇,被"密林"——阴毛所掩盖,但只有医生才懂得这个名称,医学外行并不知晓这一名称(甚至医生也不常用该词)。但是,凡是使用"阴道前庭"和"小阴唇"这类专业名词的人,肯定是从书本中获得这些知识的,而且是从解剖学的相关教科书或百科全书中获得,而非从通俗读物中得来——这些都是年轻人在对性充满好奇心时常用的求助之物。

弗洛伊德的解释让朵拉回忆起更多梦中的情形(她的领悟似乎很迅速):"她从容地回到自己的房间,开始读一本放在写字台上的大书。"弗洛伊德的分析出人意料地将知识和性欲结合在一起,使得阅读书籍——以及阅读使用弗洛伊德这样的医生使用的专业术语撰写的语言——其实就是一种性主张：

> 这里的重点在于和"书"有关的两个细节："从容"和"大"。我问她这本书是不是百科全书式的，她说是的。现在的孩子不会平静地阅读百科全书中的禁忌话题，他们看的时候内心都是非常害怕和恐惧的，时不时不安地回过头看看是否有人来。当孩子进行这种阅读时，父母是一种极大的阻碍。但由于梦可以实现愿望，这种令人不快的情况得到了根本的改变。朵拉的父亲去世，其他亲人都去了墓地，这时她可以从容不迫地阅读任何书了。这难道不意味着她报复的动机之一就是反抗父母的管束吗？如果她的父亲死了，她就可以随心所欲地阅读或恋爱了。

因此，这次对性欲进行解码的工作中，有三位兴奋又充满好奇的参与者：朵拉、弗洛伊德以及弗洛伊德的读者（当然，要说有四个人也是可以的，那就是包括现在正在阅读这部作品的评论家）。

英语单词"curiosity"由于既可表示一种心理（了解事物的好奇心），也可表示一种事物（罕见而有趣的事物），因而在使用中表现出一种有趣的失控状态。我们形容引发好奇心的事物为"不寻常的（curious）"，或称其为"奇物（curiosity）"，就好像它可以逐渐演变为对自身的好奇心。反过来说，正是我们对事物的好奇心才使得事物非同寻常。"好奇心（curiosity）"这个词似乎可来回转换为主体或客体，这一事实体现了好奇这一行为中所涉及的思维转换，奇怪的是，英语中却没有动词表现这一行为。

英语单词"curious"最初的意思是"小心的（careful）"，即操心、好学、细心或关心。它源自拉丁文"cura"，意为关心、细心、思考，但也可表示一些更为沉郁的意义，如焦虑、忧虑、烦恼或悲伤。因此，短语"给予关注（bestow care）"在拉丁语和英语中都可表示"尽力"的意思，与之同源的英语单词有"cure（对策）""curate（作名词意为牧师，作动词意为担任博物馆、美术馆等的馆长）""sinecure（闲置）""secure（安心的）"，其中"secure"是"sine cura"的缩写，意思是不关心（但《牛津英语词典》明确规定，从词源学上讲，"care"与拉丁文"cura"毫无关系）。古罗马作家叙吉努斯（Gaius Julius Hyginus）在他的作品《神谱》（*Fabulae*）中讲述了库拉（Cura）女神在过河时用泥巴塑造人类的故事。库拉请求众神之王朱庇特赐予泥塑灵魂，获得了应允，但两人在该用谁的名字来给泥塑命名的问题上产生了争论。农神萨图努斯解决了这场争论，裁定泥塑死后朱庇特得到其灵魂，泰勒斯（即地母）获得其身体，而库拉既然是其创造者，泥塑在世时理应归库拉所有（照料）。[38]海德格尔（Heidegger）在《存在与时间》中讲述了库拉的故事，并引述塞涅卡（Seneca）写给卢齐利乌斯（Lucilius）的第124封信中的一段话，宣称上帝本性已是尽善尽美，而人则通过操劳完善自身。教授拉丁语的理查德·M.甘米尔（Richard M. Gummere）教授把"cura"翻译为"辛劳与探究"。[39]海德格尔通过库拉的故事及对塞涅卡的援引来支持其论点，即人类存在的一个基本特征是"操劳（care）"，该词在德语中通常为"Sorge"，表达忧虑或担忧之意，但在拉丁语中为"cura"：

人的完善——人进入可自由选择可能性（筹划）的狀

态——是通过"操劳（care）"而获得的。但从本质上而言，"操劳"决定存在者的基本特性，而根据该特性，存在者已向其操劳的世界屈服。在"操劳"的"双重意义"中，我们看到的是一种单一的基本状态，它本质上投射的是一个双重结构。[40]

弗洛伊德之后的心理学家也开始更加系统地关注好奇心如何发挥作用，并对好奇心的各个方面进行了一些颇为有趣的研究。实际上，好奇心可能只是人类试图了解事物的一种诱因，意识到这一点很重要。仅举一个例子：许多学术及其他类型的研究并不致力于回答问题，而是为了形成或维护一个观点。这个事实会让人感到遗憾，但它是认识论的一个重要组成部分。而且，除了获得满足感以外，它还从时间上拓展了认知的成果以及在认知上的投入。正如埃德蒙·伯克（Edmund Burke）所说，这种好奇心是"所有情感中最为肤浅的；它不断地改变其影响的对象；它有一种非常强烈但很容易满足的欲望；它总以头晕目眩、焦虑不安的形象出现"[41]。伯克由此总结道：

> 待我们稍谙世事后，许多事情只会让我们感到厌倦不堪，除非它们能展现其新奇的一面，激发起我们对它们的好奇心来。[42]

好奇心何时产生往往无法意料，受到激发后也无法抑制，而一旦知识的空缺得到弥补，好奇心会旋即消失。比方说，一看到某人的后背，我们常好奇心顿起，想知道此人到底是何等相貌。但事实上，我们有充分的理由认为，这种好奇心所占比例甚小。一方面，至少在某些人身上存在着一种倾向，他们追求好奇心既能得到激发又能获得保持，这种激发及保持可凭借任何事物，既可通过侦探小说，也可通过如贝克特小说《莫洛伊》（Molloy，1951/1955）中主人公莫兰对蜜蜂舞蹈的种种猜想："我感到欣喜若狂，这是我一生都可以进行研究却永远也无法理解的事物。"[43]这当然是我写作这本关于认知的专著的一个重要动机。另一方面，这其中还存在数量的因素，因为一个人对一个话题了解得越多，激发的好奇心也越多。例如，对于创世论者提出物种进化之间缺少过渡的讥讽，进化论者提出了中间物种的概念作为回应，但两派之争并不就此结束，进化论者的好奇心也没能得到满足，因为在提出一个过渡物种的同时，又出现了与该过渡物种先后传承的物种为何的问题。

让我们回到好奇心与操劳之间的有趣联系上来。从现代意义上讲，好奇心似乎已经退化为一种微不足道、虽令人渴望但不受到严肃对待的情绪。即便如此，它的发展历史包含了"慎重"和"照料"的含义，《牛津英语词典》对其进行解释时使用的是颇为正式的词汇："赐予关心或痛苦（bestowing care or pains）"。这个含义恰与前一种形成了鲜明的对比，前者所指的好奇心轻率地选择关注的对象，频频更换关注对象，转瞬即逝。不过后一种含义仍保留在以"cura"为来源的词汇中。"procure（获得）"的现代词义接近于"acquire"，但这个词义是将to administer、arrange、provide for及cause to be done（均表示提供、安排或完成之意）等词的词义范围缩小后的结果。法律术语"procurator（检察官）"一词保留了"to petition（征求）"或"beg for（乞求）"的次要意义。直到16世纪中叶，"procure"还用于表示"进行医学上的治疗"之意。法国医生盖伊·德·乔利亚克（Guy de Chauliac）的著作《外科手术》（La

Grande Chirurgerie），1425年出版的一个译本中就使用"procure"描述了医生们如何"使用纱布等来治疗伤口"。[44] "accurate"一词现在表示"精确的或正确的"之意，起源于拉丁文"adcurare"，意思是认真地负责或执行一个行动，也可表示用心关照客人的需求。"cure"及其更具强调意义的变体"recure"表示治愈之意，但"cure"原本表示照料之意。这种用法现在体现在当"cure"用于表示将某些物质或食品（烟草、橡胶或胶水）加工储藏时；20世纪初，"cure"开始表示水泥等之类物质硬化成固体之意。

在这些用法中，我们可以看到，好奇心之所以能收放自如或自我满足，是因为我们有行动上的付出和维护，而非放任自流。作为一种"操劳"的好奇心不再是"让我看看"之类肤浅的好奇心，从而使其对象免遭贬低。这些选择也许一直存在于求知欲中。弗洛伊德可能是正确的，他察觉到求知欲中虐待性或破坏性的一面，在这种求知欲中，认知可能意味着一种消耗。在某种意义上，一旦一个人了解了某样事物，它就不再能激发我们的好奇心，对我们也就不再能引起任何兴趣和拥有价值。但还有另一种求知欲，或者称其为求知欲的一种反向力，试图保护认知的对象免于仓促的消耗。好奇心似乎必须兢兢业业地工作，必须保护好自己，以使其对象能得以保存下来。菲利普·拉金曾提出："能留存下来的是我们的爱。"但或许还需要确保我们所爱的东西能够留存下来。[45]

除非意志能够完全避开意愿，否则认识感知就会僵化为认识论病理学。求知的意志意味着愿意付出努力找到获得知识的方式，愿意让知识发挥作用。本书后面的章节将一一讨论知识发挥作用的不同方式。首先谈到的就是对知识的关注或好奇的方式，在某种程度上，这对某些人来说似乎是一种可以自我治愈的疾病。

第二章

认识你自己

本书前一章已经清楚地表明，求知的意志并不总是被看作是一种简单的、毫无问题的冲动，它趋向于人们所认为的那种善的、满足本性的东西。事实上，我们可以说，当求知欲成为客体而非单纯的探究欲时，往往被视为通向真正知识的危险的陷阱、妄想或阻碍。但唯有知识才能揭示这一点，因此求知欲既是判断的主体，也是判断的客体，这就造成了刚才所描述的令人不安的矛盾性。如果对知识的过度关注是一种疾病，那么似乎唯一有效的治疗方法就是知识本身，并且也只有认知领域内的医生才能医治自己认知上的疾病。

这种对于思考的反思行为，即对知识的内省，标志着我们称之为哲学活动的开始。在希腊宗教和思想中，"认识你自己"这一格言占据着重要的地位，根据帕萨尼亚斯（Pausanias）所说，这句格言被刻在德尔斐的阿波罗神庙的大门上。[1]它在《柏拉图对话录》中反复出现，例如在《斐德罗篇》（Phaedrus）的开头，苏格拉底拒绝讨论关于北风之神玻瑞阿斯的神话故事：

但我，斐德罗，认为这样的解释总体上是很漂亮的，但这样的创造却来自一个非常聪明、勤劳且不是完全令人羡慕的男人。原因无他，因为在这之后，他必须解释半人马的形态，然后是吐火兽的形态，而且还有一大群这样的生物等着他解释，比如戈耳工女妖和佩加斯人，还有许多奇怪的、难以幻想的、不祥的种类。[2]

苏格拉底提出要从了解自己着手。不过，那些他已经置之不理的神话解释——在其传播过程中带上神话色彩——开始成为他自我探索的组成部分：

我还不能像德尔斐铭文中所说的那样，了解自己，所以在我还不知道的时候，去调查不相干的事情，在我看来是很可笑的。所以我不理会这些事情，接受关于它们的习惯性信念，就像我刚才说的那样，我调查的不是这些事情，而是我自己，要了解我是一个比提丰更复杂、更易愤怒的怪物，还是一个更温和、更简单的生物，一个得到大自然给予的神圣而安静的命运的生物。[3]

所以苏格拉底并没有完全拒绝对幻想的产物进行与众不同的探究，因为他对自己冷静和清醒的探索可能会揭示他和提丰一样非常复杂。提丰是大地女神之子，头长一百个蛇首，是神话中典型的"怪诞不经、凶神恶煞"的怪物。就像口口相传的神鬼故事会发展成神话一样，我们在区分神话与知识时必须考虑到可能遭遇类似的神话中的庞然怪物。

苏格拉底的本意是培养对自我的认识，而非对神话和奇幻故事的认识，但他的言论却使得人们不知神话和故事究竟是世界的一部分还是自我的一部分。认识自我经常遇到这种矛盾，因此很难讲清认知的行为应被视为站在认识者一方还是知识一方。约翰·戴维斯爵士（Sir John Davies）的诗集《认识自己》（Nosce te ipsum，1599）探索了如何认识灵魂的不朽的问题，其开篇诗《高尚知识》谴责掌握知识的野心，基督教关于堕落的故事中多有对这种野心的指责。戴维斯在诗中写道：

> 为何父母送我去学校
> 让我用知识来充实自己的心灵？
> 因为求知的欲望会先使人愚笨，
> 进而腐化全人类的根基。[4]

戴维斯的编辑亚历山大·格罗萨特认为，这首诗是为"智者和贤者"所写，是他们的克毒良方，使他们"免受卢克莱修和霍布斯的荼毒"[5]。戴维斯早期的诗作以思想深邃、能够保持理性和修辞的平衡在读者中赢得了声誉。格罗萨特指出，戴维斯的诗作使用的素材"变幻随意但论据有力"，其创作方式类似于当时的玄学派诗人，但他又认为："戴维斯表现得像一个勇猛的思想家，而那些玄学派诗人在很大程度上就像疯子。"[6] T. S. 艾略特认为戴维斯"有一种罕见的奇特天赋，能把思想转化为情感……对思想的运用并非为情感，只是为追求思想本身；情感只是一种副产品，尽管这种副产品的价值远远超过思想的价值"[7]。在艾略特之后的一个世纪，詹姆斯·L. 桑德森（James L. Sanderson）将戴维斯的观点描述为"在逻辑上和修辞上相辅相成"[8]。

　　但《认识自己》的第一部分似乎使这种流畅的相辅相成受到了一定的影响。它的开篇诗《高尚知识》解释了堕落（the Fall）如何玷污了伊甸园中传授的知识。诗中写道：最初的亚当和夏娃几乎可算是"智慧天使"，但"腐蚀灵魂"的喃喃低语激发了他们的"好奇心，玷污了他们的意志"，他们最终堕落了。[9]意志腐化后他们渴望分辨"邪恶"，戴维斯指出，这种渴望一经出现便成为他们意志的罪恶："他们想认识邪恶，这就是作恶了。"[10]看来，一旦意志变得随心所欲，或者变得不再"无知"，它就会滋生邪恶，开始作恶。这些词语——愿望、意志、疾病——混杂在一起，说明学界对这些问题的认识在当前是模糊不清的。戴维斯的传统学说几乎完全以16世纪的知识为基础，认为受到感官和世俗意志支配的知识混沌且并不完善，而灵魂产生的知识可以对此进行弥补。[11]但他无法清楚解释如何进行弥补，只是提出灵魂没有意志或感官上的缺陷，而拥有特殊的力量，可以进行自省和自我认识，也就是"我想，我就能行"。要对知识进行救赎，唯一的希望在于内省，而不是"外省"，尽管像苏格拉底一样（这里不禁令人想起这位哲人），戴维斯避免直面蛰伏在其心底的怪物：

　　　　因为一开始思考她就看到了，
　　　　吐火的怪物奇美拉，以及其他种种怪物；
　　　　还有各种滑稽古怪的无聊玩意，虚荣繁华，
　　　　怀着羞愧和恐惧，她望而退步。[12]

　　事实上，戴维斯主张自我认识比外在知识更为重要，同时他也

直接指出了为何要"认识自己":

> 若我们无人了解自己的灵魂,
> 又如何能有其他收获呢?
> 因此当神谕指示道:"认识你自己。"
> 恶魔就开始嘲笑我们的好奇心。[13]

1599年,一位"哈克特主教(Bishop Hacket)"对这一诗节做出了评论。格罗萨特的编辑手记援引了这位主教的评论:"阿波罗的神谕是邪恶的。"[14]还有一些人也对德尔斐神谕感到有点忧虑不安。一位18世纪的传教士菲利普·斯凯尔顿(Philip Skelton)写道:

> 世人皆说"认识你自己"以大写的形式镌刻在德尔斐阿波罗神庙的大门之上。这话虽不失为一句慧言妙语,但放在此地却是不得其所。因为有能力认识自己的人,不会去崇拜用木石制成的神,这神还远不如他自己呢;也不会去向祭司——一位女子——询问自己的未来。这祭司坐在神庙内一处缝隙口上,那里飘出的毒气使她进入梦游般的状态,令她口吐含混不清的狂言乱语,传达邪恶的神祇降临给她的神谕。为了这神谕,那些迷信的愚蠢信徒奉献了价值不菲的祭品。[15]

在如何控制求知意志的问题上,福尔克·格雷维尔(Fulke Greville)在诗作《论人的知识》(*Treatie of Humane Learning*,

1633）中明确表达了一个更为保守的观点。该观点似乎避免了自我认识受幻想的影响，但它又是一种自我分裂的观点，求知意志受到抑制的同时，也在寻求自我超越。格雷维尔首先唤起的正是这样一种追求全能的意志：

> 人的心智是这个世界真正的尺度，
> 知识则是心灵的尺度；
> 心智的领悟力可容纳浩瀚无边的世界，
> 直至发现整个世界：
>> 因此知识不断拓展边界，
>> 所有人皆能理解。[16]

知识力量之强大，远超作为其传播媒介的人类，几乎接近上帝的无限，知识在此达到了其力量的巅峰：

> 其高不可知，其深不可测，
> 如同无尽的长路、无起结的圆圈。
> 令人无法理解，却能理解一切。
> 其价值无限，却无法令任何人满足，
> 直到其发现无限的神明。[17]

这一番欢欣鼓舞的话之后，诗作便陷入了思绪的一团乱麻中，又用了几乎上千行的篇幅来试图摆脱这团乱麻。戴维斯认为要拯救堕落的知识，方法在于人自身要对灵魂的不朽抱有敬畏之心，而格雷维尔与之不同。格雷维尔试图遏制他在此所唤起的那种无法自控的力量,这种力量既"高不可知(without a head)"(既可指力量的最高限度,也可指控制力量的头脑),同时又因为它"高不可知"而与上帝无异。格雷维尔很快就把这种令人不可理解的力量转变为人对自身的不理解:"无人知道自己不知道。"[18]但是,不仅控制求知欲的意志,而且控制知识自身欲望的意志本身就必须是一种自我超越的力量,这种力量追求用超越自身的上帝视角来看到知识局限和后果的全知全能的幻想,来代替神一样的全知全能的幻想。这首诗临近结尾时,格雷维尔把诗歌和音乐看作应服务于宗教的知识成就。他坦言道,这些知识应被视为有益的点缀,因为"如果一样事物本质上毫无价值,又怎么能使它成为珍惜之物呢"[19]。格雷维尔创作了这首反对诗歌的诗歌,表达了对真正知识的支持,在他眼里诗歌不过是"一种能打动人、取悦人的和谐乐音,细研之下,它不过是心灵之病"[20]。但这里不容易说清的问题是,这首诗是否做到了自我磨炼,或它本身是否接近那种感官快乐腐蚀思想的"心灵之病"。

在文艺复兴时期常常能看到一种似是而非、显得很愚蠢的知识,《愚人帽世界地图》(*The Fool's Cap Map*)形象地刻画出了这种知识。这幅地图有两个版本,图上都画着头戴帽子的愚人,帽子上还有铃铛,只不过愚人的脸部画的是一张世界地图。其中较早的版本由让·德·古尔蒙(Jean de Gourmont)在1575年左右制作,标题处写着"认识你自己: 人通过获得自我认识可以走得更远"。帽子的饰带上写着"这脑袋该清洗一下"。图画上布满了各种格言,说明了世俗野心的庸俗,其中最主要的一种野心就是认识世界的渴望。这幅地图后来出现了一个铜制的版本,可能在16世纪80年代后期在安特卫普制作,地图上的人脸被拉长,人脸上像是带着愚蠢的笑容。这个版本为图上的法文格言提供了拉丁文的翻译。

安妮·查普尔（Anne Chapple）在为何《愚人帽世界地图》会吸引罗伯特·伯顿（Robert Burton）的问题上给出了令人信服的回答，后者在其著作《忧郁的解剖》（*The Anatomy of Melancholy*）的序言中详细描述了这幅地图。[21]查普尔认为这幅地图，至少它的各种题词，说明了伯顿从他周遭的世界中看到了一种普遍的愚蠢。他写道：

> 你很快就会意识到，整个世界都是疯狂的、忧郁的、低能的：我们将世界变成了一个傻瓜的脑袋（不久前艾皮克托尼俄斯·科斯莫皮里*在地图上说明了这一点，图上还有一句格言：Caput Helleboro dignum，即愚人脑中的世界），一个疯狂的脑袋，一个充满疯子的世界，一个傻瓜的天堂，或如阿波罗尼奥斯（Apollonius）†所形容的那样，一个大监狱，充满了骗子和阿谀奉承的人、谄媚者，这世界需要变革。[22]

然而，查普尔并没有注意到这幅地图最突出的一个地方，那就是它的标题"认识你自己"似乎是在谴责自己，至少是谴责这种愚行——居然试图去描绘世界地图。这张地图不仅是对世界的嘲讽，也是对描绘世界地图这种行为的嘲讽，这世界不过是"疯子"头

---

* Epichthonius Cosmopolites，出现在地图的左侧，人们猜测可能是地图制作者的名字，但其字面含义是everyone，即"人人，普通人"。

† 这里可能指提亚那的阿波罗尼奥斯（Apollonius of Tyana），古希腊哲学家。

脑中的外在世界。尽管地图体现了现代知识的力量，但正如理查德·赫德格森（Richard Hedgerson）所表明的那样：

> 这样的地图，不是在展示现代性……而是用来嘲弄制作地图这项工作以及参与工作的人……像伯顿一样，早期的现代观众看到的与其说是一个骗子眼中的地图，不如说是一个愚人脑中的世界。[23]

尽管这幅地图的表现形式体现出矛盾性，但阿耶莎·拉马钱德朗（Ayesha Ramachandran）从中看到了个人和世界之间的互动，图上的世界，包括这个世界的头部都意味着：

> 把世界理解为由人类的智慧和幻想力所创造的产物，就是要重新理解人类自我与整个世界的关系。自我不再仅仅从属于世界，它既创造了世界，同时自己也是这个世界的一部分。[24]

后来，该地图的拉丁语版本将法语原版中的"O teste digne de purgation（这脑袋该清洗一下）"翻译为"Ô caput elleboro dignum（这脑袋该用嚏根草）"。漂亮的嚏根草在冬季开花，花带有剧毒，能引起眩晕、炎症、耳鸣和昏迷，据说它就是导致亚历山大大帝死亡的毒药。但如果它能扰乱感官系统，那么人们也就认为它可以治疗神经错乱。公元1世纪的希腊植物学家佩达尼奥斯·迪奥斯科里德斯（Pedanius Dioscorides）解释了嚏根草另一个名字——美兰菊（melampodium）的由来。这个名字源于一个神话，说的是牧羊人墨兰普斯（Melampus）用自己种植的嚏根草治好了普罗透斯（Proteus）*几个女儿的疯病。[25]迪奥斯科里德斯还说，将嚏根草散放在房屋周围可以免受邪灵的伤害，此外，如果让老鹰看到你在挖嚏根草，你就会死掉。[26]嚏根草也与巫术有关，可用于召唤恶魔，将嚏根草粉抛到空中，可使人隐身，用含嚏根草的油膏涂抹的扫帚可以飞行，其实更可能的情况是引起飞行的幻觉。嚏根草常与阴郁、邪恶、忧郁等词汇联系起来，这很大程度上可能是因为它外观颜色偏暗，且喜爱阴暗的生长环境，特别是黑色嚏根草，它的花色尤为暗沉，在阴暗的环境中生长状况最好。伯顿的著作《忧郁的解剖》的封面插图中画有两种能够"清醒头脑"的植物，嚏根草就是其中之一（另一种是琉璃苣）。[27]

在整个17世纪，嚏根草都是一种家喻户晓的草药，用来治疗各种疯病。伯顿在其著作中多次提到它，比如，他会"嘱咐情绪极为忧郁的或精神错乱的人，Helleborum edere（要吃嚏根草）"，又如，他会说"太过疯狂错乱，连嚏根草也毫无疗效"。[28]当然，当时的人们已经知道嚏根草的药效猛烈，蒂莫西·布莱特（Timothy Bright）就写道："嚏根草能给身体带来极为痛苦的折磨，谁不会为之忧惧呢？"[29]托马斯·波普·布朗特（Thomas Pope Blount）指出它曾用作益智的健脑药物："过去，哲人们在激烈争辩时，会用嚏根草来保持头脑清醒。"[30]

不过，作为消除幻想的植物，嚏根草的名气相当响亮。莱昂纳多·迪·卡普亚（Lionardo Di Capua）写道：

---

* 普罗透斯是希腊神话中早期的一个海神，有些人认为他是海神波塞冬的后代或属下。

许多人都写过嚏根草及其他诸多类似的植物的故事,例如西奥弗拉斯塔(Theophrastus)、迪奥斯科里德斯及普林尼(Pliny)等,可谓数不胜数。[31]

伯顿将嚏根草作为治疗知识的疯狂的一种特别方法。他列举了一系列令人眼花缭乱的例子来说明知识的疯狂(他将其称为精神错乱),对其各种表现形式进行了批评:

> 大体而言,哲人和学者们,这些古老智慧的传承者,掌管智慧和学问之人,高于常人、有教养之人、缪斯女神的宠儿们……这些敏锐细致的智者,如此受人尊敬,但也和其他人一样需要嚏根草……德谟克利特(Democritus),这个碌碌无为的蠢人,自己就可笑,还有叫个不停的梅尼普斯(Menippus)、总是语带讥讽的琉善(Lucian)、卢基里乌斯(Lucilius)、佩特洛尼乌斯(Petronius)、瓦尔罗(Varro)、佩尔西乌斯(Persius)等等,让腿直的嘲笑腿弯的,肤白的嘲笑肤色黝黑的。贝尔(Bale)、伊拉斯谟(Erasmus)、霍斯皮尼恩(Hospinian)、斐微斯(Vives)、凯姆尼修斯(Kemnisius)等,这些钻研神学的学者们,炮制出海量的种种观点上的驳斥及应对方式,制造出诸多迷宫般错综复杂的问题、毫无益处的争论、难以置信的错乱的境况,有人称之为……人类的未来将会是什么样子?将何去何从?愚蠢的科学又能作何辩解呢?科学的追随者又能做何自我辩解呢?许多知识让人思维变得狭隘,就像头脑萎缩

了一样，让人陷入无法根治的疯狂错乱，以致用上三座安提库拉生产的嚏根草也无法拯救，嚏根草这时已无济于事。[32]

我们或许可以把求知欲本身视为这样一种治病的毒药。伯顿在致读者的长篇序言的最后，就建议把全世界的人都送到安提库拉（Anticyra，一般认为是两个爱琴海岛屿）去服药，那里盛产嚏根草：

现在（到处充斥着疯狂），必须将整个世界都送到安提库拉，去吃嚏根草。[33]

嚏根草是伯顿《忧郁的解剖》的形象代表。这部著作是对自我疯狂的剖析，是治疗疯狂的解药，这是一种同样存在于伯顿身上的悖论：

我们指责别人的疯狂和蠢行，而我们自己才是真正的小丑。因为愚人的一大特征就是骄傲和自负，从而侮辱、中伤、谴责、责难别人，把别人称为愚人（《圣经·传道书》的第十章第三节已经指出这一点）。[34]

精神分析

我们可以将伯顿的作品传达的内容视为一种通过分析来持续进行的自我治疗，在这种分析中，理性通过作用于自身而战胜了疯狂。这种方法发展成后来的精神分析疗法。

精神分析引发了诸多争议，例如它是否能被称为一门科学，它是不是一种欺诈或自欺欺人，又或者它是否能引导我们找到任何关于人类意识和经验的可靠真理。对于围绕精神分析理论的顾虑和质疑，斯蒂芬·弗罗什（Stephen Frosh）在其专著《支持和反对精神分析》（*For and Against Psychoanalysis*）一书中进行了详细的回顾。[35]但这些讨论大体上是从认识论的角度来研究精神分析理论，较少有人直接关注精神分析中对知识的感受，即知识的概念对精神分析主体、精神分析医生以及精神分析理论的读者和作者所具有的特定意义和价值。因此，本章余下部分将不再讨论精神分析可以提供什么样的知识，而是讨论精神分析中涉及的以及通过精神分析进行的对知识的各种投入。

这种投入在精神分析学说中（至少在英语中是如此使用的）有一个特定名称：贯注（cathexis）。因为在这一节中，我将探讨精神分析中对知识的贯注，因此有必要简单介绍一下这个词的由来。"cathexis"是詹姆斯·斯特雷奇（James Strachey）[*]对德语单词"Besetzung"的英译，其主要含义是"占领（occupation）"，用于表示一种"占据"的状态，如桌子或厕所一个厕间已被"besetzt（占用）"。斯特雷奇不仅创造了"贯注"一词，改变了弗洛伊德笔下的"Besetzung"的语域（语言使用的领域），而且还在该词的意义中增加或强化了投射的含义，使其带上了投入或冲击的意义，强调了占领的含义（接近英语中"preoccupation"一词的含义，其意为"心中思量、盘算的事情"）。因此，"贯注"不仅有"捆绑或占领某物"之意，也有"将能量导向某个对象"之意。斯特雷奇

---

[*] 詹姆斯·斯特雷奇（James Strachey，1887—1967），另一常用译名为詹姆斯·史崔齐，英国精神分析学家，是弗洛伊德作品的英译者。

在1921年11月27日写给欧内斯特·琼斯（Ernest Jones）的长信中，解释了翻译"Besetzung"一词的问题在于如何既能表达出过程的含义，又能表达出这个过程所产生的状态，显然这正是长信中反复思量的事情。他写道：

> 区分一个物体是否处于被占领状态，重点看它是否存在动态过程。"冲击"的实质含义就是"冲击的过程"。从不同的角度来看，"cathect（投入）"和"cathexis（贯注）"指的其实是同一件事。[36]

彼得·T. 霍费尔（Peter T. Hoffer）指出，斯特雷奇翻译的这个术语词义"本质上就是矛盾的……因为'Besetzung'表示一种既是静态又是动态的行为"。[37]

"贯注"一词由此成了它描述的过程所发生的场所，这个词本身就成了一个投射或投入过程的目标。斯特雷奇认为，使用一个新词而非一个大众熟悉的英语单词来对等德国普通大众熟悉的单词"besetzen/Besetzung"，会迫使读者自己去弄清它的含义。"贯注"的中性词义使它易于容纳不同的语义解释，尤其这个词听上去像是收录在科技词典里的专业术语。"贯注"是与专业技能相关的词，饱含知识，可谓有识之词。因此，它就像它所要命名的那样，受制于同样的期待和权力归属的投入，无论我们如何利用"贯注"来理解认知的对象或认知的运用，都是在利用"贯注"本身。在这两种情况下，"贯注"的意义与其说是固有的，不如说是投射或投入到对象中的。在英语中，这类有识之词还有"ego（自我）"和"id（本我）"，这两个词分别对应德语中常见的

"Ich"和"Es",甚至还有一些小的言语上的化合,比如他们会把"fantasy"拼写为"phantasy"(两词读音相同,但若使用后者会给人留下博学的印象),以表示该词起源于希腊语。并非只有精神分析这门学科才会使用专业术语来彰显其高贵庄严的专业形象。

精神分析最开始面临的主要问题并非哲学问题,而是医学问题。精神分析的治疗不是通过药物或物理疗法,而是通过发展病患的认知水平。当然,哲学长期以来一直自认是治疗各种思想恶疾的良药,或者说是获得一种智力健康的手段。反之而言,疾病治理成功与否不依赖于偶然,而是多少依赖于明确的医学知识,也就是说,能在一定程度上了解疾病的性质及如何进行治疗,或者至少相信你的医生能治愈你的疾病。这一直是所有治疗取得成功的重要原因。医学知识对医疗行业是如此重要,以至于我们可以说,直到病人不再需要知道医生所知道的知识时,真正的医学才算出现。真正意义上的医学治疗,也即病患无须掌握医疗知识的医学治疗,其出现的历史也不过大约150年的时间。

然而,在医疗实践的某些方面和领域里,知识仍具有重要性。安慰剂和反安慰剂效应表明,病人依然极度期望医生、药剂师等人拥有相关的知识。只要向病人保证,"这一点我们很清楚的",那么安慰剂效应会产生强大作用,甚至没有必要向病人隐瞒他们服用的只是糖丸而已。我的一位工程师朋友就接受了顺势疗法,不是因为她相信这种疗法对身体有效,而是因为她知道身体会相信这种疗法。这种推想、信任和期望在精神分析治疗中表现得最为突出。如果说所谓的"传统"治疗模式依赖于病人不需要知道应如何进行治疗这一事实,那么"替代"疗法似乎严重依赖各种各样非常粗糙的理论。几乎从一开始,精神分析就是哲学和医学临床实践的独特混合体。精神分析虽被称为"谈话治疗",但称为"思维治疗"可能更恰当,因此在精神分析中,解释、认识和理解的过程极为重要。对疾病——比如伤寒或癌症——本质的了解,对恢复健康可能没有太大的直接帮助,但精神分析的假设是,它能治愈的所有疾病——也许还包括许多它所不能治愈的——都源于头脑的意识和潜意识的失调,因此精神分析的治疗和疾病的治愈完全依赖于医生和病人双方的认知过程。如果说传统医学的发展依赖于如何获取并证实可靠的医学知识,那么精神分析可被视为一种认识论医学,它不仅通过认知来进行治疗,而且还可以治疗有缺陷的认知。甚至有一些人,如亚当·菲利普斯(Adam Phillips),宁愿看到精神分析作为医学的想法谨慎地退场,而将其视为教育学或哲学:

> 我认为精神分析更应该被视为19世纪伊始的一场关于教育的辩论,而不是某种医学贡献。无论如何,精神分析都是一种探索人们如何了解彼此的机会。[38]

弗洛伊德也承认精神分析处于"医学和哲学之间的中间位置",不过他没有将此称为一种显著的优势。[39] 不仅如此,认知的体验一直处于精神分析对疾病及其自身过程研究的中心位置。精神分析既肯定但又质疑医生的知识。恩斯特·西美尔(Ernst Simmel)在1927年一场以"非专业分析(lay analysis)"为主题的讨论中说道:

> 接受精神分析对文明人类来说意味着自恋的破灭,这对医生来说是特别痛苦的。精神分析剥夺了医生身上的光

环，而这光环是古代巫医所能享有的。医生潜意识里总有种"全知全能"的自豪感，这种骄傲现在也为精神分析所攫取，医生不得不屈服于一种"知道自己的所有智慧有多么不足的智者"般的谦逊。[40]

学术地位对精神分析学家来说仍然非常重要。如今，坚持在名字后署上"博士"头衔的人，除了不可靠的控制饮食、阴谋论相关书籍的作者之外，就只有精神分析学家了。精神分析一直将对知识问题的研究作为其临床治疗的重心，不过它也一直在学科内部及与外界就知识问题的性质和自身学科定位进行争论，坚信它对意志和信念性质的研究是一种勇敢和严谨的尝试，并且它也享受这种争论。奇怪的是（不过也许并非完全是意料之外），精神分析不仅为精神病理学的探索提供了如此多的资源，而且似乎为精神病理学的茁壮成长提供了良好的环境。

全能

不管是在精神分析的理论和实践中，还是在其对自身的理解中，知识的力量这个问题始终处于突出地位。知识的力量意味着，求知欲总是与想成为一名知者的欲望重合在一起。成为一名知者就意味着拥有巨大的力量，即使这种力量（其实所有力量皆如此）在很大程度上不过是一种投射和假设（我想我可以假设你会假设我拥有知识的力量，同时我又一直怀疑你可能并没做出这个假设，或者你又一直怀疑我可能并没有知识的力量）。知识的力量需要面对的一个意料之外的困难是，它自身有时似乎可以超越知者的力量，精神分析很早（即便不是最早）就认识到这个问题了。我在引言中已经指出，弗洛伊德把他所谓的神奇思维定义为"思想全能"。[41]弗洛伊德在描述一位被称为"鼠人"的病人时开始使用该词。"鼠人"认为，仅是他带有敌意的想法和愿望就足以对他人产生伤害。在他1909年对这个病例的分析中，弗洛伊德提出这不仅仅是一种错觉，因为从某种意义上说，这个病人意识到他的潜意识在控制自己，正是因为潜意识既不可知又极为不可控：

> 他相信他的爱恨无所不能。在不否认爱的全能性的前提下，我们可以认为，这些病例都与死亡有关，像其他强迫性神经症患者一样，我们可以明显看出病人不由自主地高估了他的敌意对外部世界的影响，因为这些敌意是内在的，对精神上的影响有很大一部分是他意识不到的。他的爱——其实也就是他的恨——的确压倒一切。正是他的爱恨产生了强迫观念，他无法理解这些观念因何而起，虽努力进行防御保护自己，却徒劳无功。

1912年弗洛伊德在杂志《意象》（Imago）上发表论文《万物有灵论，魔力和思想的全能性》（"Animism, Magic and Omnipotence of Thoughts"）。论文中他重述了思想的全能性（既是全能性的一种特殊形式，当然也是全能性唯一可能存在的形式）。这个概念还将出现在他次年的著作《图腾与禁忌》（Totem and Taboo）中。精神分析试图通过让你了解自己的心理结构，使你拥有战胜思想的力量。弗洛伊德将强迫性神经症与原始人类的巫术联系起来，前者"将思想而不是经验作为现实"及"将思想凌驾于现实之上/与现实相比更看重思想"，而后者则"将想象的联系误认为是真实的联系"。弗洛伊德在思想的性化（sexualization，不论是表达了的还是压抑了的）中找到了神奇思维的起源，他称之为"思维的力比多贯注"。他写道："我们观察到原始人类和神经症患者均对心理行为赋予了很高的价值——在我们看来是一种过高的价值"，原因在于"在原始人类中，思维的过程在很大程度上仍然是性化的过程。这是为何他们相信思想的全能性，坚定认为他们能控制世界"。在现代神经症患者中，这种思想性化的力量被性思想的压抑所强化，这又进一步产生了"思维过程的性化"。这种"思维的力比多贯注"造成了"智力自恋和思想全能"。

在1912年的最后几个月里，弗洛伊德正全神贯注于写作论文《万物有灵论，魔力和思想的全能性》，在全能性的问题上他似乎碰到了一些困难。12月30日，他写给桑多尔·费伦齐（Sándor Ferenczi）的信的确显示这个话题可能已经深深触动了他内心。在信中他写道："我已成为一个完全全能的人，一个彻头彻尾的野蛮人。如果想做成一件事，你就非得如此不可。"[42]弗洛伊德并没说他自己感到无所不能，而是说沉浸在全能的幻想中对于完成任何困难的脑力工作来说都是很重要的。[43]我想许多作家都会认同，要完成一部作品，往往需要对自己写作的价值和意义抱有极高的甚至是极度不合理的自信。弗洛伊德其实并不全然在说全能感对完成工作很重要，而是说如果一个人想将工作"抛诸脑后"，那么全能感就相当重要，也就是说能够把工作放下，而不是一定要完成它。[44]如果没有那种全能幻想，也许就只存在知识，而知识又可能意味着不可能完成工作。

令人意外的是，在描写他称之为"鼠人"的病人时，弗洛伊德似乎倾向于把全能赋予他相当亲切地称之为"小可爱（Liebe）"的人：

不可否认的是,在本病例中,心理活动的结果尽管令人生恐,但它相当于本能的幻想化。爱的全能也许在这些反常行为中得到最为有力的证明。在性的领域中最高尚的和最低下的总是最接近彼此:"由天堂,经过人间,到地狱!"

最后这句话援引自歌德的《浮士德》的"剧院序曲"的结尾,此时剧院经理敦促他的对话者利用舞台上的所有资源来传达人类经验的无限:

> 从这狭小的舞台开始,
> 环游整个宇宙,
> 从容地漫步,
> 由天堂,经过人间,到地狱![45]

弗洛伊德的话暗示了,与其说是在"性的领域"(弗洛伊德用的是德语"der Sexualität",相当于英语"of sexuality")中,不如说是在知识的舞台上,最高尚的和最低下的汇集在一起。当然,弗洛伊德这种让步从传统角度听上去很美妙,但他实际上是间接确认了他自己对性的力量的信心,这正是精神分析理论赖以依存的基本概念。弗洛伊德在1910年的一次与荣格的交谈中热切地为性学说进行辩护,说明该理论的至关重要:

我还清楚记得弗洛伊德对我说:"亲爱的荣格,答应我永远不要放弃性学说,这是一切的基本。你看,我们必须将它树立为一个信条,为它打造一个不可动摇的堡垒。"他这时极为动情,以一位父亲的口吻对我说:"请答应我,亲爱的儿子:每个星期天你都要去教堂。"我有些吃惊地问他:"一座堡垒——抵御什么?""抵御泥泞的黑潮,"他此刻犹豫了一会儿,然后补充道,"抵御神秘主义的黑潮。"[46]

荣格认为这并非一个有理有据的科学论断,而是"一种个人的力量驱动"。[47]弗洛伊德反对"神秘主义"(一种荣格将会越来越感兴趣的超心理学)中所涉及的那种神奇思维,但他自己却依赖于神秘主义的另一种原则,这种原则可能被描述为不为人知的知识,而不是隐藏的知识,或者说人们认为知识会隐藏的东西(被压抑的或隐藏的性力量)。荣格认为来自这种原则的力量对弗洛伊德本人有神秘的影响,并指出对弗洛伊德来说,"性是一种圣灵存在(numinosum)",以及"性学说与宗教和超心理学一样神秘"。[48]

在这里,似乎有一种转移,从认为"全知全能"仅适用于某些特定思想的实际应用,转而认为思考通常具备支配性的力量。这种思想的全知全能可以看作求知意志在幻想中的完美状态,对思想的全能性而言,求知意志就处于无所不知的状态,就是一种在部分程度上被允许的全知的幻觉。费伦齐在1913年的一篇文章《现实感的发展阶段》("Stages in the Development of the Sense of Reality")中,预见到了弗洛伊德对于神经症患者的全能幻想的评论。费伦齐认为,强迫症患者:

无法自控地相信他们的思想、感情和愿望,无论好坏，都是无所不能的。无论他们的见识有多高明，无论他们的专业知识和理性如何劝导他们事实并非如此，他们总觉得自己的愿望能以某种无法解释的方式实现。[49]

费伦齐认为，这种情况是孩子在子宫中所体验到的全能感觉的一种延续，在这种情况下，每个愿望都得以实现。不过难以理解的是，一个人怎么可能在没有意识到全能性的情况下真正拥有全能的感觉：要拥有全能感，你不仅要对你力量的局限毫无察觉，而且要意识到这是一种力量而不仅是一种存在。但并非只有子宫中的孩子和强迫症患者渴望全能感，费伦齐立即指出："对于这种情况的真相，任何精神分析师都可以随时说服自己。"费伦齐认为，儿童会经历一个过渡时期，他称之为"一个充满神奇思想和语言的时期"，在这个时期，儿童拥有了语言能力，能够清晰地表达自己的需求，但他们相信自己仍能通过类似心灵感应的力量影响周遭环境。

费伦齐不像其他人那样把全能和全知混为一谈。我们应该记住，强迫症患者的全能幻想受到严重限制，因为他感觉到自己的愿望不知为何自相违背了。但对移情（transference）现象的解释中，有一种类似分析师全知的强烈感觉，即使这是一种转移到病人身上的感觉：

> 只要是医生就能成为这种移情的对象。在孩子的性幻想中，医生扮演了神秘的角色，他知道一切属于禁忌的事情，他可以看到和接触到所有隐藏的东西。这是潜意识幻想中一个明显的决定因素，因此也是潜意识幻想引发的神

经症发生的移情的一个决定因素。

我们可以将此视为全能的替代物,它源自这样一个时段:

> 自我早已适应了日益复杂的现实条件,已经度过了神奇姿态和语言的阶段,并且已经几乎了解了自然力量的全能知识。

在这篇影响深远的文章的结尾,费伦齐对个人的发展史和人类的整体发展史之间的关系进行了大胆的设想,指出出生创伤(trauma of birth)可能从冰河时期就有了:

> 也许我们可以大胆推测,正是地球表面的地质变化给原始人类带来灾难性后果,迫使人类压抑生活习惯上的偏好,从而推动了人类的"发展"。也许这些灾难体现了人类的整体发展受到抑制的历史,并随时间、地点、危害程度及规模大小的不同而决定了种族的性格和精神特质。弗洛伊德教授曾说过,种族性格经由种族历史的沉淀而形成。在这个大胆推测的基础上,我们就有理由做出一个最终的推测,将个体发展的压制与冰川期联系起来。冰川期是一次终极大灾难,它造成的后果深刻影响了我们的原始祖先(当时地球上肯定已存在人类),我们现在的生活依然受到这种影响。

费伦齐很快指出这种推测可能因过于大胆而有些站不住脚:

这种急于知道一切的好奇心刚把我引诱至迷人的往事中，并使我借助类比来理解尚不可知的东西，现在又把我带回这些思考的起点：全能感的顶点和谷底。科学必须驳斥这种幻想，或者至少始终清楚哪些是假说和幻想，而在神话故事中，全能的幻觉依然占主导地位。

费伦齐意识到自己被某种科学幻想所诱惑，他从中脱身而出，告诉我们科学必须知道它什么时候进入幻想的范畴。但是，神话和科学幻想之间也许并不存在截然不同的差别，因为众所周知，神话也是一种幻想。在这种情况下，我们的确可以允许而不是否定知识中幻想的存在，特别是在任何知识的起始阶段，尤其是在知识本身的起源方面，全能和无能是相伴相随的。事实上，尽管全知和全能从逻辑上讲看似相同，但与仅是成为非常强大的人相比，成为既全能又知道自己全能的人是极其困难的，因为知道自己是全能的会使你限制自身的力量。真正的全能需要绝对的自我认同，但知识内部的自我分裂总是会导致这种认同产生瑕疵。

美国精神分析家伯特伦·D. 勒温（Bertram D. Lewin）撰写了颇多关于求知欲的文章。在一篇关于教育的文章中，他提出我们要认识到全知的儿童幻想的重要性，以及恢复这种幻想欲的重要性：

一种非常普遍的幻想认为，在我们的婴儿时期，天堂近在咫尺，那时我们既全能又全知。我们对世界的认识是一种直觉，是先验的、可把握的及有限的，但又无拘无束。当事实证明我们并非全知全能时，我们就会产生怨恨，继而通过或神奇的，或真实的，或部分神奇部分真实的方式,努力恢复和修补受到伤害的这种原始情绪及其漏洞。[50]

在早期的一篇文章中,勒温描述了试图恢复全知感觉的一些方式,得出结论说:

> 在许多自恋的人眼里,压抑就是对他们全知感的一种打击,因此他们会试图通过真实的或神奇的方式来修复全知感。那么,任何对他们自恋的损害,无论是在知识领域还是在其他领域,都会使得他们强化这种全知感,或试图寻求重获全知的方式。[51]

勒温将信仰定义为"一种部分全知",他认为信仰源于恢复全知感的渴望:

> 诸如"所有人都认为这些真理不言而喻"之类的话,以"不言而喻"的理论为基础的哲学体系,或者提出了言之凿凿、至高无上的非经验理论知识的哲学体系,极有可能在潜意识中已经相信了一种相当自恋的观点:万物皆已知,真实的就是不证自明的。[52]

弥补全知感丧失有各种神经质的、痴迷的和妄想的方式,但是,如果具备顺利的或超出预期的条件,还有很多高尚的方式。勒温认为哥白尼、达尔文和弗洛伊德的科学探索就是在修复被他们的理论所损害的全知感。[53]勒温这篇文章的内容也是他1957年11月在芝加哥精神分析研究所成立25周年庆祝会上做的演讲的内容。尽管勒温将精神分析的兴起比喻为欧洲思想史的伟大崛起,但他认为:"精神分析研究所成立时间都不长,不足以承担或体会到全知的责任。"[54]相反,求知的意志,或许还有全知的幻想,很有可能是精神分析知识内部及围绕精神分析的一种普遍的、关键的幻想。

与其他知识一样,全知必须永远处于幻想或假定的状态,所以它通常是一种代理式全能,最能说明这一点的就是占据精神主导地位的观点:在人的潜意识中一切皆非意外——那些看似琐碎、随意或巧合的事情实际上是由不同的因素而造成的必然会发生的事情。我在弗洛伊德各个作品的标准版本中均找不到任何与"一切皆非意外"这一观点相对应的表述,尽管普遍认为这是弗洛伊德秉持的观点。可以证实的是,弗洛伊德坚信许多看似"偶然的行为"实际上是"症状性的",这一点在其著作《日常生活的精神病理学》中表现尤为充分。他在该书第十二章"宿命论,机会主义和迷信"开头就提出:"如果我们无法明确解释心理如何发挥一定的作用,那么我们就不能理解心理在多大程度上决定我们的生活。"为了说明他信奉的观点——所谓随机选择一个数字这种事是不可能的——他举了一个例子。他在校对《梦的解析》一书时,曾给威尔赫姆·弗里斯(Wilhelm Fliess)写信,信中偶然提到他不打算再对这本书进行任何修订,"即使书中包含2467个错误"。弗洛伊德接着立即对这个数字进行了分析,以证实他的判断:"头脑中的一切皆非任意或不确定的。"通常情况下,分析认为弗洛伊德曾将自己与一位熟人——某位将军——进行对比,他读过将军退休后生活的相关描写,由此对自己的学术成就和抱负产生了焦虑。虽然弗洛伊德充分意识到在许多人身上存在迷信倾向(在德语中用"Aberglaube"表示,即"过度相信"之意)——并且确实指出过"在对数字无意识的思考中,我发现我有一种迷信的倾向,其原因长期以来一直不为我所知"——不过他似乎认为他发现的不过是一种人的潜意识中追求与分析一致的意志。

这种思想似乎并不假设一种真正的全能,而是绝对的确定性;与其说是思想的全能,不如说是全能的思想。一切皆有意义,因而一切均是重要的。梅兰妮·克莱茵(Melanie Klein)等人关于学习障碍症状的著作可以很好地说明这一原则。这种关于学习的思维方式最早可能见于克莱茵在1923年发表的《学校在力比多发展中的作用》("The Role of the School in Libidinal Development")一文。文中她记录了儿童讲述的关于他们对数字和字母的感受,并不断将这些感受解释为他们在幻想对身体施虐——其中最匪夷所思的一个例子是关于一个名为弗里茨(Fritz)的孩子。他在进行除法运算时感受到了压抑,克莱茵认为这种压抑源自他残害母亲身体的幻想:

> 他(弗里茨)就说(这里的讲述也与之前他详尽描绘的一番幻想有关)实际上每个孩子都想拥有一块他母亲的身体(应该切成四块)。他非常详细地描述了她如何尖叫,她嘴里塞着的纸又如何使她无法喊叫,她脸上是何种表情,等等。接着他说每个孩子拿好选中的那块身体后,都同意把那块母亲的身体也吃掉。[55]

克莱茵认为,正是弗里茨在潜意识中压制这些暴力的幻想,造成他无法理解除法如何运作:"看来他也总是把余数和除法中的商数混为一谈,总把它写在错误的地方,因为在他的潜意识中,那就是一块块流血的身体。"克莱茵这样解释弗里茨为何想要"完全消除他在除法运算上的压抑",但这解释似乎并不使人安心,反而令人恐慌。抑制撕裂别人身体的冲动难道不是有益的吗?

这种解释的假设奇特,但未经检验。如果没有这种抑制,孩子学会除法就将是自然而然的事情。对于许多早期的精神分析学家来说,要分析理解人类在学习上的困难绝非易事。根据"一切都可以而且应该是完全可知的,除非有一些可知的理由为什么不可知"原则,困难必须被视为抑制。这是一种神奇的观点,因为它不允许存在任何巧合或例外的情况(缺乏系统经验的人往往认为这样完美的机制是"纯机械的")。"神奇从来就不存在"的观点有一种神奇的逻辑,因为它赋予了解释事物的普遍理由。正如欧内斯特·盖尔纳(Ernest Gellner)所指出的,精神分析的理性"就像许多原始的思想体系一样,全然沉醉于严格决定事物应该如何的感觉中"。[56]精神分析思维的确类似于它经常分析的那种思维,与偏执有明显的相似之处:

> 偏执之人认为一切事情皆包含重大意义,并相信自己具有解读其重要性的直觉能力。在这种偏执中,我们孜孜不倦地、不可遏制地去追寻事物因果关系的模式。[57]

生命首要的宏大问题

在弗洛伊德的精神分析思想中,对求知的明确关注其实只占据了相当不起眼的比例。不过,后来的精神分析学家,尤其是梅兰妮·克莱茵和W. R. 拜昂的对知识问题的关注显著增多也更为直接。而且,知识问题后来在弗洛伊德精神分析中起到决定性作用,因而也成为其知识观——俄狄浦斯情结——的核心。俄狄浦斯对于弗洛伊德和后来的精神分析学家来说非常重要，不仅因为俄狄浦斯将弑父娶母的欲望变成了现实，还因为在索福克勒斯（Sophocles）的戏剧中，俄狄浦斯是如此关注知道自己做了何事，或者说，是谁的作为。俄狄浦斯的故事不仅是欲望的戏剧化，也是想了解欲望的本质和后果的戏剧化表现。

俄狄浦斯的故事提出了一个精神分析中关于求知欲的核心问题："我来自何方？"1908年弗洛伊德在一篇关于"儿童性理论"的论文中首次关注这个问题。1915年他又在《性学三论》（1905）中增加了"儿童的性研究"一章，在文中他将自己对儿童性意识起源的好奇心映射到儿童自身对这些问题的好奇心上。追随他脚步的其他人也常常认为，对起源的探究也是儿童最初的、最具决定性的好奇心。婴儿好奇心的第一个对象似乎与性有关，这使得弗洛伊德做出一种或许有些奇怪的假设：这实际上就是性力比多的一种表现。（就像弗洛伊德和其他人通常认为的那样，对性的好奇心必然会涉及性感觉，这一原则是否不言而喻？）

弗洛伊德在关于儿童性理论一文的开始就承认，他对自己的研究与对儿童的研究面临同样的困难，两者都依赖于研究对象的回忆和讲述，而非研究对象的见证人。在性的起源研究中，弗洛伊德显然刻意在儿童和研究者之间建立起平等性：儿童参与"研究"，为"理论"的发展做出贡献。弗洛伊德认为，"生命首要的宏大问题"是"婴儿来自何方？"——毫无疑问，这个问题首先问的是"这一个突如其来的婴儿来自何方"。这个问题既可以理解为一个人在一生中遇到的首个宏大问题，也可以理解为一个与生命或与生命起源有关的宏大问题。弗洛伊德指出，我们将反复在"无数神话传说讲述的谜语中"看到这个最为首要的谜语。在前一年发表的关于性教育问题的公开信中，他明确表示，他正在思考"底比斯城的狮身人面怪斯芬克斯考验俄狄浦斯的谜语"。为了向儿童解释他们会听到的或他们自己幻想出的关于生命起源的种种说法，弗洛伊德必须设计出并信赖于自己的一些起源说法。儿童思考的是婴儿从何而来这个问题，弗洛伊德思考的则是为何存在"婴儿从何而来"这个问题。在某种意义上，这两个问题彼此对等。雷切尔·鲍尔比（Rachel Bowlby）指出"儿童关于生命起源的领悟和精神分析学的理论知识之间有相似之处，而精神分析的理论知识又启发了我们去领悟儿童的性及成人神经症中与性相关的领域"[58]。

然而，弗洛伊德不愿意接受知识的本能是与生俱来的这一说法。他坚持认为，这是家中年长的孩子（在这方面似乎指代所有孩子）由于自身利益受到损害而促发的，因为家中出现一个新生婴儿时，年长的孩子自然会有"失去父母关爱"的感觉或担忧，还意识到"从现在起他必须永远与后来者分享一切，这些认识会唤醒他的情感、磨砺他的思考"。弗洛伊德讲述的故事充满了困惑和失望。听到"婴儿是鹳鸟叼来的"或"在灌木丛那找到的"之类用于搪塞的傻话后，孩子很可能会开始对成人在这些问题上的权威或可靠性产生怀疑，从而开始发展出自己的解释。当然，孩子最终很可能不得不放弃他的探究，因为他的探究是没有结论的。但弗洛伊德认为，从此以后，孩子所寻求的知识在某种意义上是可望而不可即的，是一种禁忌，这也说明了知识所被赋予的特征，一种结合了恐惧、迷恋、好奇、疑虑和绝望的特征。

不难猜测，由于他（孩子）在追寻知识上的努力没有成功，他更易于拒绝做出努力，会遗忘努力。不过，这种思考和怀疑成了后来所有旨在解决问题的脑力劳动的雏形，而第一次思考的失败对孩子的整个未来产生了严重的影响。

1915年《性学三论》再版时，弗洛伊德在其中添加描述了"一种对知识本能的永久性伤害"。这个描述很耐人寻味，因为后来者对这首要未解之谜的研究成果颇丰，这当中当然包括弗洛伊德自己对此的研究。弗洛伊德强调孩子的这种探究是隐秘的。弗洛伊德做出一个不无风趣的短评。他写道，孩子极度怀疑"婴儿是鹳鸟叼来的"故事，不过他们保持缄默，所以"这些童年早期性探索总是在孤独中进行"。因此，对知识的渴求是信任丧失的结果，是孩子与世界之间连续性的中断。从这个意义上说，对知识的渴求就成为独立存在的起源，这意味着开始不仅存在着认识论上的伤害，而且这伤害中也存在着一种起源："性探索成为儿童在世界中获得独立性的第一步，意味着儿童与以前完全信任的人关系上的高度疏离。"

许多孩子发现在社交中提问题可以发挥巨大的力量，尤其是提问可以保证获得父母的关注，而这种关注对于孩子应对新生儿带来的竞争来说是非常重要的。但弗洛伊德在这里并没有正式提到这种力量，只是引用了一封来自莉莉（一个失去母亲的11岁女孩）的信，来说明他意识到了这种力量：

亲爱的马里姑姑：

请您告诉我您是怎么得到克莉丝汀和保罗的？您一定知道，因为您已经结婚了。我们昨天晚上还在争论这个问题，我们想知道真相。我们没有别人可以问了。您什么时候来萨尔茨堡？您知道吗，马里姑姑？我们根本不能明白鹳鸟是怎么把孩子带来的。特鲁德尔认为鹳鸟是用衬衣把孩子带来的。我们也想知道，如果鹳鸟把孩子从池塘里弄出来，那为什么从来没有人在池塘里看到过婴儿呢？您能不能也告诉我，一个人怎么会事先知道自己什么时候会生孩子？请把一切都写下来告诉我。

致以我们成千上万的问候和亲吻。

您好奇的侄女，莉莉

莉莉就像刘易斯·卡罗尔笔下的爱丽丝一样坚定地去探索心中的疑问，而且她的探索不是以隐秘的思考形式进行，而是用一封满怀深情但又坚定不移的正式书函提出了请求，并相信这种请求是合情合理的。尽管弗洛伊德支持在此类问题上对孩子要开诚布公，但我们依然难以接受弗洛伊德告诉我们这封充满乐观、理性、勇气的信带来的是一个严酷的结果："我想这封感人的信不会给姐妹俩想要的解释。后来，因为终日冥思苦想潜意识中悬而未决的问题，莉莉患上了神经症。"1924年他在书中又添加了一个脚注，告诉我们一个黑暗的结局："几年后，她那无休止的冥思苦想发展成为早发性痴呆症。"

茱莉亚·克里斯蒂娃（Julia Kristeva）指出，孩子们意识到，通过问问题可以激发一种非凡的、相当神奇的力量，她称之为"愉快的恍惚状态（pleasurable trance）"。当然，快乐的部分原因是孩子们意识到，当你向一个人提问时，对方会难以拒绝提供答案的要求。这种快乐带着小心翼翼，仿佛在进入一问一答的奇妙世界时产生了一种陶醉,这种奇妙世界比现实世界更不真实,但正因为如此,也更有力量:"儿童仍然处在对世界的一切感到新奇不已,但又无法用语言清楚表达的时候,他们会产生一种幻觉:所有的实体——物体、人、他自己,以及成人的反应等,都可以用来建构及解构幻想。"[59]弗洛伊德关于儿童疑问的疑问本身横贯身体和语言两大领域,两者在谁先谁后的问题上不分伯仲。

　　研究儿童对生命起源的探究还有另一个方面,但弗洛伊德对此并不重视。索菲·德·米约拉-梅勒(Sophie de Mijolla-Mellor)指出,儿童对婴儿从何而来的思考可能与更深层次、更令其烦扰、与其自身更为相关的另一个思考有联系。"这个不知道从哪冒出来的孩子没来这儿之前是在哪里呢?"这个问题会引出更令其费解的问题:"在还没来这儿之前我又在哪里呢?""我不在这里以后又会在哪里呢?"宏大宽广的思维必须面对并涵括其自身的非存在(nonbeing):全能必须面对终极的无能,相应地,知识既拥有绝对的力量又是绝对的无力。要获得知识就必须先认识到,知识必须有始也有终。米约拉-梅勒认为这创造了一种"身份-阉割(identity-castration)"行为,它意味着"此后需要寻找一种因果关系来重建已被消解的意义"。[60]至少在写《梦的解析》的时候,弗洛伊德并不认为儿童有死亡的概念:

　　　　孩子和我们一样都认识"死亡"这个词,但除此之外他们对于"死亡"的概念和我们的毫无共同之处。他们对关于死亡的各种恐惧,身体的腐化、躺在冰冷的坟墓、永恒的虚无等,一无所知——这些却是成年人难以忍受的,这也是所有相信有来生的神话都描述过的。对死亡的恐惧对一个孩子来说毫无意义。

弗洛伊德在《超越快乐原则》(Beyond the Pleasure Principle)中对其著名的概念"死亡驱力(death drive)"进行了阐述。利伦·拉辛斯基(Liran Razinsky)认为这是精神分析对死亡相关知识的系统压抑。她提出:

> 弗洛伊德的观点是,一切重要的东西在儿童时期就已经形成,思想和知识永远不应被视为重要的东西。但即便我们接受他这个观点,我们应该如何对待新获得的关于有限性的知识?难道我们真的可以对这些知识置之不理吗?知识对我们的思想和生活没有独立的影响吗?我们知道自己的有限性。这是一种重要的知识,值得我们在理论上和实践上加以考虑。未能解释这一点是一个应该困扰每一个精神分析研究者的问题。[61]

如果一个人不是永远存在,那么全知就必须包括对人生短暂这一事实的认识。全知最重要的作用是对非存在的认识——当一个人此前不在这里时会在哪里,或一个人此后将会在哪里。对非存在的认识既是知识的一种失败,是对不可知的承认,也是对凭借知识战胜非存在的一种幻想的神化,因为知识可以构成一种不朽,或者在幻想中成为不朽。这也许就是为什么没有人梦想肉体不朽的原因(尽管在某种意义上,构成一个人身体——这里不指特定个体的身体——的元素,显然已经是不会消亡的了)。我们梦想的是作为一种认知的方式而存在——也许是通过弗洛伊德的精神分析理论而存在，甚至是通过对精神分析理论那些著名的驳斥而存在。

全能论的成见在于，知识永远不可能完全属于某一个人。达成认识就意味着必须认识到自身知识的局限。你不仅永远不可能认识一切，而且你所能认识的一切不过证明了这种局限存在的必要性。如果你说你想独自实现认识，那就等于承认你的知识通常来自他人。他人若常常惦念着你，不过说明你已经消失于世。实现认识就是在你自己和完成认知的世界之间建立起一种连续性，同时又用你自己填补你离开世界后形成的鸿沟。完成认识就是让自己与不连续性建立起连续性。

事物（尤其是问题之类的事物）究竟从何而来，何种事物可以被视为"既定的诱因（established causes）"，这些问题继续困扰着弗洛伊德。他尤其不确定的是求知的欲望是否与其他"追求自我"的欲望具有同样的原动力，或与这些欲望一样具有创新（孕育或培育）的能力。弗洛伊德认为人在认知初期会形成原始创伤或无能状态，这是一种奇怪的观念，似乎与思想的原始全能的观念形成对照。但是在玛丽·查德威克（Mary Chadwick）和梅兰妮·克莱茵的理论中，这两者可能会结合在一起。在两人的理论中，对知识的渴望与对权力的意志牢牢地结合在一起。

在1925年和1926年发表的两篇文章中，查德威克从性能力的角度对权力和知识之间的关系进行了重新定义。弗洛伊德认为求知欲是婴儿对性和生育问题的好奇心的升华，查德威克以此为基础，提出这种升华在男孩身上更多体现为对生育孩子的渴望。知识相当于阴茎（查德威克乐于展示好奇心和好打听闲事与"用打听闲事的方式进行探究"这种奇特幻想之间的联系），更具体而言，知识代表放弃对母亲的欲望，因为她代表着对没有阴茎的恐惧。"孩子在追求知识的过程中依赖的就是好奇心的本能。"[62]查德威克强调了女权主义认识论中最近出现的一个主题,即关于生命的知识体现了知识的基本功能,那就是作为孕育生命的替代品:

> 人类希望成为生命和生育的主宰,就像希望控制自然界的所有其他力量一样。这种愿望不过是源自想拥有自身后代的原始欲望,如果不能拥有,就要完全掌握对可以拥有后代的人的控制。[63]

因此查德威克在文章中特别强调妇女要掌握避孕知识,因为控制生命也就意味着能够毁灭生命。思想和知识不仅可以抑制生命,也可以创造生命。在《儿童发展的困难》(*Difficulties of Child Development*,1928)一书中,查德威克暗指尼采在《善恶的彼岸》(*Beyond Good and Evil*)中提到自己是"以思想(书籍)为后代的产妇"。她还在书中记录了儿童讲述的各种想法观点,这些观点都建立于这样一个基础上——孩子实际上也可以是思维的产物,例如以下这个观点:

> 如果一个人亲吻枕头,并虔诚地许愿,那么早上就能如愿在枕头底下发现一个孩子,或者一对父母会生出他们脑子里一直想拥有的孩子。这个想法是一个小女孩从家人那听说的。家人告诉她这种事从很久以前——"在你出生或我们没有在脑子里想着你之前"——就存在了。她一直感到失望,因为在她出生前家人把她幻想为男孩而不是女孩。她深信,这个错误是家里人的某些过失或缺乏应有的

预防措施造成的，他们太粗心大意了，没有充分考虑这个问题。[64]

小女孩认为的这个颇有意思的"错误"其实在人类历史上很常见，它表明一个人必须集中精力以确保获得好的"构思（受孕）"。恩培多克勒（Empedocles）提出过类似的观点，他认为通过幻想就可以使受精的种子发展成特定的形态，这一观点在文艺复兴时期得到了广泛的接受，人们相信母亲通过幻想就可以在腹中生成胎儿，甚至可以造成胎儿畸形。[65]我们可以看到，这个观点从另一个角度表明，求知的意志可能以一种特别激烈的形式表现出意志与非意志之间的对立，或一种与意志抗争的意志。在知识的问题上，查德威克以及普遍的精神分析论述似乎显然认为好奇心和知识本身具有产出的能力。查德威克通过相关历史来搜集关于男同性恋群体的知识，她对这个群体的解释似乎不仅适用于精神分析机构，也同样适用于一般意义上的知识和教育机构。这似乎和查德威克认定的一个事实有关，那就是精神分析可以作为"失败的变态"成功升华（也就是知识）的补充。"失败的变态"一般称为"过度质疑""对质疑的狂热"，在德语中则称为"Grübelsucht（质疑成瘾）"。[66]这种情况也被称为"形而上学的谵妄（metaphysical delirium）"。[67]通常认为，对表象所赋予意义的执着怀疑以及对解释的高度确定是精神分析推理和方法的一个特征。

查德威克从未将她关于求知欲的观点系统化，但这一主题在她后来关于儿童发展的文章中一再出现，尤其是涉及少女的文章。在《青春期少女》（*Adolescent Girlhood*，1932）一书中，她认为女孩早期的好奇心，特别是对性问题的好奇心受到压抑，会导致学习上的困难，造成矫枉过正的问题："孩子们在潜意识中把过多的象征性价值赋予知识，将知识作为优越的标志，这种现象并不罕见。"[68]在发表关于求知欲起源论文的同年，查德威克还发表了一篇病例记录，其中描述了她与一个养成了偷窃习惯的少女之间的对话。这篇记录中包含大量关于女孩对婴儿的幻想和猜测的细节，大多围绕着她对哥哥享有的权利和待遇的嫉妒，她还希望了解婴儿从何而来，这样就可以拥有哥哥的权利，取代哥哥的地位。女孩会遭到母亲的毒打，她一条受到感染的腿被截肢，但查德威克似乎认为这些细节毫无差别，所以都穿插在一起叙述，还不时添加一些玩笑话。她似乎也不认为需要解释这些经常性的殴打，尽管事实是，这些殴打极为严重，以至孩子的校长把她留在学校过夜，以免母亲"对她造成严重的身体伤害"。[69]女孩对知识的渴望似乎与阻止自己和他人成长的过程有关：

> 女孩想成为一名幼儿园教师，这表明，婴儿和知识已经紧密地联系在一起。这也是她在妹妹出生后第一次上学时对老师产生的一种认同。她想要比别人更聪明，知道更多，能够回答他们的问题。她的学生年龄不得超过5岁，正好在这个年龄时她的问题永远也得不到答案，她的母亲为了B而抛弃了她。知道婴儿从何而来的重要性仅次于拥有婴儿。她想得到婴儿、知识、阴茎这些东西，她的欲望如此强烈，就像那个想要壁花的小男孩一样，她"情不自禁地想得到"这些她所觊觎的东西。[70]

相比探究求知欲的本能，处理对知识的感觉最重要的方式是采用随意间接的独特模式，在叙述病例的过程中将病情和相关认识展开。在这方面，从查德威克的叙述来看，她的干预似乎比通常要少得多。1929年在《精神分析教学期刊》（*Zeitschrift für psycho-analytische Pädagogik*）上她发表了一个故事，讲述了发生在她与一个在动物园里遇到的小女孩之间的对话。这本期刊只是不时发表一些这种小短文，但查德威克的文章带有一种神秘色彩，很能激发读者的好奇心。查德威克在叙述时语调尽量保持平和，也没有对文章要点进行解释。文章以饮食、谈话和理解为主题，叙述在三者之间往复进行。对话中的小女孩每天都来动物园追求她最喜欢的职业：

> 找出每种动物喜欢及不喜欢的食物，以及哪些动物是可以安全喂养的，哪些是贪吃的、危险的，哪些会在喂食后咬人手指。[71]

研究似乎成了她的功课，也许正是这些研究让功课陷入了风险：

> 那年夏天有一只猴子狠狠咬了她的手指甲，她被送到急救中心包扎。她不得不吊着绷带，这正好发生在考试前，所以她的学业受到了很大的影响。

在谈到如何发现动物喜欢的食物时，这个小女孩表现出自己的贪婪："她总是很匆忙，讨厌动物们花很长时间来决定应该吃还是不吃。"在本能上她能理解动物们需要躲避观察，尤其是在它们蜕皮或换毛的时候，尽管她难以自控地想要看到所有动物以不同的方式进食：

要看到每一种动物进食。蜥蜴和沼泽地里的生物以花为食，企鹅吃鱼，然后我们要跑去看北极熊，它跳进水池里，潜入水中寻找被扔进去的午餐。

看见和知道本身似乎就是小女孩的一种饥渴，当然，她自己也是一个观察对象（该文章是题为"对儿童的观察"系列中的一篇），不过她自信引导观察的过程与那些羞怯的动物形成对比："她那双爱尔兰人的眼睛吸引了我的注意，典型的爱尔兰人的眼睛，我无法忽略它们，这是她最美丽的地方，整体来说她是一个引人注目的美丽女孩。"

故事的高潮很奇怪，女孩子说自己饿得吃了一个棕色纸袋，她脾气暴躁的保姆——查德威克这里插了一句，"也许像狒狒一样狂躁"——因为她不听话而惩罚她，不给她吃东西。保姆自己似乎对食物没有兴趣，更喜欢一支接一支地抽烟，曾经一次性抽完整整一包烟，然后病倒了。小女孩也曾因为吃了一整包巧克力生病，不过她说那不是因为吃多了，而是因为巧克力"变质了"。

这个故事读上去更像是一篇具现代风格的短篇小说，而不是精神分析的个案研究。它展示了不同种类的饥饿和不同种类的知识：对知识的饥渴和关于饥饿的知识。查德威克曾在她的《儿童发展的困难》中写到幼儿对吃东西和被吃掉的幻想，她把这种幻想与对出生和死亡的好奇心联系起来：

因此，被怪物吞掉的幻想是在努力解决生与死的双重问题。我们从何而来？我们要去往何处？是来自某个洞穴，死后又被放进另一个洞穴吗？孩子首先通过观察知道婴儿可以存在于母亲体内，但接下来孩子难以明白的是婴儿怎么生出来，而终极的问题是婴儿是怎么进入母亲体内的。[72]

尽管查德威克反对精神分析学派排斥其他学派，但她仍然支持弗洛伊德的观点和方法。希尔达·杜丽特尔（Hilda Doolittle）曾作为玛丽·查德威克精神分析的对象，之后又成为弗洛伊德的分析对象。两者相比，杜丽特尔对弗洛伊德的分析更为满意。她写下这两次精神分析的经历，讲述了查德威克在精神分析过程中相当有自己的主张，也运用了大量精神分析以外的知识。杜丽特尔写信给她的朋友布莱尔（安妮·温妮弗雷德·埃勒曼），谈到她与弗洛伊德进行的精神分析时说："我要是说出一个梦，他就让我去解释它（真够神奇的，查德威克不停告诉我，不要总相信精神分析）。"[73]杜丽特尔也写到查德威克的"施虐癖好"，如此评价："你炫耀自己的工作，批评其他所有人（查德威克也贬低弗洛伊德，但她太过分了）。"[74]

克莱茵和拜昂

梅兰妮·克莱茵接受并进一步强调玛丽·查德威克的观点——男性的求知意志是对女性生育能力的嫉妒——提出以虐待狂般的侵占、耗尽和破坏欲望为特征的关于"认识驱力（epistemic drive）"的成熟观点，充实了弗洛伊德的观点（求知欲特别受到性知识的影响）。克莱茵利用查德威克对儿童的分析创立了精神分析的新理论和新方法，以及一个完整的、自成一体的精神分析流派。在克莱茵对精神分析理论重新定位的过程中，对儿童的分析至关重要，它将重点从阴茎转移至乳房，并将关注点从俄狄浦斯情结转移到俄狄浦斯情结发生前的发展阶段，后者存在着更为古老、更为激烈的欲望。

弗洛伊德关注的是欲望和快乐，而克莱茵关注的则是愤怒和毁灭欲。克莱茵不仅接受而且详细阐述了查德威克1925年发表的论文中的重要观点——男孩渴望拥有自己的孩子，也嫉妒能拥有自己孩子的人。她在《俄狄浦斯冲突的早期阶段》（"Early Stages of the Oedipus Conflict"）中描述了男孩的一个"女性化阶段（feminine stage）"，在这个阶段中，对失去阴茎的恐惧伴随着对"生育器官的贪婪欲望，男孩认为这些器官存在于母亲体内"，还有"下体和生产乳汁的乳房，它们在力比多发展处于口欲期时，就是作为获得馈赠的器官而成为觊觎的对象"。就像男孩希望长出生育的器官一样，克莱茵的目的是窃取弗洛伊德的精神分析工具，将它作为建立在"生育孩子的欲望和强烈的求知欲的融合"基础上的对女性身体的一种攻击。弗洛伊德的精神分析认为，如果能"更好地了解男孩的心理"，那么就可以模仿男孩"心理层面的移位（displacement）"，而克莱茵强迫人们认识到男孩身上起作用的原始的身体欲望，使他兼具顺从和暴躁的双重特点。

这种嫉妒似乎与通过精神分析阐释将身体转变为知识客体的能力有部分关联。克莱茵的阐释冷静果敢，不过她冷静的阐释中又常常带着不稳定。通过对儿童的分析，她发现一系列极端野蛮的、非理性的因而常常显得荒唐的欲望。克莱茵的研究可以说既充满激情又在有条不紊中推进，她将研究条分缕析后又对其修复补全，这些因素的相互影响也体现于她的所有写作风格中。她的作品既充斥着幻想与各种内脏器官，又能从精神分析的角度进行冷静的剖析。克莱茵理论讨论的问题和角度与她面对笔下那些不顾一切、充满杀气的欲望表现出的沉着格格不入，这种格格不入有时显得既病态又滑稽：

> 儿童期望在母亲体内找到：（a）父亲的阴茎，（b）排泄物，（c）孩子，并将这些东西等同于食物。根据儿童最早对父母交媾的幻想（或"性理论"），父亲的阴茎（或他的整个身体）在交媾过程中成为母亲的一部分。因此，孩子施虐的对象包括父亲和母亲，他在幻想中撕咬父母，或将他们踩踏成碎片。

也许，她之所以如此沉着冷静，是因为"认知"在她的分析中是一个突出的问题。对于弗洛伊德，性好奇不是一个经常性的话题，只起辅助作用，而克莱茵则将其作为认识的驱动力，也是她思考的中心。克莱茵认为，儿童的学习受到抑制，是因为他们自己的施虐欲望催生了焦虑。这方面分析最为充分的要数一个名叫迪克的男孩的案例，分析见于克莱茵1930年的论文《自我发展中的象征形成》（"Symbol-Formation in Ego Development"）。这篇论文写道，迪克内心对母亲身体施虐欲望无意识的防御"使他不再产生幻想，他的象征形成也停滞了。迪克随后的身体发育迟缓，因为他不能在幻想中对母亲身体进行施虐"。克莱茵认为，如果他有机会表现他的"认知驱力及攻击欲望"，他就可以建立与世界的象征性关系，从而开始发展认知。

克莱茵认为认知驱力不像弗洛伊德认为的那样，仅受到自身利益的驱使，它位于一场争夺母亲身体所有权和控制权的生死搏斗中的核心位置。我们很难区分弗洛伊德关于认知上嫉妒的解释与克莱茵通过弗洛伊德的精神分析方式而确认的嫉妒。克莱茵一心要在孩子的所有幻想中发现充满杀机的暴力倾向。我们可以理解，考虑到她所挖掘出的讯息，她需要尽可能地刻意表现出一种中立的态度，以免受到破坏其儿童研究对象认知的指责。然而，她对于儿童游戏和梦境的一些解释却难免令人产生不适感，因为学龄前儿童被平静地告知，他们在游戏中表现出的是他们的欲望，他们其实是想用牙齿撕咬开母亲的身体，从母亲身上获得排泄物。

克莱茵的分析看似完全不受认知驱力的施虐欲望的影响。然而，在儿童精神分析的手段上，她打算比安娜·弗洛伊德（Anna Freud）等成人谈话疗法的支持者更进一步，清晰表现出她希望探入儿童幻象的深处：

> 如果以开放的心态进行儿童精神分析，我们就会发现探索最深处的方式和方法，从中我们将认识到孩子的真实本性，也将认识到，无论深入到何种程度，无论运用何种方法，都没有必要对分析加以限制。

克莱茵似乎把儿童看成处于原始状态的人类，这使她"期望建立一个真正的分析情境，进行渗透到心智深层的完整分析"。弗洛伊德的分析依赖于解读交谈和倾听中获得的复杂素材，克莱茵则希望通过象征性的游戏，消除语言表达中特有的焦虑造成的障碍。她相信儿童"更易受到潜意识的影响"，认为通过玩具将孩子的幻想转化为象征性表征（symbolic representation），虽然比语言表达间接——因为，她认为"一般来说，象征性表征在某种程度上远离主体，与口头传达的言辞相比，焦虑感更少"——但也更直接，也就是说（虽然她自己没有说过），精神分析师可以立即开始解读的工作。

关于求知欲的基本问题是，知识以及作为知识持有者的人类是否可以被视为自然的一部分。如果知识是由自然驱力推动的，那么人类就可能是自然的一部分，但人类可能永远也不会完全理解自己的存在，因为在有意识的工作中总会存在一些无意识——本我永远不会完全屈服于自我。如果知识不仅仅是意志的表达，那么人类也许可以不必存在就能完成认知。在第一种情况下，存在将继续逃避或超越认知，因为它将决定认知；在第二种情况下，认知将能够逃避和超越单纯的存在。或许，这可以归结为这样一个问题：认知能否充分认识自身？或者用精神分析的术语来说，意识能否充分认知无意识？

雷切尔·B.布拉斯（Rachel B. Blass）认为，弗洛伊德的知识观是由"爱欲（Eros）"驱动的，爱欲即追求心灵与自然统一的欲望：

> 可以将求知欲，即把握现实的欲望，理解为一种追求统一的努力，这与弗洛伊德对爱欲的观点是一致的。我们的理智被一种追求统一的欲望所驱动，这种欲望与性冲动紧密相连，但又与它不完全相同。我们以为自身掌握了世界的统一性和支配它的规律，通过这种掌握，我们的思想与世界统一起来。[75]

布拉斯在1910年弗洛伊德一篇关于莱昂纳多的文章中发现，爱欲是他与莱昂纳多在意见上相左而提出的用以解决意见冲突的观点。从文章看来，弗洛伊德似乎无法明白莱昂纳多对知识的描述：

"对知识永不满足、孜孜不倦的渴求"如何与知识冷静的特点相联系,知识似乎与渴望、满足等情感毫无关联。弗洛伊德实际上援引了莱昂纳多的观点,即知识同时超越了爱与恨的原则、快乐原则及死亡驱力:"对一件事物的无知意味着你无法对它产生爱或恨。"弗洛伊德对这个观点的解读有趣随意,可能称得上是一种陈词滥调:"也就是说,如果没有对事物获得本质上的认识,我们就无权对它产生爱或恨。"在意大利语中,表达这个观点的句子刻意使用了被动语态,大致相当于英语中的"不首先被了解,任何事物都不能被爱或被恨",而弗洛伊德的翻译则强调了认识的主体、完成认识的必要性以及如何完成认识。也就是说,弗洛伊德的译文正好指出了他文章中的问题,即知识是什么人或什么事物,又是谁或什么驱动求知欲,是别人(Es)还是自己(Ich),是本我还是自我。

布拉斯认为这篇关于莱昂纳多的文章突出了一个问题:"我们如何将莱昂纳多所讲的对知识的热切渴望与弗洛伊德关于知识只能在头脑冷静的情况下产生的观点结合起来。"她从中看到了弗洛伊德对知识的一般理解的一个缺陷,她认为这是弗洛伊德自己"与求知激情的斗争"。从本质上说,弗洛伊德的问题是如何理解知识的目的。如果弗洛伊德的理论是值得信任的,那么我们就必须对"知识是不带偏见的因而可以自我引导、自给自足"的说法产生怀疑。但如果这是真的,那么精神分析本身又能提出什么样的知识主张呢?什么是精神分析的知识贯注?

布拉斯认为:"爱欲是一种寻求联结所有事物的普遍的生命本能,可以以一种个人的方式表现出来,而不会因个人需求被扭曲(因为爱欲本身超越了这些需求)。"这似乎是一种奇怪的爱欲,一种认知的爱欲,但拥有这种爱欲就必须不受个人欲望力量的影响。

那么为何这样一种认知的爱欲不受制于精神分析所擅长的一切理论呢？事实上，我们基本可以认为精神分析的存在就是为了提出这些理论。为什么人们不对这个精神分析的相关问题在精神分析角度下的答案提出疑问？也就是说，是什么使其成为知识而不是欲望？

还有，是什么激发了这些关于求知欲的问题？布拉斯写道，对弗洛伊德来说，"我们的智力是由追求联结（unity）的欲望所推动的"。另外，精神分析知识有一种特定的作用，提供了联结"理性（logos）"与欲望的理想方式："弗洛伊德认为，精神分析的自我认识是我们人类参与普遍的求知欲的一种最直接的表达方式，'知'也就是指遇见超越我们的事物。"但是，在对知识的渴求中，可能还有另一种欲望在起作用。弗洛伊德从莱昂纳多的拖延行为、无法完成作品等情况中发现他存在压抑自己的表现。但他并没有从中看到莱昂纳多的反复无常或缺乏目标的情况，相反，他发现"一种非比寻常的、深刻的、无穷尽的可能性，这些可能性使得决定只能在反复衡量中做出，使得要求几乎难以满足"。那么，这是对联结、成长、存在的坚持、完满、爱欲的渴望吗？还是对不连续性、不完整性、持续性、死亡（thanatos）的渴望？是否存在一种能终结欲望的知识，或对知识欲望的渴望？知识是欲望的诡计吗？是一种让知识成为欲望而不是渴望得到的事物的方法吗？是一种让欲望保持永不满足的方法吗？换句话说，"Forschertrieb（求知本能）"中的"Lebenslust（生本能）"也许实际上是与死亡驱力紧密相连的吗？死亡驱力既横冲直撞、急于奔赴死亡，但又逡巡不前、流连徘徊。斯特雷奇将"Forschertrieb"翻译为"研究本能（instinct for research）"，它似乎是知识本能的组成部分，以知识为最终目的。但情况也可能正好相反：目的可能为研究本能——维持自身存在而推迟知识的到来的本能——提供手段。而且，在这一切中，是谁或什么在推动这一驱力是一个既紧迫又无法掌控的问题。

精神分析依赖于它的"发现"，或者至少依赖于它发现的过程，依赖于潜意识（unconscious，德语中用Unbewusste表示，意为未知的）和人类生活中未知的事物。精神分析使得未知事物为我们所知，这种能力依赖于全能的假设。不过，求知欲产生的同时也产生了渴望知道什么是不可知的欲望，以及渴望知道一个人在不存在时是什么的欲望。对"生命首要的宏大问题"的认识也是一种与死亡相伴的认识。

所以，知识问题对精神分析施加了一种无意识的力量，而精神分析正是依赖于对无意识的认识。越来越多的现代精神分析似乎将重点放在分析过程本身，将其作为知识和探究的场所，而不是将其作为一种手段来获得关于病人经历的知识。精神分析越来越多地将注意力集中在认知的行动、过程和幻想上，而这些行动、过程和幻想被认为存在于分析环节中，这反过来又可能解释了为何认知问题成为精神分析理论和著作的重点。精神分析不再简单地被理解为分析师和病人从无意识的欲望到有意识的知识的转化，而是一种更加复杂详尽的戏剧性事件，在这个过程中，病人和分析师上演了种种关于谁知道什么、何时和如何知道的幻想。这剥离出一种不存在知者的知识状态，这种知识状态中，"假设知道的主体（sujet-supposé-savoir）"既不驻留也不抵达任何一个特定的认知位置，而是成了一种背景。在移情和反移情的过程中，病人和分析师不像是在表现知识如何产生和累积，而更像是在交流知识的过程中进行知识的交易。精神分析过程通过一系列的归属性或二阶认知活动——我知道你有所知、有所不知，你也知道我有所知、有所不知——成为一种心理理论的实践。这种情形可能会被视为对精神分析中权威知识的假想主体的不信任。但也可以把自愿放弃精神分析层面上的求知意志看作另一种不信任，是拒绝接受所谓的认识主体的责任，但它仍然保留了许多特权和威信。

如果说精神分析在对待自身知识的态度上似乎更趋缓和、更具参与性，没有以往那般独断专行，那么我们或许可以对这种参与态度产生某种怀疑。精神分析知识最具特色的是它的归因模式。不仅心理状态和冲动，甚至整个精神分析的推理结构（"动力学"）都以病人为基础。精神分析师所知道的，正是病人不希望分析师所知道的。精神分析所阐释的不仅仅是一种感觉的方式，还是一种认识的方式。这里的无意识幻想的内容尽管看似极端，但不无可能。无意识幻想的组织和形式却是一种不可能，它们是一种反常的理性，既反映精神分析的理据，也与之进行竞争。病人不是简单地成为被动的认知对象，而是分析者进行认知的合作者。19世纪的人类学的推理方式存在"如果我是一匹马"这种谬误[*]，精神分析的推理方式与之类似。维特根斯坦在评论詹姆斯·弗雷泽（James Frazer）的《金枝》（*Golden Bough*，1890）时曾对这种谬误进行了批评。维特根斯坦写道：

> 弗雷泽对人类关于巫术和宗教观点的描述并不令人满意，因为他的描述使这些观点看起来像是错误的……想要解释一种习俗——例如杀害祭司——的想法本身在我看来就是错误的。弗雷泽不过是让那些和他想法类似的人相信

---

[*] 这种谬误在于我们不是马，因而不知道成为一匹马是何种感觉，所以我们对于马的任何猜想都可能是错误的。

这些观点。值得注意的是，在最后的总结分析中，可以说弗雷泽将这种种习俗均看作愚蠢的行为。但要说人类产生这种习俗是完全由于愚蠢，这是绝对不合理的……弗雷泽无法认识到一个当今的英国牧师会同样的愚蠢麻木。[76]

正如我们所看到的，许多精神分析作品有一种特殊的修辞特点，很大程度上表现为用一种冷静、心照不宣的专业性语言来描述狂躁、混乱、无法克制的冲动。我们已经看到，梅兰妮·克莱茵的作品尤其如此。即使解释的是盲目而野蛮的情欲和嫉妒机制，她的写作目的似乎始终是要阐明心理学的推理机制。

也许我们可以从中看到一些恋物癖的逻辑。比如，根据弗洛伊德的理论，有一类恋物癖者认为没有阴茎是无法忍受的，以至于他在幻想中想方设法地寻找阴茎替代品（比如美杜莎那些飞扬的蛇发）。也许精神分析师是在为自己辩护，因为有人怀疑病人身上可能没有任何需要解释的地方，但精神分析师坚持认为总有值得思考之处，总有知识（即便是有缺陷的知识）必须为人们所掌握。这的确可以解释无意识这个概念本身的独特之处——无意识并不意味着病人不知道，而意味着不知道自己知道。这似乎说明，精神分析的知识认为，在人的焦虑中存在某种令人振奋的情绪。没有什么卑鄙、恐怖或疯狂的荒诞是不可知的。知识虽然声称可以揭示疯狂的本质，但它又被指控为产生疯狂的罪魁祸首。可从两个方面来为这个指控进行辩护。一是知识存在极端情况，这似乎与精神分析中冷静的分析和不为所动的理性格格不入。二是精神分析所揭示的实际是观念，一种知识的形式，即便是任意妄为的知识。这也许可以解释为何精神分析学家受到症状奇异的精神疾病的吸引，特别是那些复杂的、激发人无尽兴趣的精神妄想症——尽管精神分析治疗这类疾病的效果甚至还不如其他疾病。事实上，相对于普通的"神经症"——神经官能症、抑郁症、恐惧症、强迫症，精神分析不仅被妄想性精神病所吸引，而且它竭尽所能地寻找精神病的症状，例如早发性痴呆，这个词用于指示任意一种年轻人（包括儿童）罹患的精神障碍。我们已经看到，儿童精神分析的吸引力在于它提供了众多唾手可得、显而易见的精神妄想症的研究内容。精神分析有时似乎在任何地方都能发现认知扭曲，有些草木皆兵，但也许它还信奉"泛诺斯替主义（pangnosticism）"，在任何地方都能看到认知缺陷不合逻辑之处和不健全的逻辑。思考似乎的确是人类的疾病。也许这就是精神分析推理的另一面，拒绝意外，处处寻找决定因素。这是精神分析的推理及其癫狂的一个显著特征。

约翰·法瑞尔（John Farrell）指出：

> 需要解释清楚的是精神分析的诱惑和魅力，而不是它引起的想象中的抗拒。进行解释的最好办法似乎就是认识精神分析提出的殷切期望——它对思想意识的深刻吸引力。[77]

妄想型精神分裂症患者（paranoid schizophrenic）建设系统的方式与精神分析系统的理性之间确实存在着惊人的相似之处，例如两者都关注机械和机制。这种关注的部分原因在于复杂性原则的毋庸置疑的力量。[78] 我们已经习惯了这样的启示，即物理世界的结构中几乎所有的东西都比我们幻想的要复杂得多，以至于复杂性本身似乎就保证了合理性。事实上，越是不可思议的复杂性，就越是显得合理，相信它是真实的愿望也就越强烈，这在一定程度上也是对我们自己愿望的补充，即相信我们有能力看透和超越表象。这类似于德尔图良（Tertullianic）提出的信仰。他认为基督复活的故事看似不可能，却是可以相信的，因为"唯其荒谬，故而能信"。这种信仰更常体现于人们在不得不做某些事情时所说的这句话：这种事情不可能是编造出来的。

知识解释一切，处处创造完整，消除一切非连续性，但它自身必须将非连续性引入事物。克莱茵早期的认识观表明，它将与虐待狂和嫉妒攻击的意志密不可分。完成认知绝不只是认识某事物：进行认知总是要介入一个事件，人们通过认识事件，对事件既进行建构又进行改变。相比之下，W. R. 拜昂[*]将认知定义为包容而非破坏或挪用。他的研究取得了比几乎任何其他精神分析理论都更为明显的进展，但仍然遵循弗洛伊德、克莱茵和拉康所确立的模式，不再以特定的治疗干预为主，而是建立了以认识论为核心的完整世界观。

拜昂在其《注意与解释》（*Attention and Interpretation*，1970）一书中，在L（爱）、H（恨）和K（知识）三原则的基础上，又增加了O原则，O表示特定经验的完整现实，不受任何观点的扭曲。拜昂越来越认为分析师的作用不在于解释，而在于表现，不在于认识，而在于"变为（become）"：

除非偶然，否则O不属于知识或学习的范畴；它可以"变为"，但它不能被"知道"……精神分析师可以知道

---

[*] W. R. 拜昂是英国精神分析学家，群体动力学研究的先驱。曾经跟从梅兰妮·克莱茵进行分析。

病人说什么、做什么,知道其表面的状态,但不可能知道病人是从哪个O演变而来:只能"成为"它。[79]

这是一种全知及认知全能的梦想（你越是全知,你需要做的事情就越少——事实上,鉴于你对自己的行为有必要的预见,你能做的就越少）。这种对于全知的全能梦想可以看作拜昂《对连接的攻击》一文中阐述的理论的反面观点。根据该理论,精神病患者在幻想中攻击一切,有可能把不类似的事物连接在一起,从而产生矛盾性的事物,特别是产生矛盾的语言——这种矛盾性进而刺激焦虑的产生。[80]对连接的攻击将一切瓦解为碎片,一个静止的世界诞生了,在这个世界里不可能有痛苦,因为任何事物之间都没有任何联系。当然,知识是引起最多焦虑的连接模式,在包容矛盾性方面的需求也最多。如果说对连接的攻击是在尝试消解一切联系的可能性,从而规避知识,那么拜昂称之为"包容性状态的O"就会把所有知识都归入一种通过消极能力（negative capability）实现潜力最大化的过程中。O将是一种没有认知负罪感的全知。

20世纪50年代,拜昂的研究重点不是病人的情绪困难,而是思维困难,并提出分析师的作用是帮助消除"没有思想者的思想（thoughts that have no thinker）"的精神病状态,使病患发展出一个稳定的精神容器,容纳那些疯狂而无法被吸收的思想碎片。[81]在这过程中,分析师发挥的是拜昂称之为"母亲的遐想（reverie）"的功能,这为病患提供了一种安全稳定的保护或避难所,使得病患免受支离破碎、无法控制的思绪的侵扰。[82]对我来说,当学生或同事在整合或组织想法产生困难时,这似乎是一种非常有用的方式来思考如何与他们进行交谈。

在他20世纪六七十年代后期的研究中，拜昂设想容器具有无限的弹性，包容一切——这个容器本身不受任何遏制，会再次溶解思想者，使得其无处不在。拜昂的《未来回忆录》(*A Memoir of the Future*) 第一卷《梦》("The Dream") 中，其中一个角色说道：

> 我在寻找一位思想者来孕育我。当我找到这个思想者时，我将摧毁他……我是没有思想者的思想，是毁灭了思想者的抽象思想，是太过热爱容纳的内容而将其毁灭的容器。[83]

这种展望代表了某种追求无意志知识的意志，这种知识中意志所有原始的、负面的行为都受到清除。我们不可能举出某个例子或给出某个概念来说明这种知识可能属于何种事物，或者哪类知识，因为它实际上完全是投射性的，只包含"须有这样一种事物"的意志，或者"须有这样一种理想"的意志。

对于超越个体精神病症和治疗的心理学上的思辨，弗洛伊德称之为"元心理学（metapsychology）"。无论是在弗洛伊德的研究中，还是在后来的使用中，这个词都是指关于心理学本质的理论，尤其是这些理论似乎进入了以前由形而上学占据的领域。我们可以说，精神分析在一定程度上已经越来越接近于元心理学，变得越来越关注自我研究以及自我指涉，它所实践和完善的知识只关系它自己的理论和研究过程。因此，精神分析就从追求知识的生产（这需要创造出可供研究理解的对象）转向了追求知识–感觉的生产。知识–感觉是认知的工具和感觉，在认知过程中，除了感觉本身，没有任何事物是可知的（当然，完全有可能存在各种"似乎就是"可知的事物，它们都具备类似可知事物的神秘和特性）。

精神分析日益关注自身的知识发展，需要修复自身受到破坏的全知意识或愿望。这是一个尖锐的问题，因为作为理论的精神分析弱化了全知的可能性。这个问题是自大激烈的欲望的结果，是一种权力意志的表现，是精神分析作为实践的趋向。唯一可能的妥协包括清空病理意志的全知，以及它所有的自我主张和绝对、全面、连贯的动力——"充斥世界的穷尽性"，欧内斯特·盖尔纳认为这是精神分析思维的特征。[84]问题在于，这种无意志、无欲望的知识，就像追求全知的意志一样，使知识的概念充满了幻想。精神分析在与自身知识的关系上，一直容易出现两种错误或思想弊端：一种是教条式的错误，异常固执地将一套狭隘的观点作为对人类发展、行为和痛苦的全部解释；另一种错误是相信这种理论有可能成为摆脱对知识的各种限制或排斥的开端——一种自我治愈知识所有弊端的认识模式。

第三章
知识的秘密性

理查德·道金斯（Richard Dawkins）在致《独立报》（*The Independent*）的信（该信发表于2007年10月1日的报纸上）中曾对开展神学的教学提出异议，理由是不存在的事物无法被认知，也就不存在可供教学的相关知识：

> 我们这些人虽然都不知道"神学"到底能否作为一门学科，有些人还把神学与对神怪的研究相提并论，但我们都非常希望我们是错的。不过，由于神学本身被定义为"研究上帝的本质、特征和统治的系统性的知识体系"，现在需要证明的是它是否具有真正的知识内容，它在当今的大学里是否应有一席之地。[1]

"神学（theology）"包含的词根"logos"隐含的意义——"神学"一词的字面意思就是"对上帝的认识"——会带来一些颇有趣的困难。这并不是因为该词表示"真理或知识"，而是因为真理或知识的定义与其对宗教的认识联系非常紧密，也可以说深受其宗教认识的影响，而这些宗教认识又披着神秘莫测的面纱，其包含的知识又秘而不宣。在我看来，在某种意义上，神学家们说的是对的：上帝这个概念本身就恰恰陷入神学各种概念的陷阱中。

彼得·斯劳特戴克曾说过，宗教从来没有真正存在过，因为它只是人类通过自律实现自我改造的一种手段。[2]知识或许是宗教这苦修方式的主要构成。[3]了解了上帝似乎就可保证获得上帝般的知识。因此，在许多基督教教义中，对知识的认知极为矛盾，因为知识既可以是责任，也可以是罪恶。这就是为什么思想修行既包括忘我地学习，也包括对知识的否定。所以，从狭义上说，神学显然与世界中（而不是人类的头脑中和器官中）真正存在的事物的知识毫无关系，但从广义上讲，所有的知识都可能具有神学的一些特点。

知识与神学最为相似的一点是知识也对神秘事物进行推断，又孕育出同样的神秘事物。人们往往试图性化这一行为，把与上帝相关的知识看作关于性欲和性感觉受到压抑的知识。威廉·赖希（Wilhelm Reich）等精神分析学家认为神秘主义的表现及产生的原因是欲望受到压抑或被扭曲。[4]但性欲本身可能就是一种扭曲（缺陷）。我在第二章中已经提出，这将在知识客体中注入一种力比多，这种力比多更依附于（至少是主要依附于）知识本身，并通过知识本身来得以表达。知识客体可以看作知识"自主贯注（autocathexis）"发生的场合。当然，知识总是有自己的客体，因为一种知识如果不是关于某事物的知识，或者不是关于它本身的知识，那么它就是毫无意义的。但无论何种客体，皆能履行作为知识客体的一般功能，即作为认识的证明。宗教和性一样是求知欲的载体。弗洛伊德在他的《论自恋》（*On Narcissism*，1914）一书中，把这种对客体关注和自我关注的变换称为"客体-力比多（objectlibido）"和"自我-力比多（ego-libido）"的变换。[5]我们可以借用这一点来区分力比多客体（libido-for，欲望的客体，如性愉悦、食物、权力、地位等）和力比多主体（libido-in，即对欲望的欲望、处于和保持在欲望状态的欲望，以及成为知者的欲望）。

知识这种自主贯注的结果就是培育了知识的神秘感，这赋予了知识自身修行的形式。从某种意义上说，人们通常认为求知欲是不会受到限制的——这一点可以体现在E. M. 齐奥朗（E. M. Cioran）虚构的故事中。故事讲的是苏格拉底被判处死刑。在准备用以处死罪犯的毒芹期间，苏格拉底却在学习新的笛曲。其他人不禁问他原因，苏格拉底回答说："我不过想在死前学会这首曲子。"齐奥朗对这个回答大为赞赏，认为它正是"任何求知欲存在的唯一真正的理由，无论是在面对死亡的时刻还是在其他任何时候"，但这种观点并未考虑求知欲与某种压抑，或者更确切地说是"延迟（deferral）"紧密联系在一起。[6]斯劳特戴克使用的"苦修学（ascetology）"似乎是一个正确的用语，因为在每一次的理性发展中都存在着苦修行为，这是一种经过训练后形成的自我否定。知识带来力量，因此也带来乐趣，因为知识使世界成为客体。但要形成一个客体，主体必须受制于客体。掌握关于一个客体的知识带来一种暂时的（in abeyance）主体性，这种主体性来自从"不能成为"的状态过渡到"能不成为"的状态期间。主体后撤，却又在后撤中强化了自身的主体性。

"abeyance"是一个法律术语，《牛津英语词典》将其定义为"处于等待所有者或暂时没有所有者的状态"。诺曼时期的法语单词"abeiaunce"的形成可能受"abeance"的影响。"abeance"表示"渴望或欲望"之意，它本身就是"abayer"（法语词"aboyer"

在古体中的拼写，意思为"狗吠"）的一种变体。"abayer"表示"打哈欠或张大嘴看"，之后又衍生出"（狗）吠叫（baying）"和"处于被围困的状态（at bay）"之意。但是表示"张大嘴"的"abayer"也表示"渴望"之意，就像英语单词"yawning（打哈欠）"和"yearning（渴望）"是同源的一样，这个联系可能是因为要吃东西（consume）需要张大嘴巴（gaping wide）——"yawn"一词源自日耳曼语中的"ger-"或"yere"，意为渴望——仿佛一种虚空总是渴望被塞满或毁灭。事实上，直到17世纪末，还有人用"yawn"表达渴望某事之意。中古时期的英语古诗《猫头鹰与夜莺》（"The Owl and the Nightingale"）中的夜莺在说"精神……上的渴望越来越多"时，用的就是"yearn"一词。[7]在认知过程中，知者张大了嘴，制造出认知的洞穴。认知就是一种咀嚼行为。

通过对客体进行投射，甚至是在客体前自降身份，我变身为主体，但我也不能满足于此。我甚至必须不能让自己满足于可以自我控制。知识的客体和认知过程给予知者的强大满足感之间存在必要的、必然秘密的分裂，这种分裂正是知识中存在神秘主义的根源。

神秘既可以指因被隐藏起来而显得神秘的事物，也可指刻意营造出来的笼罩事物的神秘气氛，在《牧羊人月历》（*The Kalender of Shepherdes*，1506）中就提到："那浓厚神秘（mystycall）而又无知的雾霾，完全蒙蔽了你这个愚昧的人。"[8]这是《牛津英语词典》在解释"mystical（神秘的）"时引用的一个例子，但该词典也指出，这个例子中的"mystical"与其他例子中的稍有不同，因为词典认为该例子中的"mystical"意义可能偏向于"传递神秘性"，而不是"充满神秘性"，也许"说明这个意义的起源与其他词没有关联"。但是这种神秘性的传递（这种说法颇为矛盾，因为神秘性似乎无法进行传递）可能始终是神秘性的一种证明。将某物认定为秘密就部分意味着，即使遭到泄密也要保持其作为秘密的身份。

秘密可分为两种：一种是公开的秘密，另一种是隐秘的。希腊语"μύστης"相当于英语中的"mystes"，其词根为"μύειν"，相当于英语中的"muein"，意为闭嘴或闭眼（《牛津英语词典》认为，该词带有"处于神秘状态""借由模仿而成"之意，即保持缄默的意思），所以"mystes"意为"一个保持缄默的人"。需要专业技能的行业或职业也可看作一种秘密。《牛津英语词典》对此的解释是，"秘密（mystery）"之所以包含"职业"的意义，是因为古典拉丁语中的"ministerium（相当于英语中的MINISTRY，意为牧师的职位）"被混淆为"mystērium（相当于英语中的MYSTERY）"，这种混淆最终使得秘密与职业产生联系。或许柯勒律治（Coleridge）在其1798年的诗作《午夜寒霜》（"Frost at Midnight"）的开篇中就知道或猜到了这种联系："寒霜履行着它的秘密职责（ministry）"——当然，柯勒律治用"ministry"一词的原因也有可能是"ministry"和"mystery"两词在发音上形成了一种韵律感。[9]《牛津英语词典》的解释清楚地表明，最能说明问题的就是这种混淆，因为每种职业中都存在某种秘密，每个秘密都需要加以管理。"mistery（神秘）"一词在某些用法中表示特殊技能，这个意义甚至可能与"mastery（掌握）"的意义有重叠。这可能又影响了"mister（先生）"一词的形成，"mister"是在"master（掌握）"的基础上形成的，也可能表示精通某个行业业务或是知道某个秘密。

如果我要向别人说我知道某件事情，那么我所知道的一切对我来说都是一个秘密。我上学时曾在假期和一群学生到建筑工地上当工人，被分配的任务是拆除一堵低矮的砖墙。我们不懂如何拆墙，就问工头拆墙一般用什么方法。他犹豫了片刻后，也许是开始意识到回答这个问题不会有太大意义，回答说，他惯用的方法是"在中间打一个洞（还用双手比画一个不断变大的洞）……然后不断把洞扩大"。这方法听起来似乎是合理的，但一旦你尝试将其付诸实践，就会发现它既低效且相当危险。

关键是，要熟练掌握一项技能，需要内化相关的知识，直至达到知行合一。这点也适用于德语"kennen（熟悉）"和法语"connaître（熟悉）"所代表的那种认知，这种认知是程序性的、内隐的，与之相对的一般是外显的、陈述性的认知。即使我知道某些事［例如，所有的质数（不包括2）都是奇数，巴黎有塞纳河］，并且知道自己知道这些事，而且可以完全清楚表示我知道这些事，但我依然不知道我如何知道这些事，就像我不知道如何演奏一个升F小调和弦或进行前进防御一样。如果你知道某件事，你不会再知道你是如何知道的——的确，这似乎是获得知识的目的和结果。如果我不知道某件事，我就必须知道如何去弄懂它——向谁请教，到哪里请教，等等。所以，知道某件事就相当于能够保守相关的秘密，或者将大部分已知的进行保密。

如果你问其他人："你是怎么知道的？"得到的答案往往是含糊其词或不着边际的，这似乎可以说明秘密性是构成知识的一部分。我如何知道亚马孙河是世界上最长的河流呢？答案是我在一本书中读过（又或是我以为我读过，因为实际上尼罗河才是世界上最长的河流，不过让我感到欣慰的是，我读到书里讲有一些测量方法可以使亚马孙河成为世界上最长的河）。你怎么确定打入一颗塑料螺钉栓的深度？你可以回答：我发现螺钉栓在空心墙上过深，墙就会不稳定、不安全。但这些答案都是用于回答"为什么你确信你知道的知识就是正确的"这一问题的,而不是回答"你是怎么知道"这个问题的。甚至是"我学了8年拉丁语,而且只要我在第四变格法上出错,我就得课后留校,所以我对拉丁语了如指掌"这样一个回答,也只是描述了一个假定的过程,说明一个人如何学会或知道一些知识,而尚没有解释认知是如何工作或认知是一种怎样的感觉。

下面是詹姆斯·乔伊斯(James Joyce)《一个青年艺术家的画像》(*A Portrait of the Artist as a Young Man*, 1916)书中一个段落的结尾,我一直认为它神秘莫测:

> 艾琳的双手颀长、纤细而白皙,因为她是姑娘。那手宛若象牙,只是更为柔软。那就是"象牙塔"的含意,但新教徒无法理解这含意而讪笑它。有一天,他站在她身边,瞧着旅店的院子。一位侍者正在往旗杆上升一溜小彩旗,一只猎狐小狗正在阳光灿烂的草地上跳来跳去。他手放在口袋里,她将手伸进了他的口袋,他感觉到她的手是多么冰凉、多么纤细、多么柔软。她说口袋真是怪玩意儿。然后,她陡然缩回手,咯咯大笑着沿小道的坡路撒腿跑开去。她的金发在脑后随风飘拂起来,犹如阳光下的金子。"象牙塔""黄金屋",当你联想事物时,你便能理解它们。[10]

这段话的结尾说的是通过思考来进行理解,颇为神秘,其原因并不在于年轻的主人公斯蒂芬忽略了一些事情,但对于读者来说可能并非如此——尤其是如果他们读过乔伊斯的另一部作品《尤利西斯》，看到书中的酒吧女招待莉迪亚·杜丝如何操作啤酒筒时："莉迪亚那丰满的手轻轻地搭在啤酒筒突出来的光滑把手上……顺着那冰冷坚硬的白色珐琅把手慢慢滑下去，把手从两根手指形成的光滑的环里抽了出来。"[11]这个结尾之所以神秘，是因为年轻的斯蒂芬确实存在一种理解，尽管在某种程度上，我们比他看到得多。

我清楚地记得六七岁的时候躺在床上，或者当一个人学会了乘法表后，就能发现一个惊人的事实：你只需不断重复学习内容，无论是说出口还是内心默念，你都能学会。我现在仍然感到惊讶的是，为何这个关于学习的事实似乎显得如此不言而喻、不足为奇。我们现在认为这种死记硬背的学习方式是低级的、无法令人满意的，《牛津英语词典》将其定义为"通过机械或重复的方式记忆而习得，但没有正确理解或反思学习内容"。但问题是，简单地重复一些东西，作为认识事物的一种方式，它怎么会如此有效和持久呢？

当然，我自己职业上的秘密，或者说其中一部分在此刻发挥了作用，这个秘密就是用一系列词汇用法的历史变迁来打造一部神秘戏剧的技巧。我在此揭示了一系列隐藏的联系，在揭示的过程中，提出一种自相矛盾的纠缠关系，这种关系没有明确的开始或结束，我在其中既有参与也有不参与的部分。说这些话也是表明，我想将神秘性赋予认知面纱，我私下对此颇感兴趣。

弗洛伊德发现"uncanny（恐惑）"这个词是如此的不同寻常，这不足为奇。这并不是因为"恐惑"这个概念的不确定性过于离奇，而是因为对该词的认识存在不同寻常之处，特别是因为这个词最初的意思是认识自己。实际上，英语单词"uncanny"比德语中的

"unheimlich（一切应当保持为秘密状态的或被隐藏的却暴露出来的事物）"更忠实于该词的原义。"Heimlichkeit（如在家一般的自在感、熟悉感）"通过强化熟悉感与家庭的私密性之间的联系，变成"unheimlich"。因此，"恐惑"一词与心理分析所关注的家庭中发生的秘密有关。弗洛伊德说道：

> "heimlich"这个词并不具有模糊性，而是包含两组意思，这两组意思并不自相矛盾，但彼此又存在很大的不同之处：一方面指的是熟悉的、令人愉快的事物，另一方面指的是隐藏的、看不到的事物。[12]

弗洛伊德《论恐惑》一文的英文译者斯特雷奇在他的翻译中附加了一条注释进行解释，认为根据《牛津英语词典》的说法，英国北方的英语中"canny"的词义也带有类似的模糊性，既可指"舒适"，也可指"具有神秘的力量或魔力"。[13] "unheimlich"及"uncanny"均与自己的反义词词义有重叠，这两个词包含了某种可能引发疑虑的秘密性，以及一种使人感到陌生的熟悉感。德语单词"unheimlich"的词义与住所和家庭有关联，但是英语单词"uncanny"很大程度上不是因为意义与住所和家庭有联系而产生模糊性，它的重点更在于认知的模糊性上。"can（可以）"一词同认识论相关的含义都已经传递至其他单词，例如表示学习、研究和狡猾等含义的"con"，以及衍生词"ken"（名词表示知识范围等意义，动词表示知道等含义）。这可能就是为什么用"canny"来表示"小气的（close）""吝啬的（tight）""小心的（careful）"的意思，尤其是当涉及金钱的时候。这个据说是爱尔兰人的一个特点。在英语中，"can"作为情态动词时，与权力、技能或能力联系在一起。1530年，"can"和"ken"两词的含义区分已经非常明显，约翰·帕斯格雷夫（John Palsgrave）写过这样一句话："我在一天里学到的东西比他一个星期学到的还多。"[14]在英语文化中，掌握了知识总被怀疑会变得狡猾，使人变得不可知、不可信或不可思议。这种意义的变化经历了漫长的过程。"cunning（狡猾）"最初意味着学问、智慧或博学。1533年，该词的意义可能表示"神伟大的美德和天赋，如贞洁、慷慨、坚忍、清醒、渊博等"。[15]1612年，弗朗西斯·培根在他的文章《论狡猾》（"Of Cunning"）开头写道："我认为狡猾就是阴险邪恶的聪明。"[16]

我们生活在一个充斥专业知识的世界，我们许多人，尤其是高校科研人员，仍然是按照自己从事的学科来归类。拥有一种技能（英文为"craft"，德语为"kcaft"）意味着拥有一种权力或力量，但"技能"这个词语与许多知识相关的词汇相似，词义都趋向一种令人产生疑虑的心理状态，就像"conning"的词义转化为"cunning"一样，"技能"的词义随着魔法或巫术等一类概念的发展转化为狡猾的（从大约1220年开始，"技能"也可意味着咒语或着魔）。"技能"就是学科的意思，或指专业的技能或知识；但是这样一来，专业性会转变成不为外人所知的神秘性，成为一门专业，相当于宣告它将成为一个不为外人所知的秘密。一个知识或技能群体就是秘密团体，当然，这不一定意味着这种团体的存在是一个秘密，而是意味着大家都知道这种团体围绕某种私密的知识而组织起来。也就是说，大家都知道这种团体通过共享知识联结起来，这些知识由团体成员共享，团体以外的人并不知道这些知识。

人类社会依赖于交流，而交流的内容往往是某种知识。交流的内容形式多样，可以是新闻或专业知识；题材广泛，可涉及社会、技术、个人或宗教。但我们可以说，从更普遍的意义上讲，人类社会的形成是通过并依赖于对某些交流的结构化抑制，抑制交流的方法就是打造并维护秘密及其神秘性。人类社会是交流的系统，但是这些系统是封闭的，或者只是半渗透性的，并非完全开放，所以知识在流通的同时也受到了限制。没有渠道就没有交流，渠道是一种瞄准、流动、吸收并产出的方式。[17]人类封闭社区最基本的形式和相互身份的确定是通过秘密的语言来实现的。人类通过内化如何使用语言并进而传播语言的元知识就进化为人；但是，儿童在学习作为知识传播媒介的语言时，学会的第一件事就是，语言也是一种保守秘密的方式。儿童心智的形成需要儿童能意识到背景知识秘密性这一原则所起到的作用，这一原则贯穿于每一个共享知识点的时刻；需要儿童能意识到你头脑里知道一些我可能不知道的事情，这让我意识到除非我告诉你，否则我头脑中的一切都是秘密。

事实上，所有的语言都是保密机器，因为你必须学会它们才能使用它们，这意味着总会有一些人无法理解这种语言。即便一个原始部落完全没有意识到一个外部更大的世界里，还有其他人类使用不同的语言（我们肯定会猜测是否曾经存在过许多这样的人类群体），在其内部也会存在儿童这样所谓的局外人，需要逐步参与到部落语言的秘密中。老人，其他生病或受伤的人，可能会成为沉默的或无法交流的人；还有其他非人类，主要指动物，它们对人类语言只有部分参与。成年仪式实际上意味着一种进入（going-in，来自拉丁语ineo）。在许多这样的仪式中，参与者会进入一个隐蔽的地点（某个地点的内部，就像身体的内部，身体象征着秘密），通过重返某地来表示或表演某种重生。但是，参与者真正进入的是存放秘密知识的幻想中的地点，在英语中有一个奇怪短语"in on"（意为"参与"，其字面意思为进入某地上方）描述这个行为。这样的重生不会是身体上的，而是智力上的。它将是一种伴随着象征性知识的重生，这知识既指包含在象征符号中的知识，也指知识象征的权力。"secret（秘密）"一词由表示"除……以外（aside）""分离（apart）"的词根"se"以及表示"区分（distinguish）""筛选（sift）""分离（seperate）"的词根"cernere"构成。奇怪的是，同根的动词"secrete"却表示"分泌"或"排泄"的意思，通常是指从身体排出，因此这似乎不算什么秘密，因为人们一度认为从身体分泌的液体，如乳汁或胆汁是从血液中分离出来的。从16世纪晚期开始，英语将"discreet"和"discrete"两词区分开来。前者意为"谨慎的、机智的、慎重的"，尤其是在社交或交流方面使用，特别指人值得信赖，能够得到他人的信任；后者是一个专业的术语，意为"（身体上）分离的、不相关的"，所以与"concrete（有形的）"意义相反。这是一种谨慎的区分，艾米莉·狄金森（Emily Dickinson）在诗中将"discretion"（"discrete"的名词形式）与音乐联系起来，描述春天里孤鸟第一次歌唱的情形：

> 带着歌曲的样本携来了歌声缕缕，
> 仿佛任你挑选——
> 间隔着跳跃（discretion）
> 他快活地盘桓。[18]

诗中"discretion"一词使人可以想象鸟儿在树枝间跳跃时发出

的缕缕仿若歌声的鸟鸣，以及每一次阵阵音符流动中乐音的停顿和快乐的盘桓，因此，鸟儿既急于求证，却又抑制着对春天的猜度。

不仅仅不存在没有秘密的社会，更令人惊讶的是，不存在无社会性的秘密。当有其他同伴在场的时候，欧亚松鸦（Eurasian Jay）似乎更喜欢把食物藏在看不见的地方；当贮藏未被发现，或"独自一人时"，它们将更有可能选择将食物放在容易看到的位置。[19]任何秘密的形成都必须包括至少两个人和三种不相关的话语立场。也就是说，必须有一个人拥有或保守秘密，也必须有一个保密的对象。后者可能包括所有其他主体，活着的、死去的或尚未出生的，但更可能的是包括某些人而排除其他人。拥有一个秘密也意味着在你的内心——在公开的和秘密的、可说的和不可说的之间——产生一种微妙的区别。保守秘密的最好方法就是部分保密，由此出现了密码学中"合理的推诿（plausible deniability）"原则。然而，这种自我保密的方式永远不可能完全做到，因为安全起见，你必须知道什么是不应该知道的。你当然可以不知道秘密的一部分，但你不能完全在不知不觉中做到这一点，因为这样的秘密就不算是秘密了，而只是你知识上的一个缺漏。也就是说，你能保密的只是你知道的事情，而你知道的就是秘密。但是你永远不能确定你是否知道某事，除非你能以某种方式将其表达出来，使秘密可以分享和传播。你必须至少把你知道的事情向他人吐露出来，将其转变为已知的事情，这样才能将其作为秘密。你能称之为秘密的只可能是你能向他人讲述的。

秘密有两种，产生两种一致的作用。一种是具有区分作用的秘密，它制造了不同的群体，其中的一个群体掌握知识，另一个群体（通常是更大的群体）则没有。一般来说，两个群体都明确知道这种区分的存在。这种知情人和局外人的界限确实可以产生非常复杂的分化，因为一个社会中的成员可以从属于许多不同类型的保有秘密的群体。一个典型的例子就是学术机构中根据不同学科形成的不同群体。每门学科的秘密知识更多指的是做事的方式，而不是指简单的信息，而这些信息通常在任何方面都会受到大众的审视。这些秘密知识通常采用学科的专门语言来编码，这意味着这些知识不一定是秘密的，秘密的是交换知识的手段。正如学者亚历克斯·波塞兹尼克（Alex Posecznik）所说："许多学术著作都是关于秘密的。几乎所有学科的学者在进行晦涩的理论讨论时，使用的是艰深的学科术语，不懂这些学科的外行人很难弄清楚这些术语的意思。"[20]

在这种情况下，存在秘密的事实本身不会是一个秘密。社会相信秘密的存在，这可以体现在像英国秘密情报局（British Secret Intelligence Service，即之前的军情六处）这样的机构中。它的存在直到1994年才得到官方承认，但关于它的描述在电影、小说和小道消息中广为流传。它的总部大楼巍峨壮观，目前位于伦敦沃克斯豪尔街区，由特里·法瑞尔（Terry Farrell）设计，耗资1.5亿英镑。大楼呈陡峭的梯田形状，外观简洁，不带装饰，许多人认为它集科幻、军事、工业元素于一身，带有玛雅金字塔或中东庙宇的神韵。也就是说，它公开宣传自身的秘密色彩，甚至可以说它就是在宣传自己。在最近连续几部邦德的电影中，经常出现大楼受到攻击的场景。2000年，大楼的确受到一枚火箭的袭击，火箭可能由爱尔兰共和党叛乱分子发射。情报局在其网站上宣称："我们这个秘密情报机构的任务很明确，就是在海外开展秘密工作，开拓与外国的联系，收集信息，以服务于英国的国家安全和繁荣。"这段话虽然古怪，但带着动人的坦诚。[21]

与有区分作用的秘密相对的是一般秘密，通常是一个群体奉为神圣的某种事物或话题,这个秘密群体不仅对外界,而且对内部也加以保密。没有一个社会是完全开放的,因为所有的社会都是围绕着被奉为神圣的事物的某种概念而组织起来的,并且神圣的事物通常被以某种方式隔离开来,获得一种突出的地位,要么是因为它是神圣的,要么是因为它受到诅咒。民主社会对保密持怀疑态度。但是,在世俗社会或非宗教社会中,开放这个观念——例如言论自由的观念——自身可以发展至一个神圣的地位,在某些情况下,世俗的观念也可以做到这一点。神圣的事物作为一种秘密,人们就不会对其提出质疑,或对其进行审查,有时根本不需要承受质疑或审查,因此达成一种共识,神圣的事物是不可知的。

因此,一个基于坦诚和问责制的社会需要秘密机构来捍卫这些价值观。最民主的制度以秘密投票为核心,这种仪式将欧亚松鸦贮藏食物的方式形式化。"透明"这个词作为一种隐喻,通常用来描述秘密被消除的状态,它似乎暗地里已经承认了这种复杂性。可以肯定的是,如果你能不受任何妨碍清楚地观察到我的行为,就像我赤身裸体地站在玻璃窗前一样,那我就无法向你隐瞒任何秘密。但如果我是透明的,那么你就看不见我,甚至不知道我就在那里。你只能看到挡住你视线的事物。因此,就这个有些模棱两可的意义而言,也许"透明"这个概念本身就是透明的。

有些秘密不需要为他人知晓,但必须予以保守,这种秘密用格奥尔格·齐美尔(Georg Simmel)的话来说,就是"知道有它的存在,但不知道它是什么"的秘密。这种秘密有凝聚效应,但似乎并没有影响到试图对其存在的事实保密的秘密团体。[22]这些团体否认已知和未知之间错综复杂的结构,而这种结构正是具有社会约束力的秘密的特征。这会使那些不希望自己的存在被人知道或承认的真正的秘密团体在社会上看起来有很大的威胁性（当然，只有在他们的存在被怀疑的情况下）。很难确定这种团体最早产生的时间和地点，不过普遍认为它们的历史悠久。许多这样的团体似乎成立于人类社会交流和联系日益频繁的时期，它们试图与主流社会分离，尽管这种分离行为本身也是一种交流行为。齐美尔在分析英国宫廷时写道："真正的宫廷阴谋集团、秘密的窃窃私语、有组织的阴谋，并不是在专制统治下出现的，而是只有在国王有了宪法顾问之后、当政府已经是一个开放的系统时才出现的。"启蒙运动时期的秘密团体尤其令人不安（也可以说是令人兴奋、着迷和震惊），比如地狱火俱乐部（Hell-fire Clubs），这个俱乐部主要由喜欢吃喝玩乐的年轻贵族组成。[23]

启蒙运动中最著名的秘密组织就是光明会（the Illuminati），成员为理性主义思想家，由亚当·魏萨普（Adam Weishaupt）于1776年在巴伐利亚建立。光明会的目标是逐步推翻所有形式的教会和国家政权，并在道德和理性正义原则的基础上，建立自由和公平的秩序。歌德和赫尔德（Herder）曾是光明会的成员，后来光明会声名显赫，与盟友共济会一起遭到禁止。因此，这就出现了一种奇特但又常见的矛盾，那些致力于用理性思考的光芒照亮迷信和蒙昧主义带来的黑暗的人，却不得不在黑暗隐蔽的条件下行动。约翰·罗宾逊（John Robison）[*]在《推翻欧洲一切宗教和政府阴谋的证明》（*Proofs of a Conspiracy against All the Religions and Governments of Europe*，1797）一书中对光明会进行了谴责，是当时对光明会最有影响力的批评之一。书中阐述了光明会和共济会之间的联系，声称

---

[*] 约翰·罗宾逊（1739—1805），英国物理学家和数学家，爱丁堡大学的自然哲学教授。

法国大革命是由该秘密组织的成员指挥和监督的,并警告说"这个组织仍然存在,仍在进行秘密工作,它的使者正努力在我们中间传播他们可憎的教义"。[24]此外,共济会的存在人尽皆知,但该组织身上又笼罩着秘密色彩,对于这个奇特的现象,罗宾逊也有所描述:

> 爱打听的人总是不断打探和挑逗别人,这时共济会的成员兄弟就开始畅所欲言了。他如此满怀深情、热情洋溢地说着,以至有些飘飘然,无意中透露出他们组织的前后矛盾之处。他们声称自己对世人抱有仁爱和慈善之心,却又垄断专制,排斥大众的加入。这种精神不仅把其组织的仁慈局限于自己的成员(像任何其他慈善组织一样),而且还制造出数不胜数的秘密。他们却说,他们组织的本质是培养向善的心,激发慷慨和善良的行为,并用热爱全人类的博爱情怀来激励我们。世俗的世界看不到共济会的仁慈,因为这是向公众隐藏着的,它是共济会强大的原则或动机,促使成员兄弟们心怀慈爱,一心向善。共济会的兄弟说了,将共济会公之于众会剥夺它的力量,那我们必须相信他的话,但我们的好奇心就更强烈了,更想知道究竟是什么秘密,竟然如此与众不同。[25]

这些秘密组织虽激发人的恐惧,但又令人乐在其中,因此,时至今日许多这类组织又死灰复燃,制造出许多惊人的传闻。如果相信光明会是一种必要,那这意味着类似他们那样的组织没有必要存在,甚至没有曾经存在过的必要。这些组织已经为各种政治、军事、心理和宗教上的密谋计划提供了模板,伴随着人类沟通的发展和不断复杂化，催生了次一级的半秘密组织。参与该组织的是作家和读者，他们认为自己掌握了内情，知道光明会等组织如何允许公众大肆宣扬自己的存在，同时又对自己的存在刻意隐瞒。[26]

即使在没有专门分工和职能划分的社会中，秘密知识也扮演着重要的角色。从一个人生阶段进入另一个人生阶段，尤其是进入成年阶段，往往涉及秘密的传承，进而加入一个知识共同体。即使是在复杂的社会体系中，也可以通过一些细微的方式来获得秘密知识：当你开始一份新工作时，你获知的第一件事可能就是IT系统的密码，或者门锁的密码。

许多形式的秘密知识在形成的初期会涉及生育和性别的问题。在社会中，一个人拥有秘密知识是成为成年人的一个环节，成人意味着成为一位男性或女性。我们可以说，是否拥有秘密知识是维持性别差异的关键。这个秘密所隐藏的秘密，也许就像我们自己一样，不知从哪里冒出来，也就是说，这个秘密既是自我孕育的，也是性别生成的。《牛津英语词典》在"can"一词的词源注释中指出，构成"gnosis（感悟）"和"know（知道）"等单词的词根最初与雅利安语的"gen"（其变体形式包括"gnā""gnō"）有关，意为"产出、产生"。在同一社会内部和不同社会之间，秘密最普遍的形式是性知识，或者生育知识，即人类如何诞生的知识。个体存在的条件是一个秘密。但个体来到人世，却从不知自己如何来到人世，这使得社会自身成为这一秘密的传承者、载体和看守者。个体将会被告知自身存在条件的秘密，条件是他们获得一种象征性的理解，从而确保他们再也不会知道自己何以来到人世。

秘密必须加以保守，因为秘密是我们所想知道的。当然，我们想知道秘密主要是因为其他人想保守秘密。我们甚至可以说，无论其内容如何，秘密本身就是一种人们想要知道的事物，或者是一种想要为人所知的事物。秘密的定义就包括保护自己以避免遭到揭露。秘密之所以是秘密，在于你必须要知道它。如果我对某个秘密不感到好奇，那么我其实是在否认它作为秘密的地位。人们想知道秘密，秘密也希望为人所知，在这些过程中，秘密创造了力量、流动和障碍。秘密，或者说对知识的遗漏和自觉的抑制，提供了构建人类整个知识领域的力比多力量。基本的、重要的知识通常被认为是与性相关的，正如我们所了解的，在弗洛伊德看来，这解释了为何人们将性欲和好奇心一起研究，为何对于保守和揭露秘密感到兴奋。但是，秘密可能不需要借由专门的性知识获得自己的力比多力量，因为既想追求又想独占知识的欲望、既想传播又想控制知识的欲望似乎拥有充裕的力比多力量和力比多化力量。确实，对于大多数人来说，将性欲与想象中的表现形式区分开来并不容易，这意味着性欲需要秘密知识的建构力量和秘密的揭示。泄露秘密相当于出卖一个人在每次性遭遇中参与的秘密。这并不是秘密被性化了，而是性欲被秘密化了。也许有充分的理由将此观点与米歇尔·福柯的观点联系起来，福柯认为现代性、性欲与保密之间存在矛盾的相互影响。福柯的《性史》第一卷是《求知意志》(The Will to Knowledge，最初用法文出版，书名为La Volonté de savoir)。在书中，福柯提出："现代社会的特点并不是把性作为一种影子般的存在，而是无休止地把性作为秘密谈论。"[27]性既是秘密知识的一种形式，也是对现代社会中发挥作用的力比多力量的一种讽喻，通过这种力比多力量，公开的和被隐藏的事物相结合，遵循的原则是迈克尔·陶西格（Michael Taussig）所说的"秘密……必须得说出来才能对它进行保存"。[28]

知识和欲望在经济关系中联系在一起。秘密在经济生活中必不可少，保密是知识经济学的核心原则。保密的作用与古典经济学中的稀缺作用相似，促发了贫富之间的流动，以及贝克特所说的知识中"欲望的量子"。[29]齐美尔晚年明确指出，他相信知识的力量可以使人包容更多自身不了解的知识："我们知道自己了解什么、不了解什么，并且我们还知道知识具备包容性，具有无限的潜力——这才是真正无限的心智运动。"[30]但在1906年初期，他撰写了一篇关于秘密性的文章，表示他对有目的性的心智运动信心不足，相反，他看到了一种已知与未知之间稳定的内部平衡：

> 在整个秘密形式中，存在着一种不间断的内容流入和流出，最初公开的内容成了秘密，而最初被隐藏的内容则摆脱了自己的秘密性。因此，我们可能会得到一个矛盾的观点：在其他情况下，人类的联系需要一定程度的秘密性，而这种秘密性只会改变其对象，放开这个，它抓住另一个，在这个过程中，它的量子保持不变。

具有竞争性的求知欲常常表现为揭露秘密和解决难题的欲望，就好像未知的知识被故意隐瞒了一样。保密产生于这样一种愿望：一方面集中知识资本，从而限制知识资本的自由流通；另一方面，始终对新的知识市场保持开放，从而将资产从借方（秘密）栏转移到贷方（公众）栏。保密增加了安全性，同时又使人暴露于风险之中。

公共历史和私人历史之间的数量比例随着公共历史和官方历史的增长和传播而产生了改变，这促使后来所谓的"秘史"的出现。这种说法最初来自历史学家凯撒利亚的普罗柯比（Procopius of Caesarea）一本书的名字，该书描写的许多历史是关于罗马将军贝利萨留（Belisarius）和皇帝查士丁尼（Justinian）发动的战争。在晚年，普罗柯比揭露了贝利萨留和查士丁尼的妻子西奥多拉（Theodora）的丑行，他紧张地向读者描述道：

> 我发现自己结结巴巴地畏缩着，尽可能地远离它，因为我估量着这样的事情现在有可能被我写出来，而这些东西对后世的人来说既不可信也不可能。尤其是当时间的洪流使这个故事有些古老的时候，我害怕自己会赢得神话叙述者的名声，成为悲剧诗人之一。但我不会从我的任务的艰巨性中寻找答案，我的信心建立在这样一个事实上，即我的叙述不会没有证人的支持。因为今天的人，作为对有关事件有充分了解的证人，将成为有能力的保证人，把他们对我处理事实的真诚信念传给未来。[31]

10世纪的一本百科全书《苏达》（Suda），在关于普罗柯比的条目中提到了这本著作，放在标题"Anekdota"下，这个词的意思为"未出版的作品"，但一直不为人知，直到17世纪20年代在梵蒂冈图书馆发现了一份14世纪的手稿。1623年，尼古拉斯·阿莱曼努斯（Nicolas Alemannus）在里昂出版该书的拉丁译本，书名为 Arcana Historia（相当于英语 Secret History，意为《秘史》）。法文译本于1669年出版。一本匿名的英文译本在1674年出版，书名是《查士丁尼皇帝宫廷秘史》（The Secret History of the Court of the Emperor Justinian）。这一译本沿用了前两个版本的内容，删去了

第九章的大部分内容,该章讲述了查士丁尼的妻子西奥多拉早年作为妓女和卖艺女郎的生活,其中一个最引人注目的故事讲的是她在舞台上进行裸体表演,一只受过训练的鹅从她的下体处啄取大麦种子。这些内容在英文版本中简化为她"从事的是一种令人羞于启齿、不甚体面的职业。而且,魔鬼完全控制了她,以至整个帝国处处皆流传她放荡不羁的故事"。[32]

普罗柯比这本书的各种译本推动了许多不同类型秘史的涌现,可能是因为它与当时的英国政治存在相似之处——皇室情妇、雇佣军领袖权力滔天,上层有着道德败坏的嫌疑。[33]正如梅林达·阿利克·拉布(Melinda Alliker Rabb)所言:

> 这是一个英雄行为的范式转变成由傻瓜和无赖组成的仿英雄体史诗的世界。故事的叙述者也具有"双重身份",既是一个受人尊敬的公众代理人,也是一个不惧权威、暗中搞破坏的人,这是一个反讽叙事的范式。[34]

秘史代表了对正统或官方认可的公共历史形式的一种反抗。它表达了边缘化群体,特别是女性的观点。官方历史出于需要,立场往往有所偏袒,秘史则提出了一种对历史的新理解,表现出一种希望提供另类的或独特的经验和观点的强烈愿望。与此同时,必须怀疑的是,那些自称为秘史的作品所揭露的许多秘密,实际上并不为人所知,甚至没有见诸印刷出版的书籍中。这些秘史在描述中,需要的是丽贝卡·布拉德(Rebecca Bullard)所称的"揭示主题的修辞学的方式,而不是实证主义的方式"。[35]也就是说,秘史不过是一种揭露秘密的娱乐方式。

秘史这种史学类型在19世纪期间开始衰退，部分原因是官方历史吸收了秘史所特有的许多治史方式。令人惊讶的是，个人隐私作为一种普遍的权利和期望，其形成部分有赖于秘史的作用。随着隐私成为社会生活的一部分——现实主义小说主张不仅是王公贵族，每个人都应在生活中拥有隐私，并鼓励公众拥有和接受私人生活，因此这类小说的发展尤其推动了隐私的形成，并反映隐私生活——保密和揭露秘密因此受到更少的谴责。"privy"一词的许多含义——拥有深奥的知识、秘密地进行、隐藏的、深奥的——已经过时或属于古语，不再通用。这个词最终成了一个表示客套的用词，用于指称厕所，这个地方是秘密地开展世间最普遍、最常见的人体功能活动的场所。约翰·普德尼（John Pudney）在1954年指出："事实上，这个词已经遭到了淘汰，取而代之的是抽水马桶（the flushing closet）。"[36]在"英格兰大部分人都是在户外解决如厕问题"的时候，这个词曾经有一种帝王般的奢华感，现在它已经用来指"户外厕所"了。[37]关于排水管道系统的秘密知识为大众所知后，大众就享有了隐私，使得"privy"这个词似乎过时了。今天的枢密院（the Privy Council）虽是一个英国政府机构，但并无实权，只要一提到它，就可能会令人产生颇具滑稽效果的联想，回想起以前的人如何打点君王出恭等隐私事务，尤其是专门服侍君王如厕的厕倌（Groom of the Stool）需负责的种种事宜。可以说，排水管道系统的建立使得每个公民都能私下处理身体排泄物，这是隐私大众化的最佳例子。现在人们逐渐用"private"取代"privy"来指称人体私密部位，后者显得无趣又做作，一度是宫廷用语。这标志着公共领域和私人领域之间更加常见非官方和官方的划分，特别是在职业的命名和那些公共职能的划分方面，出现了如私人侦探的职业和私人公司的机构。现在,隐私不再被认为是一种状态,而是一种权利,人们总是尽可能将隐私纳入社会生活中。随着私人生活的概念变得越来越普遍和广泛,上层人士的公共事务和私人生活之间的区别变得不再那么引人关注。这种减弱的兴趣,以及官方历史对秘史的吸纳也反映在"anecdote"一词的变迁中。18世纪末,这个词的复数形式不再作为秘史的同义词,而通常仅用于指有趣的、单独的事件——通常(但不一定)涉及公众人物。秘密至此成为日常生活的一部分。

与此同时,保密有效性的扩大,可能使秘密公开的影响普遍化。游击战在17世纪和18世纪是由间谍和内线发起的自下而上的战争,现在开始由出版媒体自上而下发动,或者更确切地说,从四面八方发动。1890年发表在《哈佛法律评论》(*Harvard Law Review*)上的一篇文章可以说确立了现代对隐私权的定义。作者萨缪尔·D. 沃伦(Samuel D. Warren)和路易斯·D. 布兰代斯(Louis D. Brandeis)在文中指出了法律保护隐私权的两个重要且看似截然不同的先决条件。一个是"随着文明进步出现的激烈的精神和情感生活,以及不断增强的情感能力"[38]。另一个是看不见的各种媒体的发展和入侵,不仅威胁到有权势人物的隐私,也威胁到普通公民的隐私:"即时照片和报纸侵犯了私人和家庭生活的神圣领域;无数机器设备威胁要实现曾经的预言——密室里的窃窃私语必将昭告于天下。"[39]像保密一样,隐私构成了客观结构与主观过程之间复杂交流的一部分,这种交流系统使得信息交换以及知识-感觉的情感力量成为可能。沃伦和布兰代斯用认知病理学的术语说明隐私权的正当性,认为隐私权是对"情感"的保护,同时也是一种反抗,"情感"这个词越来越将私人感觉和其在公众场合的表现联系起来:

随着文明的进步，紧张和复杂的生活使得人们需要从世界上退后一步，获得个人隐私。而人类在文化的熏陶下，对受到公众关注变得更为敏感，因此独处和隐私对个人来说变得更为重要；但现代企业和发明创造通过侵犯他人的隐私，使得个人遭受精神上的痛苦和不安，这远比单纯的身体伤害要严重得多。[40]

实际上，对不同媒体的访问越容易、限制越少，隐私和公开性就越发像一场人人皆互为敌人的战争。个人面临的危险不仅来自外界的入侵，还来自自身的好奇心和贪婪。新的差别由此产生："公众"这个概念与"公开性"是有区别的，前者通常带有正面的意义。隐私区分了什么需予以保密，但不区分什么是秘密；权贵和邪恶之人才拥有秘密。然而，越来越多的秘密被制造出来而不是被揭露出来：公众对隐私的随意入侵，将未受到关注的事物变成了秘密。

在媒体行业饱和的社会中，秘密最重要的功能：在揭露的过程中来保持秘密的存在；秘密在遭到揭露后，依然能维持其作为秘密的地位。在一个勒索事件中，秘密的持有者就是勒索事件的发现者，他们拥有的权力是对秘密遭到揭露的威胁。揭露出来的秘密，既实现又消解了秘密的力量。一个社会依赖于秘密的制造和打破来构建时间，并使时间保持紧张状态：时间需要结构，这种结构指时间要素之间不断变化的关系，以及用快慢的变化来维持紧张状态，以阻止时间沦落为一个又一个该死的、难以区分的事物。但是，结构也需要与时间性（temporality）交织在一起，以免结构变成一张纯粹而毫无活力的关系网络。这留给消费秘密的社会一个问题：如何保守它意欲不断消费的秘密？披露一个故事的问题在于，隐藏故事的封盖将随之被打破。

保持激情的一种方法是借用流行病具备的指数倍增的能力，创造出源源不断的无穷幻想。2017年10月对哈维·韦恩斯坦（Harvey Weinstein）连续性骚扰和侵害的指控，很好地证明了这种方式。韦恩斯坦的行为虽令人震惊，应受到谴责，与这些丑闻的元认知（metanoietic）功能看似密切相关，但实际毫无关系。之所以看似密切相关，是因为他的行为推动了丑闻的揭露，并将人们凝聚起来。如果你对揭露的丑闻谴责不够猛烈，或者指出有比这更为重大的事情，或指出媒体更应关注同等重要的事情（如飓风、难民问题、环境威胁等），那就意味着你暗地里是同党。但是，这桩指控的性质也与这些丑闻的元认知功能无关，因为揭露丑闻这类过程的目的是从此走向形式自律，根据的是本章之前阐明的原则：知识客体的目标就是成为知识的客体。重要的是，丑闻的揭露应该能够无限期地持续下去，同时人们不必放弃他们口中所谓的"震惊"的反应，或者放弃不断重新感受被冒犯感觉的能力，这种被冒犯之感是丑闻必然带给人们的。韦恩斯坦丑闻的"揭露"所引发的猛烈冲击力会逐渐趋于消亡。因此，随着骇人丑闻逐渐丧失其吸引力，丑闻的猛烈冲击力必须被加以利用，在大众中制造出一种猜疑，令人们以为现在所知道的事情不仅比我们想象的还要多，而且与尚未曝光的事情（我们如今越发确信的）相比简直是微不足道。结果，每一次新的丑闻揭露都会出现反转，因此，确认的不是已经知道的事情，而是我们对尚未知道的事情是有把握的。知道一个秘密的存在比知道这个秘密是什么更重要。

故事一旦在好莱坞再也无法进一步流传开来，那就清楚表明需要额外的传播方式了,在其他半封闭世界,例如英国的威斯敏斯特,也会有类似性质的披露。那么故事将在哪里结束呢?实践证明,建立这种秘密储备会使得人们不断相信,整个故事未完待续,是研究许多丑闻或灾难事件诱因中不可或缺的一部分。人们都认为,只有将丑闻完全揭露,才能清除邪恶,滥用权力的行为才不会再次发生——也就是说,人们认为,丑闻事件终将完结,大家可以继续生活,世界得到净化,安全得到保证,等等——这使得丑闻有可能最终成为一颗白矮星,这是一种没有能量来源的恒星,逐渐释放热量直至变冷。然而,人们的猜疑一直无法停息,怀疑事件的全貌并没有公之于众,因此,过了一段时间后,总会有一些胆大妄为的人进行调查,将旧事重提。这种猜疑表明,我们对丑闻等事件不再关注,不是由于我们不再抱有找到事件真相、消除邪恶的高尚愿望,而是由于永远不会消亡的秘密被掩盖、粉饰或提前终结。身陷丑闻、受到指控的人如果去世,这在以往有时标志着故事循环的结束。但是一些事件,例如英国广播公司主持人吉米·萨维尔(Jimmy Savile)和前首相爱德华·希斯(Edward Heath)的性侵丑闻事件,表明死亡实际上可以暂停事件(再)传播。从公众视野里偷偷溜进坟墓,暗示了这是一种企图逃避正义审判的懦夫行为。在这一套被奉为圭臬的隐匿和揭露的神圣仪式中,我们必须体面地把罪行和暴露周期的可预见性保密起来,认识到这总是在保密和丑闻的激情游戏周期中上演。名人在其中起着重要作用,因为名人存在的理由主要就是创造可能会遭到曝光的秘密生活。名人数量众多,使得他们的不法行为,至少是不检点的行为,更易于被人发现。另外,名人的优势在于他们不需要刻意去违法,因为他们的原罪就是躲避我们。隐藏在自己的魅力背后,意味着通常只要对他们进行身体上的羞辱（比如过瘦、过胖、怀孕后身体走形、老态龙钟等），就可以对他们进行祛魅。一个开放、流动、透明的社会有赖于不断发酵的有害秘密最终得到曝光，这一秘密知识是无须被探究的，除非是一种可以起到净化作用的秘密。

在每一次秘密的发现或揭露中，都存在一种幻想，认为发现或揭露秘密的功劳在于某种力量，发现者或揭露者只不过起到辅助作用。有时候，我们信誓旦旦地认为，真相总会浮出水面。此话出自莎士比亚的《威尼斯商人》（第二幕第二场），蕴含了丰富的信息。其核心思想是，真相不是一种条件或状态，而是一种力量，一种贯穿秘密的隐藏到揭示的力量，而且是独立存在的。因此，并不是真相会被发现、被识别出、被推断出，而是真相会通过自身的动力或意志来实现外显，就好像"浮出水面（out）"是一个反身动词一样，把动作在形式上反射到自身，暗示着真相需要"自身浮出水面（out itself）"。"真相总会浮出水面"这句话使我们确信，真理不仅拥有力量，而且自身就是这种力量，是自我表露或自我表达的力量。追求真相的意志将自身投射于世界中。该观点的力量赋予了有关真相的思考一种独特调性。事情的真相可能只是一种偶然的、程序性的状态，而不是一种实质性的事物，这对我们来说似乎是一种奇怪的、费解的观点。之所以有"真相"这个名词，是因为某件事情被认为或假定为真实。万事皆真，真相几乎是无限的，因此微不足道、无关紧要。然而，在没有意图或目的的情况下，万物就能以简单的、充分的、无关紧要的方式成真，似乎远远不够。这对我们来说似乎是不对的，因为我们希望真相是有力量的，一种我们强加给真相的力量。仅仅成真是不够的，还必须有一个独立于并超越自身的真相，一个"必须存在"的真相，"需要被认识"的真相。

隐秘主义

现代隐秘主义的一个显著特征是它与大信息量的媒介化社会结成了奇特的联盟。在这样一个社会里，以前构成隐秘主义实质内容的秘密现在唾手可得，甚至被到处大肆宣扬。我们的时代已经变成了一个资源开放的隐秘主义时代。隐秘主义现在指的是流动的增加，而不是退避三舍。隐秘的事物（the esoteric）和隐秘主义（esotericism）之间的差异与原始事物（the primitive）和原始主义（primitivism）之间的差异相似，这些概念常常被混为一谈，这种做法是不够严谨的。原始人的定义不可能与原始主义者的一样，原始主义者对原始形式持赞赏态度，所以一旦你是原始主义者，你就不可能是一个原始人。在一个媒体传播有限的世界里，隐秘事物的存在是可能的，在联系松散的社会中也是如此，事物无法洞悉关于自己的一切。通过与原始主义的类比可以看出，在隐秘主义从属的世界里，一切都是已知的，一切事物的本来面目都是可知的，或者说一切事物都是他者期待中应有的面貌。隐秘传统的存在表明，不同传统之间有区别；隐秘主义则使得不同的传统容纳彼此。隐秘事物构成了一个个分散的社会场域；隐秘主义则意味着一个场域中包含各种不同事物，它们互相交织在一起，相互依赖。

"隐秘主义"一词最早于19世纪20年代在法语中使用，1846年开始在英语中使用，它的出现表明了一种例外或自成一体的范畴化。隐秘和隐藏（hidden）之间是有区别的。在不同时期，有许多智识传统鲜为人知，被忽略或干脆被遗忘。这里可能没有刻意隐瞒的行为，这些传统也不一定要保密，忽略或遗忘并不意味着隐藏。但是，自19世纪以来，非官方知识或边缘性知识的声望不断提高，这意味着隐秘的知识传统更有可能受到外在压制，而不是在内部被隐藏起来,也就是说,它是遭到历史遗弃的产物,属于下层阶级而不是贵族精英。将知识视为统一的领域,可以清除偶然性和意外性,使隐秘的事物远离人们的视线,而不是将其保护起来以躲避窥探。

也许有人会说,在启蒙运动时期,秘密知识的地位发生了显著变化。以前,人们认为知识是秘密,是因为它具有强大的力量。例如,它与魔力有关。在现代,与之对等的可能是军事和情报秘密。但是,启蒙运动强调公开和沟通的价值,这赋予了秘密更大的权力。在过去,权力是保密的。保密,尤其是对众所周知的秘密进行保护,本身逐渐成为权力。当然,魔力的力量实际上很大程度取决于未破解的秘密,或者至少是对秘密的猜疑,即它实际上并不拥有任何被赋予的力量。对于魔力宝典和咒语大全的写作者来说,有一点很明显,最强大的魔力工具——隐身斗篷、飞行药膏、召唤恶魔或亡灵的咒语——完全依赖于心诚则灵的信仰。受到最严密保护的秘密,里面除了保密的工具之外,其他什么都没有。

隐藏的另一种表现模式是潜伏。这种观点认为,隐秘知识之所以隐秘,是因为它们与某些思想潮流联系在一起,而这些思想潮流被认为与主流或官方的思维模式相矛盾,因此必然被压制或推到边缘位置。许多隐秘主义的历史试图用不同传统的具体内容来解释它。例如,强调有生命的自然思想,或与之类似的"整体"观念。[41]但是,我们无意尝试阐明秘密传统的内容,而是把重点放在它的形式或功能性质上,也就是秘密概念的力量,而不是被保守的秘密的力量。事实上,现代隐秘主义的发展历史呈现融合的趋向,这意味着隐秘主义从与世隔绝的秘密角落里转向普遍的、相互联系的地下秘密潮流,观念通常与主流思想是一致的,如在人类和自然的相互联系上的观念。

18世纪人们普遍认为宗教既有公共（exoteric）的一面，也有隐秘的一面。公共的一面指为大众制定的教义、规范；隐秘的一面是秘密的或神秘的，其教义不能透露给大众，由一个精英僧侣阶层小心地保护着。有一些地方适宜应用这一套秘密教义。德国学者扬·阿斯曼（Jan Assmann）认为，古埃及为这种被称为双重教义的概念提供了原型。拉尔夫·卡德沃思在他的《宇宙真正的智力体系》（*The True Intellectual System of the Universe*，1678）一书中强调，古代埃及对一神论的普遍理解被多神论系统所掩饰，分散和安抚了民心。[42]在这种双重性中，隐秘的教义隐藏在一套公共的大众宗教活动和制度之后。通过启蒙运动，这种双重性具有了普遍性。这使得另一种类似的二元性出现了，学者们可以利用他们的学术知识突破愚昧的迷雾，但同时又将他们对过去秘密知识体系的理解仅作为半公开知识（学者们尽管没有对这些知识设置门槛，但利用脚注和专业抽象的语言对知识加以隐藏）。埃及作为神秘之地的悠久历史由此开始，埃及也由此成为神话的源泉。的确，可以说埃及成了一个完整思想体系中时间观念的源头，是一种超越历史的古代文明，它所产生的许多谜团永远无法被完全解释，因此对这些谜团的研究永远不会停止。

许多秘密组织隐藏的秘密就是它们自身的存在，尽管它们通常也可能有一些秘密的共同信仰或宗旨。但是，实际上，一些隐秘团体通过保护某些须加以留传但又须禁止外传的秘密知识，使这种保密带上了双重性。在诺斯替教（Gnosticism）教义中（实际上大多数诺斯替教徒自己也不知道这些教义），这种双重现象进一步发展为多重现象。从其名称来看，知识问题是诺斯替教义的核心，因为诺斯替教派认为存在着一个由纯粹知识组成的神，它因此远离堕落的物质世界，是由造物主的神性的第二次降临产生的，而造物主是由索菲亚，也就是智慧女神塑造出来的。根据神学家爱任纽（Irenaeus）在他的《反异端论》（拉丁语书名为 *Adversus Haereses*，相当于英语 *Against the Heretics*）一书中的描述，诺斯替主义认为造物主处于一种无知的状态，从而强调了世界是独立于神圣知识的绝对外在的事物：

> 造物主以为自己创造了万物，但实际上他是与阿卡莫特女神索菲亚合作创造了万物。他造了天，却不知道天；他塑造了人，却不了解人；他给大地带来光，却不认识大地。他们最终宣称他对自己造的一切一无所知，他甚至不知道自己母亲的存在，而是以为自己就是万物。[43]

诺斯替教徒还相信，通过神圣知识的神性"获得知识主体的自我赋权"，就可能获得救赎。[44]诺斯替主义的传统中隐藏的异端的和秘密的知识，是神性和知识的同一。在这样的传统中，关于神性的知识走向并最终与知识本身的神性相融合。这样的知识包罗万象，然而，当然只有那些能保留神性或能被神性唤醒的少数人可以获得。我们由此可以理解保守秘密是如何促成了知识概念的贯注，尤其是那些他人不知道的知识。

在19世纪及以后，学术界对过去的秘密知识和神秘组织越来越感兴趣。其中最突出的是古希腊的伊洛西斯秘密仪式（Eleusinian Mysteries，一译为依洛西斯秘密仪式）。该仪式在伊洛西斯城举行，主要是为了祭祀谷神德墨忒尔（Demeter）。在公元前392年狄奥多西（Theodosius）皇帝关闭举办仪式的圣所之前，这个仪式由数以千计的会众保密了多个世纪。但这个仪式所表现或象征的故事很清楚，涉及德墨忒尔和其女儿珀耳塞福涅（Persephone），由三部分构成：冥王哈迪斯（Hades）绑架珀耳塞福涅；她母亲德墨忒尔艰辛地寻找女儿，最后从冥王手中救出珀耳塞福涅（不过她在冥府中吃了四颗石榴籽，她的回归不再是永久性的，她必须在每年冬天的四个月里回到冥府）。

从18世纪末开始，对伊洛西斯秘密仪式的解释逐渐成为神话解释学或比较神话学等学科的代名词，是极具影响力的神秘学科。托马斯·泰勒（Tomas Taylor）在1790年发表的论文《论伊洛西斯与酒神之谜》（"The Eleusinian and Bacchic Mysteries: A Dissertation"）中提供了对这些谜团最早的解释。泰勒是一个新教教徒，也是反对正统宗教的希腊哲学和异教的激进支持者——据说他曾经在伦敦沃尔沃斯的家中用一头公牛为宙斯进行祭祀——他对布莱克（Blake）、雪莱等浪漫主义作家都产生了影响。[45]他没有上过大学——作为一个新教教徒，牛津大学和剑桥大学都对他关闭了大门——通过自学对经典进行研究，翻译希腊文本，树立自己的学术权威。对伊洛西斯秘密仪式的讨论体现出泰勒与知识的关系是不确定的。他在论文开头就明确说明，他将要揭示的秘密含义是高尚的，从而证明了他对这个秘密的掌握超过了那些与世隔绝的牛津大学的古典学者："根据最受崇敬的权威、最受推崇的哲学，伊洛西斯与酒神之谜的秘密意义展现出来了。"[46]他从哲学的角度提出，伊洛西斯秘密仪式表现了珀耳塞福涅沦落冥府和她在春天的回归，巧妙地喻示了精神与物质的关系：

我将尝试证明,这个仪式中次要的部分用神秘的方式显示了我们的灵魂屈从于身体,因而痛苦不已,而那些主要的部分,通过神秘壮观的景象,隐晦地表现灵魂摆脱物质的污染获得净化,不断提升至智慧的现实中,从而实现现世和后世的幸福。[47]

没有任何记录或证据说明在伊洛西斯秘密仪式上到底发生了什么,所以泰勒主要依靠阅读古罗马作家维吉尔(Virgil)《埃涅阿斯纪》(Aeneid)的第六卷来获得相关信息,他认为埃涅阿斯(Aeneas)下地狱是在重现伊洛西斯仪式中表现的被肉体束缚的纯洁灵魂受到俘虏和污染。灵魂多被视为拥有智慧,"沦落人世后,从那里升入可理解的世界,完全皈依她神圣和理智的部分"。[48]泰勒由此使得读者识别出他论文中的寓意,那就是通过具有神性的智慧,在仪式中表现出灵魂摆脱了披着神秘外衣的物质的过程。从古至今,基督教一直认为伊洛西斯秘密仪式是对生育的一种神秘庆祝,仪式上的种种行为放荡淫乱、有伤风化,泰勒反对这种观点。在维护这个神秘仪式的哲学尊严的过程中,泰勒揭开了仪式的神秘面纱,揭示了它的哲学意义。按照通常的模式,这个秘密既离群索居,又无处不在、无穷无尽:

秘密即便被隐蔽起来,其价值也堪比钻石。至于哲学,它与宇宙一样久远,有了哲学的相助,这些谜团得以发展。但哲学的连续性可能会被与之相反的系统破坏,但只要太阳继续照耀着世界,哲学就会在不同的时代里发挥作用。[49]

后来，关于伊洛西斯秘密仪式的艺术再现以及与之相关的虚构人物——例如由英国诗人斯温伯恩（Swinburne）和丁尼生（Tennyson）、英国作家帕特（Pater）和英国诗人兼画家D. G. 罗塞蒂（D. G. Rossetti）等创造的人物——将跟随泰勒的脚步，不接受基督教对伊洛西斯秘密仪式的解读，而是重视仪式中某种异教智慧的感知力。[50]在19世纪的比较神话学中发展起来的神话知识，因此本身就被神话化为一种反知识的知识，一种注入了生育力的神圣能量的知识。

由此，学术知识和大众知识之间逐渐形成了一种奇特的联盟。在19世纪和20世纪，有些学术研究既模仿又反抗主流学术研究，一部分大众有机会进行这些学术研究，在他们的推动下，对伊洛西斯秘密仪式的学术研究向其他学科及非学术领域渗透，其成为更为大众及公开的隐秘主义形式。伊洛西斯秘密仪式的影响很大程度上与一种观点有关：如果秘密以一种升华了的"生育崇拜"的形式出现，那么它在某种程度上必定等同于性，这从18世纪起已成为一种准则，促使学术知识和色情作品产生秘密的联系（直到19世纪，对任何一个想读懂色情作品的人来说，能够阅读希腊语或拉丁语是基本条件）。宗教的性化并不是一个非常秘密的原则，它似乎推动了许多神秘主义伪学者得出令人惊叹的结论。这些学者经常从弗雷泽的《金枝》中寻找灵感。许多人，尤其是那些抵制了诱惑而没有阅读这本书的人，认为这本书将学术知识与性和死亡的主题巧妙地结合在一起，从而吸引了读者。

最荒谬夸张、最能表现秘密的经济学意义的应是H. P. 布拉瓦茨基（H. P. Blavatsky）所著的《秘密学说》（*The Secret Doctrine*），这本关于神秘思想和信念的著作有两卷，于1888年发表，是神智学

（Theosophy，亦译为通神学、神智论）的理论基础，这是她与亨利·斯蒂尔·奥尔科特（Henry Steele Olcott）在19世纪70年代中期建立的宗教哲学。布拉瓦茨基所弘扬的一个观点至今依然很普遍，她认为世界上的宗教和神秘哲学都来源于一种更具包容性的秘密智慧，是这种秘密智慧的组成部分，这些秘密智慧收录在一个被隐藏起来的档案中，其中包含大量的神圣文本，这些文本大多尚未为西方学术界所知，她一度声称这个档案涵盖了历史上有记载的所有经典：

> 隐秘学派的总部在喜马拉雅山以外，其分支遍布于中国、日本、印度、叙利亚，乃至南美洲。学派的几个成员称他们掌握了所有类型的神圣的、哲学的文本，包括有文字记录形式以来用所有语言或文字书写的一切手抄本：从表意象形文字到腓尼基王子卡德摩斯（Cadmus）最先传播开的腓尼基字母和天城体梵文（Devanagari）。[51]

这些文本藏在教堂的地下室和岩石上凿出的洞穴里。布拉瓦茨基让我们窥见这些文本的神奇、奥秘的存活，令我们念念不忘：

> 过了西泽坝（Western Tsay-dam）后，在昆仑（Kuen-lun）的偏僻山口有几个这样的藏经之处。沿着阿尔泰-托加（Altyn-Toga）山脉，有一个小村庄，消失在一个深谷里，这片土地欧洲人至今尚未踏足过。这里有小片的房子，只是一个小村庄而不是一个寺院，村里有一处破旧的寺庙，一个年老喇嘛和一位隐士住在旁边守护着寺

庙。朝圣者说，寺庙的地下走廊和大厅里有一批藏书，根据记载，藏书数量之多，即便是大英博物馆也无法容纳。

神智学给大众传播的信息是，通过无限的努力，秘密的智慧确实已经安全地隐藏起来，不见天日，不为凡人所知。布拉瓦茨基态度强硬，暗示在这秘密的智慧中"存在着一股惊人的神秘力量，滥用它会给人类带来难以估量的邪恶"，无人清楚知晓它们是怎样的一种力量，又会带来何种邪恶。因此，我们很难理解在传播其启蒙影响的迫切需要面前，为何仍然要对其保密，尤其是布拉瓦茨基用了一千多页的篇幅向我们阐述这一学说：

> 疯狂探索未知事物的今日之世界——但当物理学家无法解决问题时，未知的又往往与不可知的混淆在一起——正迅速地向精神的物质层面前进，这是一种背道而驰。今天的世界已成为一个巨大的竞技场——一个不折不扣充满不和谐音符和永恒斗争的深谷——一个大型墓地，墓地里埋葬着我们精神和灵魂中至高的、最神圣的渴望。一代代人的灵魂不断变得更加麻木不仁、萎靡不振。

更重要的是，布拉瓦茨基不辞辛劳、不厌其烦地阐明的学说原则，尽管最初是由精神导师或圣人向她揭示的，事实上已经在大量的文本中得到清楚解释。数千年来，各种宗教和神秘教派在其教义中论证了这些原则并将其传播至世界各地，甚至是外太空领域。布拉瓦茨基的作品充斥各种怪异的杂糅，内容有些隐藏不外传，也有广为传播的，有些世所罕见，有些浅显易懂。

秘密无处不在，而且无处不在恰恰是秘密的真正价值。布拉瓦茨基的目标是使"广泛传播的古老和史前宗教"的秘密教义大白于天下。秘密学说的秘密就是世间一切事物都是一个整体，神智学的基本原则是"隐秘的哲学调和所有宗教，剥除每一种宗教的外在、人为的装点，发现每一种宗教都是伟大的，都同根同源"。在布拉瓦茨基的体系中，一切都被隐藏起来，但又彼此紧密联系。

这种对分裂的拒绝或克服，最重要的表现形式就是否认宇宙和灵知（gnosis）之间的差异，认为"整个宇宙的客观现实就是思想这个纯粹本体"。与许多和科学知识形成竞争关系的神秘学说一样，秘密学说的基本原则是，宇宙在任何情况下都是有意识的——宇宙本质上就是由意识组成的——尽管它也在不断地进化为（它本质上就是）灵性的物质。由于神智学宣称思想的普遍性，这就使得它自己成为一种同义重复的学说。神智学之所以宣称自己传播范围极广，目的在于掩饰它的自我夸大及自我消耗，这本质上相当于上帝在说"我就是我"。秘密学说的秘密在于，它没有认知的对象，只不过是披着认知的外衣，尽情沉醉于它自己的幻想中。因此，虽然对秘密学说持怀疑态度的人指责它自相矛盾、似是而非，但这些批评都没有击中要害。关键是，没有什么可以阻止最高级知识的幻想。爱尔兰诗人叶芝曾一度对布拉瓦茨基的学说迷醉不已。用他的话来说："所有表象都是镜中镜。"[52]

解释虚假的秘密（nonsecret）之所以能与揭示真正的秘密双足而立，构成一种类似二元经济的关系，是因为《秘密学说》是一本鸿篇巨制。其与许多解释神话和宗教仪式的作品类似，它们多为篇幅不断累积的大部头巨著，特别是弗雷泽的《金枝》，其内容和篇幅不断扩充。许多读者将《金枝》与《秘密学说》两书并行阅读，虽然有些人进行的不过是蜻蜓点水式的粗浅阅读。宇宙本质上具有统一性,但说明这一点需要解释无尽的复杂问题,过程中会涌现各种各样的迂回曲折。由此我们可以看到,事实上,所有道路最终都回归到一条首要的真理:

> 神秘学说认为:"宇宙万物均非通过创造而来,而是通过转化而来。不存在于这个宇宙中的——从一个圆球到一闪而过的念头——都无法展现自己的存在。主观层面上的一切都是永恒的;而客观层面上的一切则永远处于养成状态——因为那一切是转瞬即逝的。"

《秘密学说》一书是对哲学思想和观点的一种奇特的模仿,它极为成功地隐藏了自己的真面目,努力装扮成哲学的思想和观点,实际上它离成功不过一步之遥,因为它的模仿似乎确实证明了,有可能存在由纯粹思想形成的世界。

这种简单性和多样性的二元现象从《秘密学说》一书扩展到为它提供理论模型的神智学,因为这门学说中,就像许多秘密组织一样,也存在着巨大的、等级分明的内部阶层机制,根据精神灵修学徒领悟程度的不同水平设置由低至高的等级制度。正如格奥尔格·齐美尔所言,组织是最重要的,它证明了一个社会得以创造不是通过缓慢而偶然的历史发展,而是通过有意识的设计:"即使是在学校的班级里,我们也可以观察到,那些高度团结的学生,即便人数很少,形成一个团体组织后,组织成员就以精英自居,将组织外的同学视为低他们一等。"秘密组织真正的秘密是,它所建立的团结关系,是仅依靠偶然机会形成的组织无法建立的:"秘密组织必须设法在其特有的层级中创造一种生命共同体。"神智学会与共济会相似,但更进一步,因为它把两派相互对抗的宗教势力联合在一起,一边是保守秘密、强调自身与众不同、实行中心化的隐秘派,另一边则是主张展示和传播教义、去中心化的公共派。"万物归一(everything is one)"这个神智学中的知识原则必须成为一个普遍的秘密,一个所有人把持又对所有人保守的秘密。神智学因而超越了每一种一神论面对的悖论,正如彼得·斯劳特戴克指出的:"没有集合论悖论(set-theoretical paradoxes)就不可能有普遍主义(universalism):只有在可以确定不是每个人都会来的情况下,你才会邀请所有人。"[53]神智学中的精神"层面"这个概念解决了这个悖论,使得民主和贵族阶层可以共存:尽管所有人都知道秘密,但有些人比其他人知道得多。

隐秘主义存在非常复杂的时间性(temporality)。隐秘主义总是属于过去,但这种过去处于不断地生成过程中。从美国作家安布罗斯·比尔斯(Ambrose Bierce)的著作《魔鬼词典》(*The Devil's Dictionary*, 1906)中对共济会的解释可以窥见隐秘主义的发展似乎呈现逆生长的现象:

> 共济会,一个成立于查理二世统治时期的组织,有一套秘密仪式和怪诞的典礼,成员服饰稀奇古怪。成员主要是伦敦的工匠,但不断有已经逝世的人被认为是该组织的成员。这种倒行的趋势持续不断,目前其成员已经包括自亚当被逐出伊甸园以来的所有杰出男性,正在争取的新成员来自上帝创世纪前宇宙一片混沌、无序及虚无的时期。[54]

这种隐藏不露的智识和宗教传统并不完全是后世的发明，而且肯定还有秘密等待着被挖掘。但是，这些秘密除承载自身的历史外，还承载着另一种历史，对秘密的解释越多，这另一种历史的影响力就越大。事实证明，因为秘密总与过去联系在一起，这给揭示秘密的起因和解释秘密带来无限的可能性。一方面，存在着一种对解释秘密时认知上的敌意，无法对过去进行认知不仅被视为知识的遗忘，是知识自然而不可避免的衰落，也被视为"压抑、拒绝或否认历史分析的任务就是强有力地揭露秘密"这一观点的后果。因此，整个历史被重新定义为揭示秘密、从他处强行索取对秘密的解释的历史。另一方面，人们认为历史是可控的，完全可以听命于我们对秘密的解释。虽然似乎需要大量的智力劳动才能解释这些隐藏的历史秘密，但是，一旦这些秘密得到解释，它们能为整个知识群体提供满足感。秘密知识实际上并没有比它们看起来的更复杂、联系更少，也就是说，知识并不如我们幻想中的那样强大。现代隐秘主义的秘密始终是一切事物都是相互联系的。在诺斯替教看来，那些揭示出的秘密通常就是他们幻想中或希望中的神奇思维的不同版本而已，即心智具有无限力量。英国作家乔纳森·布莱克（Jonathan Black）是《世界秘史》（*The Secret History of the World*, 2007）一书的作者，他提出的观点令人震惊："历史上有数量惊人的名人在暗中研究并发展了隐秘哲学，并在古代社会秘密地进行教授。"这个观点提出后，他抛出了另一个问题，并进行了自答，这也是他成书的一个基础：

  那些为形成当今以科学为导向的、唯物主义的世界观做出最大贡献的人们——牛顿、开普勒、伏尔泰、潘恩

（Paine）、华盛顿、富兰克林、托尔斯泰、陀思妥耶夫斯基、爱迪生、王尔德、甘地、杜尚等等，是否有自己的秘密信仰呢？他们有没有可能加入了某个秘密组织，受其影响，接受心灵主导物质的观点，并且能够与无影无形的灵魂进行交流呢？[55]

布莱克的著作开篇就提出，宇宙一定是上帝看着自己的倒影，通过头脑中神的意念形成的。正因为宇宙的形成源于心理行为，所以很容易使宇宙顺应我们自己的心理活动，布莱克因而声称"宇宙就是以人类为中心的，连它的每一个粒子都尽力向人类倾斜"。[56]从某种意义上讲，这些构想极为疯狂荒谬，对他人提出的任何挑战或反驳又无法容忍，显得天真无知，这透露出融合了不同宗教和思潮的历史背后隐藏的秘密信念："人类心智对物质的影响虽然不能达到与上帝相同的程度，但其影响物质的方式与上帝并无二致。"[57]这可以称为一种并无恶意的天堂妄想症。阴谋论者和妄想型精神分裂症患者看到的是一个充满隐瞒和恐惧的世界，而天堂妄想症者则在这个世界中找到了慰藉。这两类人的共同点在于他们都极度高估了心智的组织能力，而两类人都认为心智可以调动组织本身的能力来假想自身拥有无限的力量，这又恰恰证明了他们都夸大了心智的力量。

秘密的感觉

对秘密知识已有的讨论主要是从其道德或政治意义方面来进行的，也就是从人们对秘密知识的思考或了解来展开的。但是，也许没有任何其他知识行为或思维实践能如此强烈地充满着不同种类的感觉。格奥尔格·齐美尔对社会秘密的思考颇有意味，他更多考虑的不是社会秘密的功能，而是它们的情感能量，或者更确切地说，是在社会秘密的情感力量中发现其社会功能。秘密激发了欲望、猜疑、焦虑和迷恋，既联结又打破社会纽带。秘密在人与人之间设置了障碍，但同时又诱惑人们去打破障碍，因为通过日常交谈或坦白秘密就可以突破障碍。这种诱惑与秘密如影随形，仿佛是秘密幽灵般生活的一种底色。隐藏秘密和揭露秘密分别对应于"秘密的记忆功能和交际功能"，两者交替出现，就能在社会中分配秘密的各种情感能量，正是这些能量使社会保持了活力、冲劲和条理性：

> 社会的各种组成部分总是处于不断努力前进的状态，这就必须由个体力量和不规则力量干扰和分裂各组成部分，打断组成部分之间的平衡，各组成部分会对此做出退让和抵抗的反应，从而获得自身发展的活力。

齐美尔将秘密理解为一种社会动力，他的这种理解往往基于婚姻中夫妻的两性关系模式。他认为如果夫妻向彼此坦诚所有秘密，婚姻就失去了活力和聚合力："亲密关系的表现就是心理和身体上的亲近，但双方也应该亲密有间，适时制造一些距离感，否则亲密关系的魅力，甚至是满足感就消失了。"

我们可能首先会想，是否存在一种与秘密有关的独特的情感谱系，或者一种对秘密的情感基调。对此，我认为要明确的第一点是，与秘密有关的感觉是突如其来、无法自控的，因为涉及突然的（地位、信息、角色等）转换或交换，这些感觉中包含了紧张和释然等情绪。人们在揭露或发现秘密的过程中，需要一种变化极快极大的力量,并将这种力量充分表现出来,达到贯注的水平,因为以前不为人所知的要转变成公开的了。无论秘密揭露的实际过程是否迅速,参与其中的人通常体验到的就是突然的变化。秘密的释放看似可以缓解紧张感,使情感趋于平衡,但事实的情况恰恰相反。一个秘密出人意料地突然曝光于公众前会促发一种紧迫感,人们会既急切又兴奋地期待下一步将要发生什么。秘密的保守和揭露将人的认知高度集中于某一个时间段上,这是其他任何行为都无法做到的。

也许因为秘密知识能在瞬间引起强烈的情感,所以各种"秘史"得以普遍流行。秘史就是一直被秘密保存的历史,但这个词汇生动传达出的信息是,在所有历史创造的过程中可能存在一股藏而不露的力量。如果说所有的历史记载都是将未知的公之于众,那么历史似乎就具有了秘密所特有的节奏——保守秘密,然后揭露秘密等行为所呈现出的节奏。秘密的存在使得对时间性的感觉(the feeling of temporality)和感觉的时间性(the temporality of feeling)成为可能。

秘密与情感构成了一个特别的组合,而在经过社会发展积淀而成的观念中,情感本身就是一种秘密。秘密是需要表达出来的,也就是说,需要从隐藏的状态转入公开的状态,或者说从未知的状态转为已知的状态,这个观念又强化了秘密-情感组合。表达感情本身就是反对保守秘密。发现或揭露秘密时我们心中至少应该有所感触。如果在揭露一个秘密时你内心毫无波澜,那意味着这个所谓的秘密根本就不是秘密。发现或揭露秘密时体会到这类感觉可以煽动情绪,使得我们认为不仅自己,其他人也应该拥有这种感觉。这类感觉还包括元感觉(meta-feeling),也就是说我们感觉应该让尽可能多的人体会到这类感觉。这也许就是为什么我们觉得有必要传递一个新发现的秘密，保持甚至加快揭露秘密的初始速度。与交流知识相比，人类交流感觉的需要更强烈。从这个角度来看，我们也许可以将秘密理解为一种用感觉来表示的知识体验。

传递秘密通常是在打破秘密的同时又保守秘密。在剑桥（可能还有很多其他地方）谈起秘密时，我听到的都是，秘密这种事你一次只能告诉一个人。在这样一个自相矛盾的过程中，有人吐露了一个秘密，那这个秘密就遭到了泄露，但通过将秘密泄露给他人，这个秘密得到更多人的保守，生命力又得到了延长。传递秘密中出现的这种矛盾现象使得两种自相矛盾的欲望得到了满足，一种是归属感，另一种是破坏这种归属感。这种矛盾把爱与愤怒、爱欲（eros）与死欲（thanatos）、对归属的欲望和对逃离的渴望等之间的秘密转变交织在一起。

公共秘密的矛盾中存在的爱欲与死欲的相互作用相应体现在距离和亲密的相互作用上。当媒体和媒介占据了公共经验的大部分空间时，这种相互作用是可能的。这些媒体形式使得我们周遭的信息得到远距离广泛传播。信息和传播信息的方式在媒介中紧密联系在一起，这让我们对在遥远他方发生的一切获得身临其境的体验。知道私密的信息可以带来分享知识的亲密感，让人通过公开秘密来进行分享。当你怀着两种自相矛盾的感觉时——令人温暖的归属感和破坏归属的、冰冷的侵略感，或处于这种自相矛盾的感觉中时，你很难说清有何感受，因为你既是这些感觉的一部分，又与这些感觉保持了距离。以这种方式完成认知，使我们获得了一种认知的秘密感觉，这种秘密感觉必定无法体会到自身的存在。

第四章

知识的问答

我们寄希望于知识为我们带来确定性和安全感，来抵御知识可能带来的风险和伤害。这些风险就包括与其他人发生冲突所引起的风险和伤害。但是，如果没有抗争和冲突，我们似乎就难以与知识产生关系，使我们与知识产生关系的思维活动也似乎是难以幻想。沃尔特·J. 翁（Walter J. Ong）将这种现象描述为"对立性（adversativeness）"，要理解这个概念，可能需要理解他提出的另一个概念"心智生物学（noobiology）"，它指的是从生物学角度对人类精神或智力活动进行的研究。[1]对翁而言，我们最重要的生物学上的特征是我们明显无法独居生活，或者无法在没有争吵的情况下与他人共同生活。两个人之间的知识关系（两人分别与知识之间的关系，以及两人之间通过知识形成的关系）是敌对和竞争运用的一种重要方式，这种方式既危害但又确保一个群体的完整性。本章将讨论翁所说的"在思维世界（noetic world），即知识世界中的对立观点"，换言之，那些激发了知识运行过程中随处可见的争辩的观点。[2]我们之所以会梦想获得一种"通晓一切"的平安（《腓立比书》），那可能是因为认知这种行为似乎永远不可能让我们获得心绪上的平静。

要确定我们对许多事物的了解程度是一件困难的事,因为我们以为自己轻易就了解的事情,在经过思考或付诸实践时,是我们根本并不了解的。这可能意味着我们不仅不能确定我们知道什么,而且我们可能大体上也并不明白"知道一件事情"的真正含义。那么"知道一件事情"到底是什么意思?又有什么感觉呢?我如何确信我知道一件事了呢?这种不确定性意味着人类个体及其群体经常依赖于各种各样的行为程序,作为外在的证据,直观地证明认知行为的完成。这些认知行为以及显示认知的行为是人类社会对立结构的一部分。在这些知识的表现方式中,以及在形成与知识的情感关系的过程中,最重要的就是质疑行为,这一行为在某种意义上而言总是难度很高的。我建议将这一行为称作"问答(quisition)"。

在人类生活中有许多不同的质疑方式。"审问(inquisition)"不同于"询问(enquiry)"。当我询问公园几点关闭,或我挑的毛衣是否适合我时,我所寻求的是在得到答案之前我没有掌握的信息。但是,审问的目的不是信息的传递,而是要使他人将知道的事公开。审问是盘问一个人,要求其证明知道某事,而不是要求其透露所知道的信息。当然,如今"审问"一词会让人们联想起宗教、法律和政治上的各种暴力审讯手段,旨在迫使受审的人认罪或说出秘密,但我现在暂时将这层含义搁置一旁,不予讨论。据说,在19世纪,设计数学考试题的人有时会在考题中偷偷混入一个尚无解决方案的问题,以期挑选出天赋过人的考生。但对于我所讨论的情况而言,要从中做出任何发现或创新是没有意义的。

正式的提问和回答的程序很重要,这不仅是一种询问方法,而且可以让人体会到"知道一件事"是一种怎样的感觉。我们可以说，在使认知成为现实和存在的前提下，询问就是一种必要辅助，让我们理解在什么情况下可以确定认知已经完成，认知是一种什么状态，以及我们对完成认知又有何感觉。认知不是一桩私事，因为它必定总是涉及周而复始的询问和证明的过程。这是一个根本性的问题，以至于我恐怕也需要进行这样的自我提问：我是否想知道自己知道了什么？如果一个人询问你："你所知道的是什么？"那这个人可能会帮助你识别出你所知道或不知道的内容。正是出于这个原因，人们才提出问题，以使人们获得尚未掌握的知识，或使人们知道自己已经掌握了某些知识。

这种一问一答的做法已经如此高度程式化，如此深入人心——与此同时，问与答之间变化无常，双方的变换仅在瞬息之间——以至于很难将这一对组合彼此孤立开来，问答双方的身份关系总是不断变换。提问是我们表现出兴趣和关注最重要的方式之一。一个不喜欢在课堂上发言的学生，却可以通过提出问题的方式来使自己安稳地进入课堂互动，这是一种常见的做法，不会使人感到这是一种违背意愿的让步。也许只有当人们被剥夺了询问"是谁""以何种方式""何时"——提问中典型的问题——的权利时，人们才意识到询问在社会存在结构中的重要性。根据《牛津英语词典》，意为"搜索、寻找或询问"的拉丁语"quaerere"，构成了众多单词的词根，包括追求（quest）、征服（conquer）、要求（require）、精致的（exquisite，这是强烈地追寻或追求后的结果），甚至可能包括反常的（queer）。

谜语

最普遍的一种问答形式就是谜语，它在任何人类群体中几乎是无人不识的。谜语有许多不同的形式，因而很难得出一个涵盖所有谜语的严格定义，但是谜语之间仍然享有足够多的"家族相似性（family resemblance）"，使得谜语的识别轻而易举。

谜语不仅仅是一个问题：这个词的发展历史表明它的词义包含了智慧或建议，因为德语中表示谜语的词是"rede"，或"rätsel"，这两个单词所属的词群涵盖了广泛的语意指涉范围，含义包括建议、权宜之计、技巧、方法、计划、理解、智慧、思想、学说、答案、集会、讨论、协议或规则等。这些词与"read"一词同源，"read"也表示建议、深思、考虑、辨别或解释，尤其是对梦或谜语的解释。但是谜语所提供的建议是以间接的方式存在于谜面中的。

一条谜语必定有一个谜底（答案）——一条颠扑不破的定律是，谜语的答案一定是你知道的某个事物，无论这个谜语是多么古怪或自相矛盾。问题和谜语之间的区别在于，你尚不知道一个问题的答案是什么，而谜语则将其答案隐含在谜面中。正如什洛米思·科恩（Shlomith Cohen）所说：

> 谜语似乎本身就带着一种"答案应该能找到"的感觉……公开谜底后，大多数谜语都看似非常简单，猜谜的人也可以立即搞懂。显然，解开谜语的线索原本是触手可及的，只不过猜谜的人没有注意到而已。[3]

这使得谜语问答成为一种嘲弄和羞辱人的方式。这并非一种重要的方式，但能对其加以控制，且最具社会凝聚力。安妮基·凯渥拉-布赖根霍（Annikki Kaivola-Bregenhøj）指出，许多谜语的基本目的就是"使猜谜的人蒙羞"。[4]如果不存在"猜谜的人是应该能够猜出答案的"这种观念,也就不会令人对猜不出谜底感到羞耻了。

　　解出或猜出谜语的答案实际上意味着要弄清楚谜面中提出了哪类问题,以及什么可以算作此类问题的答案。美国哲学家科拉·戴蒙德(Cora Diamond)指出:"只有知道答案,你才能知道如何回答一个问题;知道如果要有一个答案,问题应如何设计。"[5]得出正确答案意味着猜到了"应该如何解读问题"。因此,谜语不会包含或传授任何重要的知识,知道谜语的谜底后,猜谜的人如果说"哦,我明白了,所以在那种情况下……",这将是一件荒谬的事情,因为谜语的谜底不会带来任何结果。谜底完全可以倒推回谜面提出的问题中。谜底回答了谜面隐藏的问题后,问题就完全丧失了效力,不需要也没必要再补充问题。诗人艾米莉·狄金森颇被谜语吸引。她曾在诗中写道:

　　　　猜出了谜底的谜语
　　　　我们很快就厌弃
　　　　没有什么能永葆新鲜
　　　　正如昨日的惊喜——[6]

　　这就是为什么谜底本身就是"一个谜"的原因,因为从某种意义上说,谜底总是一个难以解释的谜题。伽利略曾列出一个此类谜语的精妙例子,最后指出其中的悖论:当我们看清一个事物的真正面目时,它原来的面目就不复存在;当它拥有了姓名,也就进入了虚无:

　　　　当我穿过黑暗进入光明时,

> 我的灵魂突然离我而去……
> 当我拥有生命,我失去了我的存在、我的姓名。[7]

谜语中谜面和谜底这种相互关联或相互作用的模式成就了斯芬克斯给俄狄浦斯提出的谜语,因为这个谜语预示了俄狄浦斯的种种身世之谜带来的自我毁灭的悲剧,或者说杀父娶母的悲剧。

用科拉·戴蒙德的话来说,谜语的谜底揭示的"不是在某个空间中的预先可以被描述出来的发现,而是对某个空间的'发现'"[8]。但这个新发现的空间实际上不过是谜语的问题空间的新维度,或之前并不清楚的维度。这就是为什么谜底通常不能被认为是新的知识,也不是现有知识的新观念。如果你为了解开一个谜语去实验室或图书馆,你可能会发现这是个错误的做法,因为你要做的不是寻找未知的知识,而是思考有哪些知识你尚未意识到。在古希腊作家索福克勒斯(Sophocles)创作的剧本《俄狄浦斯王》(*Oedipus Tyrannus*)中,俄狄浦斯对舅舅克瑞翁说:

> 她的谜语可不是第一个来的人就能解开的!解开这个谜需要有预言未来的技法,而大家都已经知道你既没从鸟儿也没从神灵那里获得任何的知识。是我,一无所知的俄狄浦斯,令她就此罢手。我靠的是与生俱来的机智,而不是从鸟儿那里学到的知识。[9]

因此维特根斯坦认为"(无法解开的)谜语并不存在,因为如果一个问题能被表述出来,那么这个问题就可以被回答"。这是因为"对于无法表达出来的答案,那么其相应的问题也同样无法被表达"。[10]维特根斯坦在这里提到,"谜语"一词是用来指代那些我们认为无法回答的问题——宏大而未解决的问题——相关的研究术语或可能会得出何种研究答案是完全悬而未决的,就像"宇宙之谜"之类的问题。但是,一个谜语提出的问题也许实际上是封闭性的或自我指涉的,像"你认为这是一个怎样的问题"之类的问题。如果一个人提出了一个没有答案的谜语,那么这个人会被认为是在引发人们对答案进行猜测,而这猜测反而将问题变成了一个谜语,也就是一个以答案为基础的玩笑一样的问题。

这也许可以解释一个相当奇怪的现象,那就是谜语通常也是诗歌,因为诗歌往往具有自我展示的性质,这是普通文本无法做到的。谜语的诗性有力地说明我们应注意的是谜语如何遣词造句,而不是谜语所指涉的内容。这也意味着很难确定某个问题是不是一个谜语,也就是说,它的答案是否具有自我消解的能力,能改变或取代原有问题的意义。这可以解释为什么谜语出现的语境经常会清楚地说明当前讨论的问题是谜语,而非普通的问题。

因此,谜语具有的一个奇怪特征是它们似乎经常冒充问题。也就是说,每一个谜语都看似提出一个货真价实的问题,需要思考和才智以及丰富的猜谜经验才能回答,但实际上,我们在猜谜时,总是习惯性地认定稍待片刻后,出谜语的人会给出谜底。如果猜谜的人回答:"嗯,这确实是个难题。我要去仔细思考一下。"这通常不是一个恰当的回应,因为出谜语的目的就是使猜谜的人不得不询问谜底。出谜语的人装作问问题,猜谜的人必须装作被问倒,因为他们知道出谜的人并不真的希望他们对这个问题进行研究调查,再说这样做的话对出谜的人一般来说是不礼貌的。研究民俗的美国学者李·哈林(Lee Haring)认为,在非洲,猜谜中最重要的不是解答谜语进行的思考行为,而是知道很多谜语所带来的声望。这使得谜语的问答"更像是一种基督教原则的问答手册,而不是能启发创造的问答讨论",谜语问答的游戏规则就是答题者会被告知答案,而不是猜出答案。[11]因此,"关于谜语的知识赋予解开谜语的知者(可能在儿童时代的后期)加入'知者社会'的权利",因为拥有关于谜语的知识等于拥有"一种类似魔力的力量"。[12]在这种情况下,谜语的意义不在于猜出答案,而在于知道答案。这常常使谜语能够充当一种"社会过滤器",将知者与不知者区分开来。"正确答案是进入知者群体的密码。如果有人发现不同的答案,这种独创性可能会受到称赞,但这不能成为准入证。只有正确的答案才是唯一的准入证。"[13]猜谜游戏使得人们开始思考,如果猜谜中起重要作用的是谜面和谜底包含的知识,以及猜谜游戏中起支配作用的问答行为,那么我们应能挖掘出某些关于谜面中所涉事物——鱼、天空、石头、河流、小鸡等等——的隐秘知识。

猜谜游戏创造出一种仅在交换谜语的认知活动中发挥作用的伪知识,从而使知识产生影响,使认知成为一种社会思维货币。英国人类学家和民族音乐学者约翰·布莱金(John Blacking)如此描述南非文达人中谜语"购买"的环环相扣的交易链:

> A先给B出一个谜语,但B不进行解答,而是向A出谜来"购买"A第一个谜语的答案。A揭晓自己的第一个谜底,然后再向B出新的谜语来"购买"B第一个谜语的答案。接着B揭晓自己的第一个谜底,并向A再出新的谜语"购买"A的第二个谜底。游戏以这种方式持续进行,A和B之间轮流出谜,直到其中一方无法提出新的谜语为止。[14]

这些谜语有一种神奇的力量。布莱金指出:"谜语、歌曲和故事不仅是一种娱乐,也是文达儿童初次接触到的神秘魔力,而谜语也许是其中最为重要、最为有力的,因为许多谜语都涉及宇宙的起源和历史,带着神秘的气息。"[15]实际上,谜语之所以具有魔力,很大程度上是因为它是一种维护和改变社会地位的方式——家里年纪小一点的儿子需要与更强大的兄弟姐妹抗衡,他们一般都很擅长谜语,不过他们也需要注意在谜语游戏中获胜时别太得意忘形。[16]所以,尽管——更可能是因为——谜语包含的知识不够正面积极,但谜语游戏却产生了一种非常真实的智力竞争,即便谜语中的一些无稽之谈影响了团结关系。美国民俗研究学者罗杰·D.亚伯拉罕斯(Roger D. Abrahams)认为:"从根本上说,谜语在其设计和目的上均具有侵略性。"这不仅是因为它们设计、构建了出题者和答题者之间权力和地位的差异,而且还因为普通人是通过分类来认识事物的,但谜语对事物的一般分类范畴形成了冲击。[17]然而,谜语也不过是"众多获得许可的一般攻击形式之一,尽管其性质是反社会的,但却不是反规范化的。谜语将可能破坏社会及社会价值的力量,引导至不会造成伤害、有益心理健康的创造性表达渠道"。[18]

在所有谜语中,具有文学性的谜语已经获得了与众不同、更高一筹的声誉。拉法特·鲍里斯塔夫斯基(Rafat Borystawski)认为,如果基督教要完成宣传上帝创世这一神圣真理的任务,那中世纪解读谜语的能力是相当重要的:

> 寻找真理就是寻找通向上帝的道路,这相当于一种无论身处何地皆能发现上帝和上帝智慧的能力;要获得开悟

就得先解开一个包罗万象的谜语，而这个谜语的谜底正是无所不在的上帝……基督徒要相信上帝创世论，要体会到上帝普遍隐藏在万事万物中，并知道这是上帝的安排。基督教认为这是上帝给人类出的一个谜语。[19]

古老的英语谜语也被视为"一种语言和诗歌上的创造性游戏，如果不运用知识，不以游戏的形式来运用现有的知识，谜语就无法存在"[20]。因此，尽管我们可能会同意"谜语最初的作用是隐藏知识"这个观点，但我们也得承认谜语也是一种知识游戏，或者也可以说，是对知识的戏耍。[21]事实上，谜语中并不包含多少有用的知识，更不用说智慧了——人类在婴儿时期无法独立行走，成年后大多能行走自如，老年时则行动不便，这是斯芬克斯之谜中蕴含的对人类生存状况的描述，但我们很难将这个事实称为一种宝贵的、来之不易的发现。实际上，无论谜语蕴含多少智慧，我们最终都可能会认为谜语不过是说明了人们会以各种令人惊讶的方式来理解事物。甚至可以进一步说，每个谜语提出的问题就是：1怎么变成2？这个基本的数字问题涉及谜语这种游戏的结构。在猜谜游戏中，知识在两个参与者之间的分配是不均等的，而且两个参与者的身份是可能变化的，出谜的人可以变成解谜的人，反之亦然。

谜语指的是猜谜的行为，而不是谜底中所指的事物。谜语涉及的始终是些东拉西扯的事情，结构也无章法可循，仅有一些特定的出谜形式和规定好的程序。比如，猜谜的人有多少次答题的机会——"你只有3次答题机会，你敢猜吗？"这就是为什么刘易斯·卡罗尔所著的《爱丽丝梦游仙境》中的人物疯帽子先生给出了一个谜语："为什么乌鸦会像写字台？"但他自己也不知道答案，这真是让人感到既荒唐又烦恼。[22]

谜语也通常是一种笑话，原因可能是谜语普遍不具有重要性，知道一个谜语的谜底后，你能做的不外乎就是表示"我明白了"——恍然大悟地说一声"啊哈"，而不是"哈哈"，当然你也可以"哈哈"一笑了之，此外你很难再用这个谜底去做点别的什么。不过，在神话和民间故事中，谜语的内容虽不重要，但猜错谜语会给解谜的人带来极其严重的后果。这种谜语被称为"保命谜语"（neck-riddle，字面意义为脖子谜语，是德语"Halsrätsel"的英译，其字面意义为"保住脖子的谜语"），也可称为"夺命谜语"（capital riddle，字面意义为"死刑谜语"）。[23]所以如果你猜不到谜底，斯芬克斯就会吃掉你，就像你三次输错密码，自动取款机也会做出类似的反应，将你的银行账号锁死。当然，并不是只有解谜的人面临危险，出谜的人同样如此：俄狄浦斯解开谜语时，斯芬克斯就自杀身亡；德国民间故事中的侏儒怪（Rumpelstiltskin）在国王的新娘猜出他的名字后，在狂怒中钻入地下（在有些故事版本中，他的身体四分五裂）；电影《星际迷航》中的许多外太空智慧生命也同样遭到灭亡，因为柯克舰长将他们制造的谜团——解开。就像讲完笑话遭遇冷场的人一样，要是谜语难不倒人，出谜者就可能会面临"死亡"。

为什么懂得解谜成为生死攸关的事情呢？为什么猜谜即使作为一项娱乐活动也能致命呢？在中美洲的多巴哥岛，人们在葬礼前的守灵上会进行猜谜活动，解谜时展现出的迷惑和不解，在谜底揭晓那一刻都烟消云散，因此这可以帮助人们躲避死亡的不可知性，使人们免受这种不可知性的烦扰。美国民俗研究学者亚伯拉罕斯认为："也许在这种情况下，谜语的谜底被揭晓时，也暗示着死亡这个更大的谜题会有解决办法,这不失为一种悲天悯人之举。"[24]

这里,我们需要区分作为日常社会生活一部分的谜语实践和以谜语为特色的叙事,因为正是这些叙述赋予了谜语特殊的危险力量。《圣经·列王纪上》中就记录有这样的故事:"示巴女王听见所罗门因耶和华之名所得的名声,就来用难解的话试验所罗门。"后来相关的传说流传开来,所罗门由此成为擅长出谜和解谜的智者。[25]

希腊作家普鲁塔克(Plutarch)在其作品《七贤会饮》(The Dinner of the Seven Wise Men)中讲述了埃及国王阿玛西斯(Amasis)给希腊贤者毕阿斯(Bias)寄了一封信,请求他帮助自己与邻国君主打赌,赌注极高:

> 埃塞俄比亚人的国王与我斗智。先前的比试中他从无胜绩,最后他使出了撒手锏,提出一个非同寻常而又无比可怕的赌局,如果我喝干大海的水,我就能得到他治下的许多村庄和城镇,但如果我无法做到,我将不得不放弃阿斯旺象岛(Elephantine)附近的城镇。因此,我恳求您帮我思考这个问题,将答案交给侍从带回。提供答案的人,不论是您的朋友还是任何一位公民,我将提供一切合理的奖赏。[26]

这个挑战类似于民间故事和民谣中"不可能完成的任务",例如要求女孩将稻草纺成金线,缝制没有接缝或针脚的亚麻衬衫,等等。通常,赢得挑战需要一些巧妙的智慧,不需要多么高深的知识。所以埃塞俄比亚国王提出的难题是这样解决的:"告诉阿玛西斯，让埃塞俄比亚国王先把那些正在汇入大海的河流拦截住，阿玛西斯再喝干河水，这正是他要喝掉的海洋，而不是河流汇入后的海洋。"[27]

在这些故事中，谜语是一种证明性的测试和考验，是决定其他更为重要的事情的方法。谜语可以定胜败、分胜负，既可以给人带来胜利，也可以带来屈辱。从某种意义上说，谜语是一种占卜的形式，不过猜谜活动需要与知识合作，而不是寻求知识。也就是说，猜谜不需使用有形的工具和手段（如筛子、茶叶、鸟的飞行等）来实施随机原则，而是使用知识和他人的无知来实施随机原则。

斯芬克斯是最为著名的谜语创作者，它本身也是一个谜，因为它把控着大门或关卡（物理学家詹姆斯·麦克斯韦虚构的麦克斯韦妖怪也控制着一扇假想的门，像这个妖怪一样，斯芬克斯也是一台信息处理器）。谜语是多伦多大学英语教授埃莉诺·库克（Eleanor Cook）的研究对象之一，她指出，斯芬克斯就如同希腊神话中半狮半鹫的怪兽格里芬（Griffin），无人能明确描述出其外形，而谜语的一个特征就是奇事怪物的各种组合，因此由怪兽来提出那些让人联想起这些奇事怪物的问题再合适不过了。[28]我曾引用过伽利略的一首诗歌谜语，其谜底就是"谜语"，该诗歌将谜语描述为这类难以名状的怪兽：

我是一头怪兽，比哈皮、塞壬和奇美拉*
还要奇怪，还要丑陋。

---

* 哈皮（Harpy）人面鹰身，塞壬（Siren）人面鸟身，奇美拉（Chimera）狮头羊身。三者皆为希腊神话中的怪物。

地上、空中和海里，

数我最千奇百怪。[29]

斯芬克斯之谜的谜底是"人"，这暗示了怪物和人类成长之间存在某种一致性。巨人和怪兽守卫着大门，解开谜语才能入门，这不仅是地点上的变换，也往往是从无知到有知的转换。这些巨人和怪兽的外貌难测，因而它们出的谜语相当于"我是谁"这个经典谜语。解谜的人要么被毁灭，要么安全通过大门；也就是要么被怪兽吞掉，要么被怪兽从嘴里吐出来。谜语常常起到分界线的作用，就像一个禁行或通行的路标，也可以是减速和加速的路标。斯芬克斯这个名字可能来自古希腊语"σφίγγειν"（现代希腊语为"sphingein"），意为拉紧，所以斯芬克斯的功能与人体一些肌肉结构的功能相同。这些肌肉结构通过收紧和放松的动作，可以控制物体的进出，最典型的这类肌肉结构包括肛门括约肌和阴道括约肌，还有咽喉部位。谜语让人联想到过滤器，这个工具也具有筛选的功能，有些事物可以放行，有些事物则不能通行。这两种不同的谜语可能会相互影响，尽管它们在词源上没有任何关系。

大部分对谜语的分析与其本身一样乏味无趣，却又让人欲罢不能，原因可能是这些分析关注的是"谜语是什么"而不是"谜语做了什么"，关注谜语本身而不关注与谜语相关联或相类似的事物。我们可以将猜谜活动理解为一种"问答"，但问答这种活动规模更大、更多样化，也是人类在进行认知活动时询问和回应的一部分。对谜语的分析并不关注为什么如此多形形色色的人不惜耗时费力地去进行这种问答形式的活动。

信奉结构主义的谜语分析学者常常将谜语视为认知程序，是检验和协商社交信息的方式。民俗学家艾拉·孔爱思·马兰达（Ella Köngäs Maranda）认为，谜语在本质上"将无法结合的事物结合在一起"，因此可将谜语类比为婚姻制度，谜语时常与之相伴相随。[30]事实上，她将谜语视为对婚姻制度的一种描述：

> 我们可以将谜语看作一种专门的语言，人们用来谈论两性结合这种人类最基本的社会行为。在社会行为的层面上，这种交互行为——无论是当今西方社会婚姻双方之间的交互行为，还是许多其他社会中婚姻双方家庭之间的交互行为——构成了社会的基础。我认为，这种交互行为相当于双方一种不间断的协商行为，这种行为没有那么明显，但同样存在于基本的认知层面上。[31]

社会人类学学者伊恩·汉姆尼特（Ian Hamnett）对谜语的理解更为宽泛一些。他认为可以将谜语视为对认知进行管理的一种思考："谜语和猜谜活动阐明了对社会行为和认知进行分类的一些普遍原则，特别是可以表明，语义模棱两可的情况在分类过程中发挥何种作用。"[32]

但谜语还有另一个功能，这一功能甚至可能更为重要。谜语并不包含或传播知识，而是塑造和构造认知，解释认知何以完成，赋予认知一种暂时的形态，以某种规律将隐微、质疑和揭示等认知行为联系起来。谜语和笑话最密切的关联在于两者都能营造一种悬疑的氛围，疑惑解开，智力思考上的紧张释放后，情绪得到了强化。这么说，谜语可谓是带着情感的对认知方式的分析。学者马修·马力诺（Matthew Marino）曾撰文探讨英语诗歌集《埃克塞特图书》

(*Exeter Book*)中谜语的文学性，提出济慈的"消极能力说"使人们在无须了解事实或理性解释的情况下身处一种不确定的状态，可以"更好地解释创造《埃克塞特图书》谜语背后的丰富动力"。[33] 这个观点将文学谜语与多数民间谜语区分开来，后者能将事情来龙去脉解释得一目了然，当答案揭晓时谜面中的问题就立即得到完全解决。但无论谜语是否具有文学性，其都具有一问一答的形式，在解谜过程中要调动各种能力天赋，既要深思熟虑也要大胆尝试，还要衡量可能性和事实，在寻找答案时解谜人会体会到一种迫切性，当疑团解开得到答案后又获得满足。与大众口头谜语相比，文学谜语在人们对答案的期待、答案揭晓后的回味方面更具复杂性，包含更多因素，但这只会加剧等待答案时的紧张氛围，并不延缓答案的揭晓，或改变其问答的模式。以色列宗教哲学家伊兰·阿米特（Ilan Amit）阐述了出谜和解谜这一智力过程在经济学上的意义，凸显了谜语如何使认知发挥作用：

> 我知道一些你不知道的知识，就想对这些知识加以利用。如果我将知识传授给你，我将失去这些知识；但如果我不传授知识，你就不会知道我掌握这些知识。我出谜语的目的是令你感受到一种认知上的不足，而且使你认为需要去弥补这个不足，如此一来，我就确立了自己作为知者的地位。但最终，我将不得不放弃我的知识并给出谜底。否则，其他事情可能会分散你的注意力，或者有人可能会自己找到谜底。[34]

从这种体验中可以归纳出一个原则：认知总是能最终获得，但不会如期而至，它要么为时过早——你尚不知道答案，要么为时已晚——你已经知道了答案。问答的方式可以强行将这种矛盾改变为一种有先后次序的结构，也避免了求知欲产生的犹豫不决、急不可耐的心理，但同时也通过知识的传授来满足求知欲。这种情况下，问答中的思考在时间上有先后，进行思考又需要时间，时间从而调和了认知引发的心理焦虑。

构成知识关系的问答形式有许多种，谜语只是其中一种形式。这使得探究对象与探究本身之间的关系往往发展为一种问答式的对话关系。你对生命的意义或宇宙感到困惑，是因为生命或宇宙向你——追求真理的人——发出"我是谁"的疑问，也就是说，你为了追求真理，需要（有了求知的需求就成了追求真理的人）知道真理会向你提出什么问题。从本科学习转入研究生学习阶段的学生有时会感到困惑，因为老师要求他们不去回答问题（看上去就好像他们只是在等待别人回答问题一样），而是要求他们提出问题，这转而又常常会导致学生产生一个痛苦或困惑的问题："您说要提出问题，那要提出什么样的问题呢？"研究涉及的不是发现，而是创造出需要发现的事物。我们经常听到学者们质疑这样那样的观点是"有问题的"，好像提出要思考的问题并解决该问题并不是使学术讨论成为可能（或者至少是值得）的唯一事情。

就像谜语游戏中的问答活动一样，猜测中的提问和回答涉及的认知活动也受到了忽略。猜测涉及什么呢？猜测是深思熟虑与偶然的灵机一动之间的奇怪混合。对于荷兰历史学家约翰·赫伊津哈（Johan Huizinga）来说，"一个问题的答案不是通过反复思考或逻辑推理找到的，而是突然之间找到的——就像抓住你的发问者突然松开了对你的束缚一样"[35]。我们认为，人们在进行猜测时依靠的是直觉,这表明我们相信存在一种特殊的未知知识,这种知识可能拥有某种超越普通思维的力量,能对普通思维进行外部干预。猜测就是通过猜想得到答案,不是通过自己的计算或思考,而是一种借助外力获得答案的方式。我们现在依然存在"由灵感激发的猜测(inspired guess)"这种说法。在英语中,"猜测(guess)"既可表示"寻找答案",也可表示"成功地找到了答案",所以你可以这样问道:"How did you guess?"(德语将这两种意义分别用"raten"和"erraten"表示。)猜测可能是一种不可靠的想法,但它仍然是一种知识,至少是一种类似于知识的知识。在英语中"guess"的一个近义词是"conjecture(推测)",这个词在14世纪时的意义更接近于"conjuration(巫术,魔法)"。在威克里夫版《圣经》中,古巴比伦王尼布甲尼撒(Nebuchadnezzar)对擅长占星的迦勒底人说:"ȝe shuln shewe to me the sweuen, and the coniecturyng, or menyng therof.(你们需将梦和梦的讲解告诉我。)"[36]从这个意义上讲,猜测是一种预言,旨在强行将尚未存在的知识转变为一种现实存在,从而梳理出其中的知识。如上所述,从不确定中找出真相是谜语的固有特征,这就是为什么即便大多数谜语实际上可以有多种答案,但也只有一个答案可以被视为正确答案。谜语是从不确定性中产生确定性的一种手段。用赫伊津哈的话说,谜语"迫使众神插手干预"[37]。希腊神谕的神意往往蕴含于谜语中,需要有人对其进行解读,神意中包含了预言、谜语和解读行为三方的相互沟通。研究古希腊文化的美国学者萨拉·伊莱斯·约翰斯顿(Sarah Iles Johnston)认为这种相互沟通涉及一系列还原活动:

在德尔斐神殿所进行的占卜活动,并非用于解决问题,而是将问题从一个人类只能幻想的未知世界转移到一个人类的行动可以产生具体影响的现实世界中。[38]

要了解人类社会的猜谜游戏最为有力、重要的特征,我们就需要回到约翰·赫伊津哈的观点中,他认为谜语建立了"游戏与认知"之间的联系,而这种知识和游戏的联系最早可追溯至神话中神灵之间的智力竞赛。[39]如印度诗歌集《梨俱吠陀》(*Rigveda*)中描述宇宙创世的神曲,以及北欧史诗《诗体埃达》的第三首诗《瓦夫苏鲁特尼尔的教诲》("Vafþrúðnismál")中奥丁(Odin)与睿智的巨人瓦夫苏鲁特尼尔(Vafþrúðnir)之间的猜谜竞赛,均可体现这种联系。赫伊津哈认为:

> 游戏不会变得比"严肃"的活动卑下,也不会升华为严肃的活动。应该说是文明逐渐区分了两种智力活动,使其成为我们所称的游戏和严肃活动,但它们形成了一种持续发展的智力形式,文明由此诞生。[40]

赫伊津哈从"神圣游戏(sacred game)"中发现了人类智慧的起源。[41]也许知识和游戏从未真正分开过,不是因为我们应当认为游戏是神圣的,而是因为似乎不可能通过游戏以外的方式来思考知识。赫伊津哈认为古代的智力问答游戏反映了一种冲突占主导的世界观。但是问答游戏使知识本身成为冲突的一部分,因此能够引发事物对立的知识就成为这种世界观的一部分。问答行为也许可以帮助我们看到,所有的认知行为都是一种游戏行为。这不是因为知识都是虚假的,是伪知识,而是因为除非我们能够将知识运用(利用）于游戏中，否则我们就对知识一无所知。沃尔特·J.翁提到一件有趣的事情，拉丁语表示学校的词"ludus"也有"游戏"的意思。但这并不是说学校是一个可以无拘无束地娱乐消遣的地方，而是说学校的游戏活动应被视为迎接生活中的战斗和挑战的准备活动。翁认为，这种思维方式在拉丁语的教学中尤为明显，而拉丁语的教学对于建立基于严谨、威胁和各种论断的欧洲学术文化至关重要。[42]欧洲的学术文化形成了鲜明的"好争辩"的特征，这意味着教师并不鼓励学生去认识"客观性"（关于这一概念的争论依然激烈），而是教育他们要"表明你所主张的论点或攻击他人维护的论点……学生主要是通过争辩来学习的"。[43]直到今天，很少有别的词汇能像"逻辑（logic）"或"不合逻辑的（illogical）"这些词一样，容易激发学术上的争论，或表示中立客观等这些特征。

问答是我们获取知识的一种方式，通过猜想形成知识。最重要的是，问答将知识放在时间维度上加以呈现，拓展了认知范畴，将"即将知道"的状态也包括在认知范畴中。人类对知识的处理总是与时间相伴相随：我们在时间的长河里获取知识，知识又让我们能够摆脱时间的桎梏，从而掌控时间。但是，对知识的利用也必须始终在时间的长河里展开。问答游戏就像人体关节进行运动一样，似乎在相互配合着玩一场游戏，以展示知识的各种可能性。这可能解释了为什么智力竞赛必须在限定时间的情况下进行——答案必须在日落之前或在规定的时间内给出。实际上，在智力竞赛中，时间是知识的老对手。使知识发挥作用意味着在能把控的时间内，使掌握的知识展露出来。进行游戏既使时间暂停又是对时间的占据。游戏需要时间来思考，因而总会使人意识到时间的存在，又忘记时间的存在。

在许多谜语竞赛中，似乎一方总是机智多谋或诡计多端，而另一方通常会被吃掉，遭遇死亡的结局。俄狄浦斯和斯芬克斯就是典型的例子。在故事中，擅用诡计的一方总是会战胜武力的一方，大概是因为故事本身就充满了诡计，因此倾向于站在使用计谋的那一方。但是，诡计并不是武力的对立面，而是武力的一种形式，为武力或胜利服务的知识可视为武力的一种诡计，是武力的一种自我掩饰。大自然的发展可能从强硬的对抗转向柔和的对话，从武力转向礼节，从物理运动转向信息交流，但这些转变并不意味着以金融或医疗计算机系统为目标的网络攻击就不具有致命性。有些胜利不见刀光剑影，却可以带来沉重的挫败。如果知识是一种可以用来进行游戏的力量，可以将力量转化为计谋，那么它通常就只能伪装成游戏的形式。利用认知来玩乐也是一种认知游戏。的确，很难幻想人类的认知是完全不掺杂求胜欲的，即使认知把自己隐藏在一种超越胜负、看似平和的意愿中。

20世纪，谜语越发与秘密、晦涩等这些特征紧密联系在一起，特别是在艺术和文学领域。加拿大作家布莱恩·塔克（Brian Tucker）提出浪漫主义文学和精神分析学都具有"晦涩修辞"的特征，南加州大学的英语和比较文学教授丹尼尔·蒂法尼（Daniel Tiffany）表明现代抒情诗的特征是具有几种独特的晦涩手法。这两种晦涩特征都具有挑衅的一面，因为都是一种公开行为，或许不算是一种公开的秘密，却是一种对读者或赏析者的公开挑战，也是在要求读者参与到诗歌制造的谜题中来。[44]塔克写道："语言与知识之间存在一种新的关系，在这种关系中，目标不再是进行交流来明晰意义，而是不以交流为目的地造成意义的晦涩。能否抵抗和延缓读者的解读，是否给读者解读制造了困难，成为衡量文本、图表或符号优劣的指标。"⁴⁵塔克的表述似乎并不意图说明因出现这种状况而产生的兴奋。从认识论的角度讲,这种状态是真切而严谨的。从认知相关情感的角度来说,分析谜语般晦涩的文本和谜语般神秘的自我似乎可以带来愉悦的感官享受。

完整的半小时

20世纪中叶,谜语竞赛中的问答形式得到扩展和巩固,发展出两种不同但互相联系的形式:一种是知识和学习的问答结构,主要包括各种形式的正式辩论和讨论;另一种是多种形式的益智娱乐。这两种问答形式之间看似并无多大联系,一种是通过对话寻求真理,另一种则是无足轻重的娱乐,但是两者都属于知识投资及知识竞赛。

真正的哲学辩论始于由柏拉图记录的苏格拉底对话。可以说,作为一种严肃、持续的反思,哲学的确始于辩论。这项传统从古典哲学时期传承至11世纪前后基督教占统治地位的中世纪欧洲。当时,大学在欧洲已经诞生。哲学辩论就成了大学里一种正式的辩论形式,是讨论宗教分歧和交流知识的常见方式。辩论不仅是知识的承载者,而且在现代早期还成为人们密切关注的主题。17世纪及18世纪产生了大量的讨论辩论艺术的专著。⁴⁶

"disputation(争论,辩论)"一词的前缀"dis-"意义复杂。它的原意是向反方向牵引的力,该词与希腊语"bis(二)"有关,因此与二元的概念有关。古罗马语言历史学家瓦罗(Varro)认为,辩论的基本原则是将"纯正(pure)"从"不纯正(impure)"中区分开来。"pure"这个词的意义衍生自园艺师修剪园林(pruning)的工作,拉丁文"putare"的主要含义是"清除"或"净化"(瓦罗流传下来的专著共有两本，除《论拉丁语》外，还有《论农业》）：

> "disputatio（讨论）"和"computatio（思考）"来自"putare"，意为"purum（清洁）"；古人用"putum（纯正）"来表示"purum"的意思。因此，"putator"意为"修剪树木的人"，因为他"清洁"树木；我们可以"处理（putari）"商业账户，账户总和就是"最终净额（pura）"。如果一个语篇语言简洁（pure），不产生歧义，含义清晰，这样的语篇就可以被认定为在讨论（disputare）问题了。[47]

前缀"dis-"的含义进一步拓展，现在主要表示一种特定的偏离情况，例如"dispersal（分散）"，以及使某事物发展至极端或极限的情况，例如"dissolution（溶解）"。"disputation"一词的含义似乎既保留了动词"dispute（争辩）"所表示的双向的交锋，也逐渐带有对所有相关可能性进行全面、认真地审查的意思。辩论绝不可能完全在祥和的气氛中进行，但是辩论探究所有可能性，可以分散冲突中人们的精力，因而人们不会将争斗的念头付诸行动。从字面上看，辩论的作用是逐渐"偏离主题"。这一发展历史很好地体现在"dissertation（学位论文）"一词中，该词如今被用作"thesis（论文）"的同义词，"thesis"表示持有某种立场，也就是坚守阵地的意思。动词"dissertate（论述）"衍生自拉丁词汇"disserere"，这个词由前缀"dis-"加上"serere"构成，意为播种、分配或安排，因此，"dis-"似乎意味着以浸湿、浸透的方式进行传播。瓦罗写道：

"disserit"的词义具有比喻意义,与田地相关,因为厨师、园丁在菜园的土地上"分配(disserit,英语为distribute)"种下各样东西,演讲者做的事情类似于园丁,所以可以用"disertus"(英语为"skillful",意为有技术的、有口才的)形容演讲者。我认为"sermo(对话)"来自"series"(英语为"succession",意为"交替"),这个词又衍生"serta"(英语为"garlands",意为"花环")一词。此外,可以形容服装是被"sartum"(英语为"patched",意为"缝补")在一起。[48]

游戏竞赛中的思考需要运筹帷幄,以便在游戏中平衡两方:一方是挑衅和获得知识力量的意志,另一方是和平对话。这种观点认为思想具有发散性,而不是深入聚焦于某一点上。游戏中的交流的目的是使游戏持续进行,推迟游戏的结束,使得游戏中的问题不会中止。

辩论在学术生活中变得越来越重要,到了13世纪,巴黎大学和牛津大学都明文规定学生需掌握进行公开辩论的能力。[49]要取得大学学位,最重要的考试便是毕业答辩,学生须在辩论中证明自己有能力进入"学术领域"。[50]但重要的一点是,要看到游戏在这些辩论的内容和形式中占据显著地位。辩论的观众既活跃又专注,这使得辩论看上去与戏剧表演有诸多相似之处。中世纪的辩论经常于宗教节日和公共假期时进行,特别是大斋节和降临节,达官贵人常受邀参加。[51]辩才高手们口若悬河、表演引人入胜,听众们聚精会神、全情投入,辩论中听不到嘲笑、嘘声或掌声(当然,观众有时会有这些回应)。辩论展示的是智力和论据,这意味着辩手不仅要对正反证据加以运用，还要将正反论据表演出来，也就是说，将正反论据佐以例证，说明论据的正确性。论据实际上说明某件事具有可辩性。

辩论是两个或更多对话者之间的讨论，在辩论过程中，每个对话者都提出并捍卫自己的观点，同时又反驳对手观点。这意味着，持有一个观点比辨别哪一个观点是正确的要更简单。但是，一个人能明白持有一种观点意味着什么吗？那是何种感觉？又如何知道自己持有观点呢？我们似乎认为观点是引起分歧的原因，但只要稍加思索就能发现，实际上，是分歧产生了观点。我们可以快速组织一场辩论，先公布举行辩论的消息，然后进行正式安排，辩论不是因为意见产生冲突而自然产生的。中世纪的辩论可就一个特定问题进行讨论，任何一位听众皆可提出一个话题来发起正式的讨论，就像我们如今在辩论社团或电视节目中讨论问题一样。学者能就任何问题进行正式的辩论，因而"quodlibet（供讨论的问题）"一词很可能衍生了"quibble（抱怨，牢骚）"一词，"quodlibe"也就逐渐表示"无足轻重的争吵"之意，这和许多与学术讨论相关的拉丁术语的发展过程一样。辩论不是了解事情真相的方法，而是一种使人相信自己在某些问题上的观点与他人有所不同的方法。辩论能使你逐渐了解你所思考的观点是什么，并能将这些观点加以组织，形成有规律的模式，从而引发双方观点产生分歧。

研究辩论发展的历史学家面临的问题之一是，我们对辩论的了解很大程度上来自对辩论的指令性规则，或来自书面记录。而这些记录的作者通常是辩论观众，有时甚至是辩手自己，难免失之偏颇。从这种预先规定的辩论规则或回忆性的陈述中建构辩论体验是非常困难的——从我们现代的惯例来看，委员会的成员是谁并不重要，重要的是写会议记录的人是谁。然而，要将一场辩论发生在某时某刻的实际情况和这场辩论的书面记录区分开来，可能不是一件容易的事。研究地中海历史的学者罗宾·惠兰（Robin Whelan）写道："作为一种辩论的论据，虚拟对话在古典时代晚期基督教关于辩论的文献中随处可见。辩论者经常在驳斥对手的文章中重构自己的对手。"[52]辩者非常熟悉这些对话，所以实际的辩论会受到影响。这种虚拟对话（imaginary dialogue）包括辩论过程中辩者展现的自我形象："就像语言能力和《圣经》知识一样，人格同样是辩论的一部分（既是武器又是讨论的主体）。"[53]因为从某种意义上而言，辩论的形式意味着对某一辩题的争论总是被关于辩论本身的性质和意义等不重要的争论所遮蔽。这一点由辩论的一个特征——观点不断得到总结和重述——来加以强化。但是，几乎所有辩论的经验都可以证明，争夺论据的控制权，也就是努力证明自己对论据理解最为透彻，是辩论相当重要的一部分。

也许辩论最重要的特征是，它是混杂的、强迫性的自我传播。拉丁词"arguare"源自希腊语"ἀργής（arges）"和"ἀργός（argos）"，意为明亮、发光或反光。拉丁语中的"argentum（银）"，被保留在地名"Argentina（阿根廷）"中，与"arguare"有相同的词源。神话中百眼巨人阿耳戈斯（Argos）的名字就来源于他明亮的眼睛，地方报纸借用这个名字来表示敏锐的洞见和观察力。但是"argument（论证/论据）"的含义已经变得截然不同了，因为"argument"更可能导致混乱和僵局，而不是清晰和共识。公平地说，两个人"陷入争论"是因为他们在彼此之间形成的争论很快会消耗掉他们，只有你被你的争论逼入困境时，你才能为自己的立场论证。

试图从内部看到辩论的形态几乎是不可能的。但这不是因为争论的参与者都没有去注意它。实际上，争论的无定形性恰恰来自以下事实：参与其中的人实际上对定义其形非常感兴趣。甚至可以说，在争论中，人们争论的是对争论本身的占有，好像各方都在努力争取获得一个制高点以纵览整片地势。争论是一片波涛汹涌的海洋，充满着互相交织却又互相驳斥的观点。所有争论都在"扮演"它们希望成为的论点。即使争论只是一种表现形式，一切也都取决于这种表现形式。

当然，正式的辩论与自发的争执是有区别的，但这个区别既存在于二者之间也存在于二者的内部。正式的辩论试图为某个过程提供外在形式，这个过程总是处于分裂的危险边缘，且总是从中间向内部发展。看起来纯粹的力量被包含在形式之中。例如，通过轮流顺序来确定角色或职位，如正方、反方和主席（"praeses"或"president"，"第一席位"）。但是，除非有反方力量推动辩论，我们可以将其看作渴望取代或废黜某一立场的力量，否则就不会有任何立场。辩论如果不存在某种隐含敌意的对抗，辩论的对立就不会有力量。对抗既是辩论的外在形式，又是实际的辩论所固有的内部性质。力中有形，力由形产生。

1972年11月2日，英国广播公司在电视上首次播出了巨蟒剧团的（The Monty Python）幽默短剧，剧中有个角色去了一家中介公司，想要付费进行一场争论，这个例子很好地说明了上述原理。为争吵付钱的荒谬之处在于，当时并没有争论焦点，因此没有什么可争论的。但是，没有什么可争论的，就相当于被要求争论一个由文艺复兴时期辩论的观众提供的纯理论辩论问题。该顾客的对话者熟练地将正式礼貌的交流变成了热烈的讨论，讨论的内容是委托人是否已经被告知他进入的是用于争吵的屋子,然后通过顽固而幼稚地反驳委托人的一切说法,从而进入了对"到底是什么构成了争吵"的问题:是简单的反驳("一直说不")还是坦率而又慎重的过程——"一系列旨在建立主张的相互关联的陈述",就像不幸的客户坚持引用《牛津英语词典》里的定义一样。客户觉得自己被骗了,因为他遇到了一个论点似乎与他所说的一切相矛盾的人。但最后,他实际上是被诱骗到那种幼稚的"绝对"之中,采用的是全有或全无的诡辩逻辑,旨在取得胜利,而不是严肃对待真理。他的对手似乎突然变成了那个谨慎且讲理的人,为他的立场提供合理审慎的理由:

> 男人:啊哈!如果我没有付钱,你为什么在和我吵架?……问住你了!
> 维罗廷先生:不,你没有。
> 男人:不,我有…… 如果你在和我吵架,那我一定已经付钱了。
> 维罗廷先生:不一定。我可能是在下班时间跟你吵架。[54]

要确定一个给定的纯理游戏或知识游戏是在"玩真的"还是"玩玩而已"从来都不容易,因为两种模式之间的摇摆构成了知识在游戏中的意义的一部分。

辩论的要素不仅保留于学术机构中,也存在于其他地方。但是它目前的纯理性观念与过去截然不同。这种观念的最重要特征是,强调证据在知识形成中的作用。中世纪和文艺复兴时期的辩论大部分取决于论据,主要是因为他们讨论的是形而上学的问题,对于这些问题,永远不会出现关键性证据。可能会出现新的观点和解释,这些观点和解释可能是戏剧性的、意想不到的,但是它们仍然取决于理性在现有权威知识体系中的应用。这意味着近代早期真正的形成性对抗并不在科学与宗教之间,而是反常识般地存在于科学与理性之间。

依赖于解释而非实验使辩论最终获得了特殊的待遇,因为辩论赖以存在的理念是我们可以将全部知识都储存在头脑中,知识可以信手拈来、脱口而出,而辩论似乎又使这一理念成为可能。因此,尽管辩论文化显然是公众对事物提出质疑,但这种对抗行为在根本上是克制的,这可能因为辩论是一种口头行为,有利于人们在辩论中快速利用已知的知识来压制新观点。一本已出版的指导辩论的著作认为在学术辩论中"不可能发现关于事实的新内容"[55]。威廉·克拉克(William Clark)认为:

> 其目的不是要产生新知识,而是要对已有的学说进行排练。所产生的内容——口头争论——当场被消耗。辩论并没有积累或传播真理,相反,它是消解或废除了可能的、想象的错误。[56]

这个说法证实了沃尔特·J.翁"争论本质上是防御"的观点:

> (在文艺复兴时期)大学教学包含更多口头活动,随处可见辩论和演说。物理课程的内容就是对一系列论文或观点不停进行质疑。彼得·拉莫斯(Peter Ramus, 1515—1572)认为他关于各种"技艺(逻辑、算术等)"

的演讲，并不是对技艺本身绝对的解释（由于"解释"一词"方法化"的表达方式，人们认为这些解释应当是透彻清晰的），而是一种与对手的辩论，对手可能是真实的，也可能是想象的。[57]

约书亚·罗达（Joshua Rodda）对以下观点表示赞成：文艺复兴时期辩论的目的不仅是要为真理提供保证，而且是要为真理的可证实性提供保证，尽管它起源于天主教的经院哲学，但辩论对新教徒和天主教徒而言，都同等重要（也就是说只要能够确保其结果即可，这通常是通过辩论的相关报道实现的，例如1559年的英国议会辩论，该辩论旨在表明天主教徒无权凭《至尊法案》和《教会统一条例》而提出申诉）。[58]因此，辩论成了"解决人为失误的办法；通过共同的、既定的权威来跨越忏悔的界限并检验教义的方法"[59]。文艺复兴时期的作家们通常认同瓦罗关于辩论的观点，认为从修剪枯萎或生虫的树枝一类的园艺实践中衍生出辩论。辩论防御性的竞争意味着经常性的"截断"，因为错误和虚假从真理中被修剪掉了。"截断（amputation）"一词似乎是作为拉丁语词进入英语的，最早出现于1609年出版的文献中，其中谈到异端教派时说："异端邪说和分裂教派的罪行确实使他们脱离了（amputate）天主教会的有福共融。"[60]

实验科学的发展产生了不断更新的大量数据，任何人都无法全面了解这些数据。这消解了辩论的许多魅力。从这时起，知识就不从此时此刻的辩论中产生，而是将被迫在文本网络中运作。多个世纪以来，口头的辩论已逐渐被文本的论文所取代。张谷铭（Kuming Chang）认为："论文作为文本变得越完整，它的著作权就越属于个人，并且越脱离中世纪辩论所特有的经验性和公共性的形式。"[61]书面论文当然可以是对抗性的，甚至可以说对话者的缺失会使论文离题，散漫现象容易出现。18世纪后期，口头辩论开始逐渐让位给书面考试，作为录取学生入学的一种方式，最早举行这类考试的可能是剑桥大学。在两种考试的过渡期内，考试的问题仍然是口授给考生的。威廉·克拉克指出，书面考试模式表面看是一种冷静沉着的模式，但这种冷静实际上可能也意味着其自身的残酷性：

> 传统的考试是英雄的口头表演，法学家将其比作罗马法中对加冕运动员的三项审判。这出英雄般的戏剧浸染着鲜血和磨难的隐喻，似乎没有什么伤害。现代考试已经成为充斥着汗水和劳累的单调的精英考试，但它几乎可以使人"厌烦透顶"。[62]

直到今天，北欧国家的高等学位考试过程仍然高度形式化，考试被称为"答辩"，有观众参加，而考官仍通常被称为"反对者"。英国的做法是让考官以口头（viva voce）的形式提问博士候选人，但要私下进行（尽管在牛津仍然宣称其为"公开考试"，并且参考者必须穿着学术服装）。然而，正式且略显戏剧化的公开答辩也包含了它对威胁和恐怖的自我免疫。在这种情况下，论文通常是已发表的，实际上可能已经通过审核了，参考者将有机会通过参加同行答辩来熟悉这一过程。相比之下，参加英式博士口试的候选人很难知道会发生什么。较正式的辩论口试的参与者知道，就像他们在中世纪的大学里可能知道的那样，他们必须共同进行某种表演。展示事实可能是一种对威胁的阻碍。

在逻辑推理的过程中存在一些魔力，因为逻辑推理表明，通过对命题进行简单的排序，便有可能产生隐藏在普通言语和假设结构中还未被发现的知识。演绎法假设的世界是一个封闭但又同时可以无限扩展的空间。因此，学术辩论的逻辑实际上就是谜语的逻辑，即那些看来似乎未知或隐秘的特质可以通过对现有元素的解谜或筛选加以解释。根据科拉·戴蒙德的表述，新的空间维度的生成是从现有空间向内部发生的，而不是向外扩展的。这也许可以解释辩论的惊人力量，以及为何在世界范围的学术考试中仍然可以看到辩论的踪迹。辩论显然允许以无限灵活的方式提出和涵盖任何话题，这种灵活的方式确保任何事物都不需要改变其本质。

解释和证据是相辅相成的，因为解释必须要针对某些事物，而且没有证据可以自我解释。但是，凭借冗余和自我参照的原则，辩论可能被认为是面向自我传播的（这产生了一种有趣而又令人费解的情况，用通俗的话来说，就是辩论"提升自我"），而证据却允许向外传播。辩论的历史近年来引起了学者的广泛关注，并且在从苏格拉底开始一直到18世纪最终衰落的正式辩论的漫长历史中，有大量有趣的材料可供思考。这段历史是如此令人着迷，以至于那些参与其中的人很容易忽略它的基本品质和智力吸收的功能。辩论的疯狂之处在于它无法解决任何问题，并且实际上其目的也并不是为了解决任何问题。辩论与知识的博弈关系使同一场比赛可以重复数百年。如果对真理的了解确是辩论的目的和结果，那么就没有必要进行辩论了，因为问题可以被认为已经得到了解决。但是人类似乎对支持问题比解决问题更感兴趣，特别是在需要坚持不同信仰的情况下。辩论所承认的是通过清除错误赢得真理的感觉，而当辩论的目的成了阻止理性之人对实际上可能会发生在他身上的所有问题的思考时，那么事实上，所有的事情都不存在争议（non est disputandum）。辩论的存在是为了通过反复面对和克服危险的叙述来表现理性的观念。而让知识看似重要的方法是确保它不接近任何可能真正重要的东西。13世纪的经院论辩证明了人们认为辩论这种形式可以经受住任何挑战，同时也清楚地表明了辩论行为难以捉摸的本质。很多人公开表明辩论只是浪费时间的无聊之举，只会激起自负、嫉妒和蔑视，这一事实本身也被卷入了辩论之中。最终，唯一可以打败辩论的是人们对它的厌倦，或者对其他事情产生兴趣，对辩论的敌意只会助长对"准辩论"的欲望。

可能有人认为这种与经院学派联系在一起的辩论文化是形式大于内容。经院学派高度赞赏弥尔顿在《论教育》（On Education, 1644）中谴责的那种教育方式，弥尔顿称之为"野蛮时代的经院学派式的粗鄙……给刚入学的年轻学生教学，需要理智和抽象的逻辑思维能力"。[63]实际上，这种辩论注重于学习古典语言，而非这些语言所传达的内容。洛林·达斯顿（Lorraine Daston）提出，在17世纪初期弗朗西斯·培根等人的著作中，公理和一般体系的权威让位于"孤立的具体细节（deracinated particular）"的权威，后者成为"知识的不可逾越的核心"。[64]正如玛丽·普维（Mary Poovey）所主张的那样，这种具体细节将越来越多地以各种数字形式出现，从1630年起，它们被称为"数据（data）"，该词旨在借用拉丁语的权威，尽管实际上在拉丁语中并不存在这种含义。[65]

问答的现代形式虽然产生于辩论，但适应于积累事实而非解释能力的新世界。问答最初的形式是考试，它开始取代大学中的正式辩论。尽管"常识（general knowledge）"一词的运用从17世纪开始就已经非常普遍,但在20世纪初,它才开始被用作"试卷"的固定用法。

早在18世纪,"gerund-grinder(拉丁文法教师)"一词就开始被用来指代乏味的教师。这个短语似乎于1708年首次出现在印刷文本中,在奥斯瓦德·戴克斯(Oswald Dykes)《精选英国谚语的道德反思》(*Moral Reflections Upon Select British Proverbs*)一书的致谢中,作者称自己为"一位可怜的'Gerund-Grinder',一位经销(名词和动词)杂货商"。[66]在一位异见者的婚礼晚宴上,"各门各派贤哲和大家"云集,其中有一位"Cl-s",他就是"Gerund-Grinder"的化身,一位吵闹的诡辩家,他的学生因此将其称为"双刃刀"。[67]19世纪初,该表述通常被缩写为"grinder",并且与"crammer"互为替代,两者都指让学生通过死记硬背的方式准备考试的教师。

这些词首次出现在一位名为巴克赫斯特·福尔克纳(Buckhurst Falconer)的年轻人所说的一句话中,他试图说服父亲训练他愚蠢的兄弟代替他参加教会:"把他交给一个聪明的'grinder'或者'crammer',他们很快就会把必要的拉丁语和希腊语塞进他的脑子里,然后就足够让他心甘情愿地为我们通过大学考试了。"[68]经院学者们反复灌输了一种毫无事实内容的辩证形式,而到了19世纪,人们普遍意识到,孩子们正在因需要吸收和表达虚无缥缈的事实而受折磨,而非受到精神上的引导。

智力问答

但是,"常识"的概念在19世纪下半叶从"试卷"转变为一种奇特的娱乐活动,称为"quiz(智力问答)"。"quiz"一词的来历尚不明确，从某种意义上说它如何演变为智力问答游戏的历程颇让人感到有趣。这个词似乎在18世纪的最后20年开始流传开来，最初被用于指代古怪的或有点荒谬的人，尤其是在外貌方面。《大不列颠杂志》（Britannic Magazine）1795年的一首喜剧诗中写道："时尚达人——怪人（quiz）罢了/我来告诉你时尚达人是什么。"[69] G. S. 凯里（G. S. Carey）1800年的讽刺歌告诉我们："教友派教徒是非常反常的怪人（quiz），/他的背挺得笔直，口气一本正经。"[70]这个单词还是讽刺漫画中出现的高频词，例如查尔斯·迪宾（Charles Dibdin）的《欢乐与格律》（Mirth and Metre，1807）、乔治·丹尼尔（George Daniel）的《德谟克利特在伦敦》（Democritus in London，1852）和托马斯·胡德（Thomas Hood）的一些诗歌中均有出现。拜伦（Byron）也非常喜欢这个词，在《唐璜》（Don Juan）中，这个词与"形而上学"形成了一个呼应：

> 可是我竟说得玄而又玄起来，
> 　"时代是脱节了"，——我也不够合辙，
> 我忘了这篇诗只是为了逗笑（quizzical），
> 　现在却把话题拉扯得很枯索。[71]*

"quiz"用作动词，意思是以反讽的方式嘲笑、嘲弄或打趣，因为一个人要测验某人或某物的本意可能是要挖苦对方："他还是想着那个怪客或幻影，并考虑着他是否说出这件事，那当然会

---

* 此处译文参考了1980年人民文学出版社出版的《唐璜》，译者为查良铮。

使大家嘲笑他迷信。"[72]这促使托马斯·穆尔（Thomas Moore）在他的《拜伦生平》（Life of Lord Byron）中写道："他写的书中有太多可笑的内容，以至于我读时从来无法摆出适当的充满同情的面孔。"[73]测验可能是倾向于以嘲弄的方式进行，并非真的旨在测验它的对象，就像约翰·柯林斯（John Collins）1804年的漫画集《按需印刷》（Scripscrapologia）中的那首诗一样：

> 因此，为了节俭，我翻转我的外套，
> 这是我们贫困时一个巧妙的翻转。
> 然后我把外套又翻了一次，因为它看起来太脏了。
> 当Quiz盯着我看时，我对它说："别大惊小怪的。"[74]

"quizzing"后来带有疑问的含义是可以预料的，因为其中包含的戏弄或玩笑有时看起来涉及一些令人困惑的问题。一位老人在1797年的漫画杂志 The Quiz 中抱怨道：

> 无论出现在什么地方，我都一定会被其中一位Quizzer搭讪，说我是他认识的一位熟人。我的困惑和他的冒犯是玩笑的精华。在几个欺骗性的问题之后，我总是哈哈大笑，说道："他真是搞笑啊。"[75]

查尔斯·迪宾于1793年推出了他的喜剧《测验，或通往极乐世界》（The Quizes, or a Trip to Elysium），其中一首名为《Quiz的词源探究》的歌曲一针见血地反映出"quiz"的反转性，即在每轮测验游戏中，只有一人赢得比赛：

这个问答游戏（quiz）中，没有谁能常胜不败，

赢家和输家，老实人和大话精，

在彼此眼中，不过是怪人（quiz），

还有衣冠楚楚的和不修边幅的，

富人和穷人，

相看两惊怪，

世界就如此运转。

总而言之，除了在座的诸位，

一个人在他人眼中不过是荒诞不经之徒（monsterous quiz）。[76]

考虑到许多单词以"-quis"和"-quibus"结尾，以及含"qui"的单词"quidlibetal"和"quibble"等，因此"quiz"这个词可能起源于拉丁语。哈姆雷特在墓地里沉思道："谁知道那不会是一个律师的骷髅？他玩弄刀笔的手段、颠倒黑白的雄辩，现在都到哪儿去了？"（第五幕第一场）。"who（谁）"与拉丁语"quis（谁）"的联系使之成为匿名作者的常用代号（《神秘博士》中的"博士"可能满足19世纪初期对"quiz"的定义）。1809年，一封伪装成报纸编辑口吻撰写的"为即将到来的夏天征集'现成新闻'"的讽刺信，署名为"荒诞不经、大吵大闹的怪人（Quiddity Quiz, Humbug Row）"。[77]"quiz"还是赛马、宠物狗和轮船（有些奇怪）常用的名字。1804年，约翰·威廉姆斯在《汉密尔顿》（The Hamiltoniad）中对亚历山大·汉密尔顿进行了讽刺，书中将贺拉斯（Horace）的拉丁语名言"Vir bonus est quis?"（对应于英

文"Who is the goodman?",意为"谁是好人?")蹩脚地翻译为"好人是热衷政治的怪人"(The good man's a political Quiz)。[78]

"quiz"一词所带有的拉丁语的联系说明它可能起源于对学者这类人的嘲弄。它被收录在理查德·波维尔(Richard Polwhele)的《牛津愚人》(The Follies of Oxford,1785)中,作为"大学生"的俚语。对其含义最早的解释之一出现在名为《给牛津大学和剑桥大学的建议》(Advice to the Universities of Oxford and Cambridge, 1783)的小册子中,开篇声称"大学,我相信这种两栖生物就是从那里诞生的"[79]。"Quiz"被描述为"呆板、迂腐、了无生气的生物,只会沿着既定路线前进,被规则推着走,他每前进一步,都会被规则吓得胆战心惊"[80]。这类人的主要特点是渴望成为他人眼中学识渊博、勤勉不懈的学者。

> 如果他厌倦了整个早晨都待在房间里,请让他不要激动,在大学的围墙内,手臂下夹着一本厚重的希腊语对开本,他前进的每一步似乎都在思考着某个复杂的论点,或思考某个最枯燥、最不常见的主题……在他的房间被打扫的同时,他再次拿起对开本,那本书一直放在那里等他阅读。他再次缓步前行、阅读,在庭院里踱步,仔细观察,站在导师的窗户对面,并将他的书翻到最后一部分……在对话中,他应该扮演一个学究的角色,他本该在他尝试说话之前就对这点进行研究,并且要小心翼翼选择最不常用的单词。[81]

正如作者似乎承认的那样,即使他重申了"学术的"与"quizzical(嘲弄的)"之间的联系,这种学术上的古怪可能无法代表"quiz"这个词语在其词义发展中衍生出的所有含义。"我所说的关于'Quiz'的内容似乎主要与书呆子的这种特点有关；但是，据观察，我相信在关于'Quiz'的学术材料中总会发现大量的学究特性。"[82]我们可以在1794年署名为Quizicus的"致剑桥大学新生的一封信"中找到"Quiz"与卖弄学术之间联系的进一步证据。首先，他说他的读者"都听说过，并且都嘲笑过'Quiz'这一概念。毫无疑问，你们所有人都曾被某个好朋友或其他人劝告不要自降身份"。[83]然后，又继续给出了该词的定义，解释说：

> Quiz，按照这个词的原始含义，是指一个刻板的严格执行纪律者，或者这样一个人：他在获得了他在这个世界上的所有期待或希望得到的物品之后，便无视整个社会习俗，转而去追求一个奇特的计划。[84]

之后该文提供了作者声称的这个词的当下含义，认为该词等同于"swot"（刻苦学习的人，是"sweat"的变体，直到1850年才出现）：

> 你的朋友看着你上大学，是希望你能提升自己，而一个大学生希望提升自己，就会被称为"Quiz"，受到剑桥学生的揶揄。[85]

Quizicus解释说，一位新生想要避免被指责为古怪的唯一方法就是让自己陷入骄奢淫逸中。"quiz"一词的命运似乎与字母"Z"的流行联系在一起，后者在《李尔王》中被污名化了："你这娼妇养的Z，无必要的赘字！"（第二幕第二场）除了被用于外来语词（尤其是希腊词）时，"Z"在拉丁语中并不起重要作用，因此带有奇异的含义。[86]字母"Z"倾向于自我延续和传播，就像塞缪尔·普拉特（Samuel Pratt）1805年的喜剧诗《现代的赫拉克勒斯》（"The Modern Hercules"）开头那句话一样："除了头昏眼花的Quiz，猫头鹰、鹅似乎是大自然中最愚蠢的禽鸟。"[87]亚历山大·罗杰（Alexander Rodger）的《一位牧师的颂歌》（"A Clerical Canticle"）呼吁道："让我们跳起宗教舞蹈，来嘲弄欺骗人们。"[88]漫画家莫姆斯·梅德勒（Momus Medlar）在1813年出版了一本名为《问答公报》（*Quiz-quozian Gazette*）的杂志，还有一些存在时间不长的杂志也取名为"Quiz"；《泰晤士报》于1879年报道了关于约翰·罗希福特（John Rochfort）的诉讼案，说他意图出版"不道德的、下流的杂志*Quiz*"；一家名叫詹姆斯·辛普森（James Simpson）的报刊经销商也因"出售淫秽报纸——*Quiz*和《伦敦西洋镜》"而受到起诉。[89]

1835年出现了一个故事，声称能说明"quiz"一词的起源，故事的各个发展阶段已经被亚历克斯·博斯（Alex Boese）在其"恶作剧博物馆"（Museum of Hoaxes）网站上充分记录了下来。[90]这个故事最早的版本出现在《伦敦和巴黎观察家》（*London and Paris Observer*）上。它的开篇文章就吊足读者的胃口：

很少有单词像这个单音节词那样经历这样的变化历程，有着如此多的含义，尽管这个词很奇怪。但更令人奇怪的是，从贝利（Bayley）到约翰逊（Johnson），我们的词典编纂者中，没有一个人尝试过对其进行解释或追溯其来源。原因显而易见，因为它毫无意义，也不是从世界上任何一种语言中衍生而来的,从巴比伦塔语言混乱时期直至今日的任何语言中都找不到其来源。[91]

故事随后解释说,都柏林剧院的老板理查德·戴利(Richard Daly)打赌,他能在第二天找到"一个没有任何意义,并且不起源于任何已知语言的单词"[92]。为了赢得赌注,他派出了所有剧院员工在镇上的每扇门窗上都用粉笔写下"quiz"一词。文章最后说"在每扇门和窗户上都出现的如此奇怪的单词带来了惊喜,从那以后,如果一个奇怪的故事试图广泛流传,就会引用这个表达——你在开我玩笑(quiz)吧"[93]。故事以略微精简的形式,用缩写"S. T. B."为题,一周后出现在《文学、娱乐和教育镜报》(The Mirror of Literature, Amusement, and Instruction)中,并于1835年5月2日再次出现在《纽约镜报》(New York Mirror)中。当然,这个关于骗局的故事本身就是一个恶作剧,或者说根据该单词的最终含义,是一个"quiz"。

然而,这可能不仅仅是个骗局。本·齐默(Ben Zimmer)指出,确实有证据指明,1835年出现的那种现象——在百叶窗和门上出现了一个神秘单词的事确实发生了,不过这个单词不是"quiz",而是"quoz"。[94]伦敦报纸《世界报》(The World)于1789年8月15日报道,有两位先生打赌"他们中的其中一位应该坚持使用一个荒唐的表达方式,在一段时间内,这个表达就将成为该城市的热门话题"[95]。文章报道说,这场运动最初只是在门窗上写粉笔字,但后来内容变得复杂起来,因为"更多机智过人、文思泉涌的人加入进来,对写于门窗上的内容进行了创新,原本只写'QUOZ'一词,现在添加了其他多样的幽默表达"[96]。该报纸还介绍了来自"前门"上的示例,这些示例或是真实的,或是自己创造的。不管它们当时是否神秘莫测，但在今天看来，它们确实让人困惑不已：

ABINGDON女士的出租屋——伯林达（Belinda）、阿拉贝拉（Arabella）、阿拉米塔（Araminta）和永生不朽的青春，都是——QUOZ。

A-R女士——一个有两张脸的男人曾经被称为Janus（两面神）——我们怎么称呼一个有两张脸的女人呢？——QUOZ。

GARROW顾问——给您一个拙劣的理由，然后对您进行盘问，没有人可以做得更多——QUOZ。

亲爱的ERSKINE先生——当您找到陪审员"真正的约翰"时，他相信您是真诚的。但是，如果您超出这条线，那么——QUIZ就会识破——QUOZ。[97]

一周之后，即1789年8月22日，同一张新闻报纸报道了在伦敦赫马基特剧院发生的一场闹剧，标题为《公爵与非公爵》（Duke and No Duke），又名《崔波林的奇思妙想》（Trappolin's Vagaries），[98] 其中包括约翰·埃德温（John Edwin）的一首名为"Quoz"的诗歌。我们可以认为传播"quoz"的行为是这首歌曲的一种宣传手段，当然这不是第一次出现此类宣传活动了。这首诗首次于9月5日在《日报》（The Diary），又名《伍德福尔的记录》（Woodfall's Register）上刊登：

踱步于小镇中，每次您转过头去，先生，
Q、U、O和Z凝视着您的表情，先生：

> 亲爱的迪普夫人高声大叫,可怕的丑闻
> 在人们的百叶窗上写下那可耻、下流的Quoz……
> 昏昏欲睡,头晕眼花,糊里糊涂,浑浑噩噩,
> 拖把和扫帚,口齿不清。
>
> Z结尾的单词都不如Quoz……
> 一些人认为是法语,另一些认为是拉丁语,
> 一些人屈服于这个含义,另一些屈服于那个含义
> 或者是有感觉的,或者是非复合的,
> 含义,我想——含义必须是
> ——Quoz。[99]

第二年,这一习语甚至被汤姆·潘恩在他的《人的权利》(*Rights of Man*)一书中提到,他抱怨"宪法(constitution)"一词的含义模糊,在表现力上却与"quoz"这个词一样神奇(尽管原因恰恰相反,因为"constitution"这个词的问题在于它没有被写下来):"如同'bore'和'quoz'被用粉笔写在百叶窗和门柱上,'constitution'被写在议会演讲稿中,日渐流行起来。"[100]

一些短语实际上比"quoz"一词的出现令人迷惑得多。它们略带威胁的气息,类似詹姆斯·乔伊斯《尤利西斯》中出现的神秘明信片上面写着的"卜一:上(U.P.: up)"。[101] "Quoz"似乎向"quiz"一词中增加了胡扯、荒谬或虚无的含义。这个含义完全是表述行为的,是对某种命名行为的命名,命名的是一种本来属于子虚乌有的事物,但通过传播却转变成确有其事。

在19世纪60年代的某个时间,可能是在美国,"quizzing"的

含义已从戏弄或挖苦过渡到仔细检查或询问。这种转变也许是获得了所谓的"quizzing glass（一种在18世纪后期开始流行的单片手持式眼镜）"的推动，这种眼镜经常出现在追求"精致"的富人手中。《欧洲杂志》(*European Magazine*)和《伦敦评论》(*London Review*)在1802年6月的一份报道中首次提到了这种单片手持式眼镜，文中描写了为庆祝拿破仑在拉内拉格花园签署和平协议而举行的庆典，其中抽奖活动的奖品包括"披肩、阳伞、手帕、单片眼镜等"。[102] B. H. 斯玛特（B. H. Smart）在其1836年的《沃克改编版：新英语发音词典》中将"quiz"定义为"令人困惑的东西；一个观察者无法分辨的、奇怪的家伙"，将"quizzing"定义为"通过严格的考察或假装严肃的谈话来进行嘲讽的行为"。[103]他提供了一个"适合quizzing"的示例，并补充说"quizzing-glass就是单片眼镜"。[104]骨相学家乔治·库姆（George Combe）于1839年写道，他的许多朋友来参观他收集的大量头骨，"有些人是来检查（examine）的，有些是来嘲讽（quiz）的"，这句话将认真的检查和嘲讽形成对比，也将二者联系在一起。[105]虚假的审查似乎已经开始发展为或开始被认为是认真的检查，并且"quiz"的含义从检查转为询问。

"quiz"是首先在美国产生了由"嘲笑"转为"询问"的含义，这在《泰晤士报》中得到了证实。《泰晤士报》美国通讯记者1873年8月29日的报道中使用了"询问"这一层含义，文中讨论格兰特总统是否有可能再次于1876年被提名："如果报纸想知道他是否会被再次提名，他们应该询问（quiz）推选他的政党。"[106]

"quiz"一词标志着学术考试中"问答（inquisition）"形式出人意料地转入大众文化。最早的测验和谜题出现在报纸和流行杂志上。刘易斯·卡罗尔属于早期的倡导者，尽管他的出版作品中似乎都没有出现"quiz"一词或其他任何与之相关的变形词，但他一生都在痴迷于创造谜题。智力竞赛作为流行的娱乐项目后来成为无线广播的中流砥柱，尤其是在美国，首个广播智力竞赛节目《Quiz教授》（*Professor Quiz*）始于1936年。[107]

或许，智力竞赛更多地测试一个人是否掌握共识（common knowledge），而不是常识（general knowledge）。人类群体不仅通过习俗和制度被联结在一起，而且通过假设该群体中的其他人知道的东西而被联结在一起。例如，对莎士比亚作品共同的了解的重要性已经小于不同时代、民族和品位团体共同拥有的"微观知识"。对运动的兴趣或对某一队伍的热爱涉及需要热切地吸收大量信息。这种知识可能与谜语知识具有相同的包容和排斥功能。这种知识的使用价值完全是社会性的，其优势在于，人们了解某些确定的和具有社会凝聚力的信息领域。这些知识具备"实用性上的象征意义"。之所以具有象征意义，是因为它并不直接影响生存的行为——比如谋生，关于现代交通、商业和通信条件的谈判——而是象征着一种特殊的社会关系；但它也是实用的，因为这种象征性的知识联系构成了现代社会存在的大部分往来关系。例如，名人在多数情况下被大众所了解或熟知，因此构成了共同参考和交流的一部分基础。

"共识"一词巧妙地改变了其意义的重点所在。19世纪，该词语往往用来表示知识的范围，而不是知识的水平。例如，对比非专业知识和专业知识："我们认为，只需要关于因果关系的常识，就可以看出各种元素正在结合，这些结合必然会产生最严重的后果。"[108] "common knowledge（共识）"通常是与"common sense

（常识）"配对使用的。比如1848年的一份声明中指出："'理智'（good sense）的含义已经很清楚了，理智的人拥有谨慎独立的理性，拥有理性掌控的关于世界的共识。"[109] 1852年的一篇文章写道："40多岁的拥有理性的人，已经掌握了营养学的共识，并小心地避免着疾病的诱因，无礼地嘲笑着医生。"[110] 1867年，《科学美国人》（Scientific American）写道，美国人可以"拥有一个更多的财富和共识的未来"。[111]

现在的共识并不等同于普通的、非特殊的知识，而更多地指代广为人知的知识，这些知识"每个人都知道"——常常带有八卦的含义，最好还是别把它说出去。媒体社会所产生的奇怪影响之一是这种小镇式的思维方式实际上变得越来越普遍了。偶尔情况下，该词语也会被用来暗示一种更积极的共识创造理想的可能性，例如，杜克大学出版社的《共同知识》（Common Knowledge）杂志，描述了其旨在形成"一种新的知识模型，基于对话和合作，不必'站位'来表明立场（这是一种隐喻，源于战争和体育）"。虽然将合作作为理念，但期刊编辑还是向其学术读者表明，"《共同知识》的文章会不断地质疑我们对学术以及学术与人类的关系的思考方式"——通过将合作视为挑战，邀请《共同知识》的读者进行合作（大概对所有不深入思考的、好斗的人而言，他们都会自动地将所有学术言论视为挑战）。[112]

"quiz"显示出对共识的依赖，这种知识不是作为知识而为人所共有，也不是作为以解释说明为目的而使用的知识。它的作用就是要代表"知识"这一概念，正如"quiz"和"quoz"以一种任意的方式，代表了某些神秘又令人费解的古怪事物。

这就是为什么智力问答游戏（quiz）的原则之一就是绝不能怀

疑正确答案。因为，如果"quiz"确实涉及知识的问题，那么它们的答案只能是近似的。"quiz"的主要原则是同质性和可分性。"quiz"允许对任何问题提出疑问（并回答），这一事实意味着可以将所有问题视为等价的或精确可比的单位，可以用分数或递增的现金奖励来衡量。只要可以将知识安全地分配到某个范畴，就可以对任何知识类别提出测验问题。最重要的是，即使"quiz"的问题和答案与谜语的谜面和谜底一样紧密地锁定在一起，这些问题和答案也必须是绝对可分割的。如果参赛者的回答是以问题的形式表达，比如，"答案是苏格兰的玛丽女王吗？"，智力问答游戏节目的主持人必定装出一副恼怒的样子，活像预备学校的历史老师一样回答道："你是在问我还是在回答我，孩子？"只要不是一个清晰明确的答案，任何的试探、沉思或是自言自语，都被例行公事地回复道："这是您的最终答案吗？""我必须采用您的第一个答案。"

　　智力问答游戏还要求在正确与错误答案之间（也就是在获胜者与失败者之间）存在绝对的可分性。在某种程度上，这是为了满足比赛的需求，因为在大多数其他形式的比赛中，也都需要做出是或否的决定——角球只能规定一个方向发球，而曲棍球不论简单或复杂的进球得分都是一样的。在智力问答游戏的世界中，问题就是具有毫无疑问的答案的事物。实际上，智力问答游戏也允许人们提出真正的问题，比如强制娱乐剧团（Forced Entertainment）的即兴表演《益智乐园》（"Quizoola！"），首次开演于1996年。这个表演仿佛一场卡夫卡式噩梦，演出时间达到6个小时，有时甚至是24个小时，表演中演员需要即兴回答问题，这些问题涵盖了事实问题和要求（爱斯基摩人长什么样？说出7种奶酪）、修辞学的问题（谁是爸爸？你对我有什么意见？）以及形而上的问题（有地狱吗？逝去的人在何处？）。其他智力问答游戏有一条硬性规则——只接受答题者脱口而出的第一个答案，《益智乐园》表演中的回答可以一直持续，直到给出令人满意的答案为止，但是"令人满意"的答案并不会事先给出，而且"令人满意"也没有一个清晰的标准。

人们很容易重复智力竞赛节目的工作，去区分真实知识和游戏知识，将教育的弱点和未受教育者的幼稚愚蠢归咎于此。实际上，智力竞赛节目从一开始就一直在区分教育的不同层次和权威性。美国最成功的无线电知识竞赛之一是"智慧少年（Quiz Kids）"，该竞赛开展于1940—1953年，向青少年儿童提供了具有挑战性的问答和解谜。[113]像英国电视台的"QI"这样的智力问答游戏，有一轮被戏称为"普遍无知"的环节，其目的是为了羞辱那些堕落到相信下水道漩涡假说的参赛者，甚至还会给那些正确回答"没人知道"问题的参赛者加分。

有些人对智力竞赛节目的评论令人印象深刻，奥拉夫·霍斯切尔曼（Olaf Hoerschelmann）称之为"具有象征意义的形式，可以表述和传播不同类型的知识"[114]。他认为，它们是"讨论不同形式的知识或实践的有效性的独特地点，并且是维护或消融教育和文化阶级的关键工具"[115]。智力竞赛节目确实玩弄了观众的社会期望，尤其是观众对节目投射了他们对于普通平凡的理解。托马斯·A. 德龙（Thomas A. DeLong）在对智力问答节目进行研究后，得出这样一个轻松乐观的结论："你能看到真实的人、真实的情感，观众可以迅速了解参赛者并与之互动。"[116]

不过，对审讯（inquisition）的幻想深深植根于我们对知识的理解中。知识竞赛狂热爱好者应该知道,"智多星"(Mastermind)的布景和音乐是由比尔·怀特(Bill Wright)设计的,以重现他做战俘时所遭受的审讯。[117]当一个人告诉你"我即使是死也不能告诉你这个问题的答案"的时候,脑海中会想到"你休想从我手里夺走真理"这样的场景吗?这就好像使用拇指夹对你用刑,但不是为了从你身上得到关于情报网络的信息或者你与恶魔做的交易,而是为了知道浪漫交响曲的别号,这场景得多滑稽。想象在某一天,你的生命取决于你是否知道一些无关紧要、毫不关联的信息,这很荒谬,而这种荒谬似乎使得这种想象得到蓬勃发展,并满足其藏而不露的欲望。

智力竞赛的一项重要原则是,人们不应该为此做好准备。当然,有些选手尽职尽责地仔细研究整理了百科全书和收集材料(以及智力竞赛问题集),以期为此做好准备。但从某种意义上讲,这忽略了一点:虽然它可能不构成作弊,但它确实是相当糟糕的做法。智力竞赛节目往往会激发出你不知道你具有的知识,这就是为什么参赛者对他们确信自己能够回答出的问题表现得非常苦恼("不要告诉我……我知道答案……我知道我答得上来")。智力竞赛依靠的是存储大量偶然或零碎的信息的经验,这些经验以一种介于知识和无知之间的状态被储存着,知识就徘徊在"被知道"的边缘。

智力竞赛节目的特点还在于娱乐的乐趣和智力的考验之间的极端张力。在智力竞赛节目中,参赛者极为容易产生羞耻感,尤其是在那些像英国的《大学挑战赛》("University Challenge")的节目中,那些人们认为应当学富五车的人被揭露出他们事实上并不知道什么。为什么参赛者会因为不知道答案而经常感到抱歉?——"对不起,我确实不知道。"这也许与本章前面提到的因猜不出谜语而带来的羞耻类似。

看来，在知识如何通过表演呈现出来的过程中（回答），与之对照的一方（提问）始终是重要的一部分。在谜语、辩论或知识竞赛中弥漫的是一种奇怪的游戏般的严肃气氛。理清问题的框架，以及知识的框架，都是一种认知过程。但更重要的是，这是一种与知识有关的行为方式——人们可能会说这是一种表现知识的方式。回看15世纪时"表现（behave）"这个词的形成过程，最初其含义指"呈现自己"（have yourself），相当于"呈现或保持某种姿势/姿态"（carrying yourself，与have oneself之间的确存在谜之联系），是你表现自己的方式，或赋予自身存在的方式。

我在本章首先把"enquire（询问，打听）"和"require（要求）"等单词的前缀分离出来，以便将知识的行为方式独立出来进行讨论，这种将知识用行为表现出来的方式，我称之为"quisition（问答）"。但是实际上，询问（enquiry，enquire的名词形式）常包含要求（requirement，require的名词形式）的意思，也就是需要得到答案。通过向世界提出问题，我们让世界面对这个问题，并在提问时不断重新建立一种竞争的关系，在这种关系中，事物必须表明它们存在的意义。对于海德格尔来说，我们与自己的关系具有相同的竞争形式，正如他在《存在与时间》中所论述的那样："存在本身就是一个问题。"萨特（Sartre）对这一点进行了补充，他将意识定义为这样一种存在："只要这个存在暗指着一个异于其自身的存在，它在它的存在中关心的就是它自己的存在。"[118]知识的疯狂在于认为问题首先存在，它等待着我们去问，而不是在提出问题的过程中产生。这不仅仅是对认知工作的一种描述，它更具有本体论的意味，表现出某些扭曲或对立力量的联系，这种联系使人们有可能去思考关于存在的问题，因为存在是一个可疑的范畴，也是质疑的根本对象。

第五章
冒牌的知识

　　认知过程中存在一种值得注意的悬而未决的状态，一种不确定性，它总是伴随着如何认知和是否完成认知两个阶段，这种悬而未决的状态意味着当涉及"谁拥有知识"的问题时，总有人大肆或伺机招摇撞骗。不确定如何认识一个事物，也就无法确定谁拥有相关知识。关于我们能知道别人知道什么的假设，对于社会心理生活至关重要。特别是通过发展一种被心理学家和哲学家称为"心智理论"的能力，我们可以对别人可能知道或不知道的事物，以及它们与我们自己所知道的事物的关系做出可信的猜测和预测。事实上，也许我们在很大程度上依赖这种能力来判断自己知识的质量和范围，就像一种我们对他人思想的假设的反向投射。也许只有通过不断加深对他人认知本质的理解，我们才能开始理解认知的含义。

　　欺骗行为会立即破坏共享知识复杂而脆弱的递归性——我能知道的，你知道的，我知道的，等等——并巩固它，因为事实上一切都依赖于知识信誉转移和循环的原则。许多形式的知识欺骗都是为了获取经济利益，这并不神秘，因为假定和估计的知识本身可以被视为一种平行的社会信用体系，使社会相信自己是一种信仰投资体系。2008年金融危机之初，据说梵蒂冈在将"信用紧缩"这个词翻译成拉丁文时特别困难，因为信用观念和宗教信仰之间关系密切。这或许能有效地提醒我们信仰的经济意义，即在共享信仰的网络中存在着一种宗教纽带，这种信仰允许我们与他人分享共同的信仰。智慧的拥有和持有是基于信誉的，是基于我们觉得有资格相信我们和他人对彼此知识的了解。知识体系就像它所反映和激励的金融体系一样，实际上是一种自信的把戏。

关于他人知识的性质和范围的错误判断的情况在变多，因为人们似乎有一种欲望，假设他人的知识反映了我们自身的求知意志，或成为一个知者的意志。事实上，这些冲动也许在情感上是有联系的，因为我们希望从知识中获得的不仅仅是拥有特定种类的认知能力的效用和满足感（以及对这些能力的反思所带来的愉悦感），而且是更高的社会地位和随之而来的自尊，但丁称其为"color che sanno（应该知道的人）"。[1]如果我们假设自己是那些应该知道的人之一，我们需要同时假设他人也知道。人类所有的知识都是集体经历的——在荒岛上不可能有秘密，因为必须有其他人来保守秘密——这一事实意味着我们必须对知道其他人（如飞行员、厨师、医生和父母）在做什么寄予很大的信心。事实上，这种对他人知识的信心是人类社会生活所必需的。

因此，冒名顶替者所激起的感情比普通形式的欺诈和欺骗所激起的感情更为强烈。冒名顶替者或骗取信任者使我们相信，他们知道一些他们实际不知道的事情，或者他们不知道一些他们实际知道的事情，他们威胁到了社会生活中脆弱的假设性框架，这种框架要求我们既要相信他人的知识，又要相信我们自己对这种知识的了解。这种危险更甚，因为它可能使我们认识到这种二级和三级的知识是多么的易变和偶然。

  同时，冒名顶替者或骗子的形象可能有一些迷人的、诱人的甚至是英雄的要素。这类人物常常在历史和传记中得到颂扬，这些历史和传记即使不完全是崇拜的说辞，也似乎对冒牌货的胆量有一定的尊重，或对其权力的大小表示钦佩。[2]骗子的形象已经加入浪漫的局外人和脱离社会规范的群体——女贼、引诱者、灵媒、吸血鬼、海盗——他们似乎有自我塑造的能力，吸引了当代学者们的认可。那些最喜欢冒牌货的作家往往意识到他们自己的艺术和他们的主题之间的类比——正如我们很快就会看到的那样，没有人比本·琼森（Ben Jonson）更清楚。

  当然，并非所有的欺骗都涉及知识的伪装。本章重点讨论的是一种被称为冒牌专家的特殊类型的骗子，他们拥有虚构的知识、技能或智力，但很难确定冒牌专家的伪装地位。意图问题在"假装（pretend）"一词的使用中很难区分，17世纪，这个词的意思表示郑重声明、宣称或提议（该词衍生自拉丁语"prae+tendere"，表示向前探身的意思）——法语单词"prétendre"仍然表示这些意思——但现在看来，这个词似乎只暗示假装或欺骗。名词"pretence"或许能更清楚展现出"pretend"的词义演变。在过去，"pretence"的意思是对财产或身份的所有权。1667年，弥尔顿在《失乐园》中提到："在我们的伪装（pretence）中，灵魂和我们一起从高处坠落。"[3] "年轻的王位觊觎者"（The Young Pretender，即查尔斯·爱德华·斯图亚特）认为自己有权登上英国王位。50年后，"pretence"作为"借口、托词"的现代意义已经得到完全确立，1719年，伊丽莎·海伍德（Eliza Haywood）的《过度的爱》（*Love in Excess*）中女主人对仆人的命令就是证明："你可以进客厅，但如果不进，就找个借口尽量待在客厅附近，直到舞会结束。"[4]

可以肯定的是，有些人故意假装了解知识是为了利益、信用或简单的满足。亚里士多德就是这样定义诡辩家的，即那些故意采用谬误推理的人。他认为：

> 他们的辩证法，所考虑的不是知道的人，而是无知和假装知道的人。因此，根据具体情况看待一般原则的人是辩证法家，而只是表面上这样做的人是诡辩家。[5]

但是，如果很难绝对肯定一个人知道自己在想什么，或者完全相信自己所相信的事情，那么要严格地把装模作样的人与装模作样的行为分开就更难了。能自始至终假扮成他人而不露马脚的要求是非常苛刻的。表演是人际关系的方方面面的重要组成部分，尤其是在知识和学习方面，能够排练角色，并把自己投射到还不是或不完全属于自己的知识姿态中去，是绝对不可缺少的，因此，伪装者的成功很可能取决于他们把自己投射到可信的角色中去的能力。成功的骗子必须培养自己的可信度，以匹配他们希望刺激的其他人的可信度。这意味着能够说服自己，或暂时中止对自己所公开信仰的怀疑。"自称（professing，这个词也可表示信奉宗教之意）"原指宗教行为，现在已经变成一种世俗行为，它的词义变化可以反映出骗子心理上的摇摆和调整。"教授（professor）"一词最初的意思是宣称信仰宗教的人，但到1530年已经有了伪善的含义："向上帝发誓，凡是宣称信仰纯洁的人都能做到。"[6] 18世纪后期，"职业（professional）"这个词不是指宣誓或声明，而是指从事某项职业,往往带有因某事获得报酬的含义,但最好不是出于获得金钱利益的动机,正如1787年罗伯特·洛斯(Robert Lowth)提到的"职业吊唁者在表达哀悼、悲痛这些事情上可谓成就斐然,只要价钱合适,眼泪说来就来"[7]。如今,专业人员是指以执业为生的人,而不是以某种信仰为生的人,因此,称某人为专业圣人或专业受害者是一种侮辱。

19世纪出现了哲学骗子,他们的目的不是从受害者身上榨取财富或社会地位,而是通过制定宗教或哲学信仰体系来笼络追随者和获得声誉。这类骗子最活跃的两个领域是医学和宗教,而且往往将两个领域结合在一起。医学和宗教事务中的欺骗盛行,可能与这两个领域的知识似乎分别关乎身体和灵魂的生死终极问题有关[英语中"health(健康)"和"holiness(神圣)"两个词都源于同一个词根]。在这两个领域中,对真理的需求,或者对至少是类似于知识的氛围的需求都是强烈的,使欺骗行为很有市场。当然,这一事实使得这两种形式的冒牌货容易受到最强烈的,有时甚至是恶毒的谴责。

H. P. 布拉瓦茨基是19世纪末最著名的知识骗子之一,第三章中讨论过她,她从纽约的灵媒发展为宗教和哲学体系的发明者和阐释者,她称之为神智学,这是一个将一系列不同的神秘主义和宗教传统巧妙地拼接起来的隐秘智慧体系。尽管她的主导动机是制作和阐释一个复杂而崇高的古代智慧体系,可以自动将自身与低俗夸张的通灵术区分开来,但布拉瓦茨基也沉迷于制造出具有欺诈性的神秘事件,并最终因为它们被揭穿。这使得她和她的众多追随者身上有一种复杂的装腔作势。指责她假装掌握深奥的知识,这有些不近人情。有人可能会说,她对她所阐释的神秘主义和东方思想的理解是浅薄的，但这是一种相当不同的指控。这种欺骗性在于，她似乎相信她的理论，或摆出相信的样子，至少说服别人相信它。所以，知识骗子往往不是假装拥有其实别人才拥有的知识，而是以假乱真，骗取他人信任，让别人相信子虚乌有的东西，并从中获利。狄更斯笔下的格拉德格林德夫人，当被问及是否感到痛苦时，回答说："我想房间里某处有一种痛苦……但我不能肯定地说，我已经感受到了它。"[8]套用格拉德格林德夫人的话说，在这个信用网络中的某处存在着冒充，但很难说清楚是谁在冒充，甚至是什么在冒充，或者对谁在冒充。

这就使得界定欺骗行为的标准天然就捉摸不定，因为只有最狂热或最痴迷的信徒才能真正对他们的知识给予绝对肯定。所以，不仅刘易斯·卡罗尔的爱丽丝所宣称的那种"不可能之事"是不存在的，而且所有的信念中都有伪装的因素。即使是那些我们认为毋庸置疑的知识，也必然存在对真理的冒充、假设和论述。事物在有认识它的知者将其表现出来之前，是不可能被认识的。这意味着，我们中的许多人可能就是潜在的冒牌专家，对我们认为我们知道是真实的东西坚信不疑，然而，事实可能恰恰相反。在欺骗的历史中，错误、错觉和假象交替出现，并不可预测地结合在一起。

无论他们是否相信自己所宣传的，对冒牌专家来说，提出某种观点是必不可少的，他们必须总是对自己的知识进行某种炫耀，以期引诱别人接受。一个冒牌专家如果只把精彩的知识留给自己，那就自相矛盾了。"冒牌专家（charlatan）"一词是从意大利语"ciarlare"通过法语进入英语的，意思是胡言乱语或喋喋不休。1590年，安东尼·芒迪（Anthony Munday）写道："我们为什么要认为他是一个医术高明的医生，而不是一个喋喋不休的冒牌专家呢？"[9]兰德尔·科特格雷夫（Randle Cotgrave）在1611年的法英词典中对冒牌专家的定义是："A Mountebanke, a cousening drug-seller, a pratling quack-salver, a tatler, babler, foolish prater, or commender of trifles."[10] "quacksalver"指的是假药贩子，这个词出现在现代英语中要早一些，对该词的一种解释是，它起源于早期现代荷兰语"quacken"，意思是嘎嘎声、呱呱声、唠叨声、吹嘘声。

在本·琼森的《炼金术士》中，上当受骗者的行为得到描述，体现了种种不同的求知欲之间的关联。（骗子受害者俗称"海鸥"，可能源于对未成年鸟类的称呼，尤其是雏鸟，幼鸟渴望吞食一切给它们的东西。）在琼森的剧本中，有位假模假样的炼金术士不仅要让他的受害者相信他的秘密知识，而且要招募他们加入他的"计划"。伊壁鸠·玛门（Epicure Mammon）爵士对无限财富的贪婪渴望，转变成了他对深奥知识的幻想：

> 我也有杰森的羊毛
> 那只不过是一本炼金术的书，
> 用大羊皮书写，--种好的厚实的羊皮纸。
> 毕达哥拉斯的大腿，潘多拉的盒子，
> 所有关于美狄亚魅力的寓言，
> 我们工作的方式：牛，我们的炉子，
> 仍然呼吸着火；我们的争论，巨龙。
> 龙牙，水银升华，
> 使它保持洁白、坚硬和锋利。
> 它们被召集到杰森的头盔上
> 然后在火星上播种，

从那里常常升华,直到固定下来。
这就是赫斯珀利亚花园和卡德摩斯的故事。
乔夫的淋浴,米达斯的恩惠,阿古斯的眼睛。
博卡斯他的德摩戈尔贡,还有几千人,
都是我们石头的抽象谜语。[11]

玛门这些天马行空的想象说的并不是炼金的科学原理,而是神秘的炼金术,这种炼金术记载于神话传说中,这说明杰森寻找的金羊毛其实是包含炼金智慧的手稿。它涉及炼金术的寓言,那种投射性的、似是而非的知识,是如此杂乱地与化学实践的知识混杂在一起。他的知识投射到一个幻想中的过去和一个幻想中的未来。炼金术史上寓言与实践的交织,暗含着如何将贱金属变成金子的秘密,这个往往被深深地隐藏在寓言中的秘密,本身就可能是神秘或哲学知识一般力量的寓言。秘密藏在秘密中。

"投射(projection)"是琼森在《炼金术士》中用来将知识和幻想结合起来的隐喻。根据乔治·里普利(George Ripley)的《炼金术复方》(*The Compound of Alchymy*,1591),投射是炼金过程——它包括煅烧、溶解、分离、结合、腐化、凝结、分化、超升、发酵、升华、增殖和投射——的最后阶段。投射是指将人们认为有可能炼出金子的普通石头或金属投进或扔进坩埚。到了17世纪初,这个词还被用来指三维物体在平面上的几何投影,以及方案、计划或项目(projects)的形成。在莎士比亚的《亨利四世》第二部分(第一幕第三场)中,巴多尔夫(Bardolph)用这个词来描述霍茨波(Hotspur)的雄心壮志:

> ……他让自己充满希望,
> 在保证供应的情况下吃空气,
> 用一种力量来炫耀自己
> 比他最小的念头小得多……

因此,炼金术士们的神话投射将使财富如此惊人地放大和倍增,炼金术士们也必须让人相信他们那套神乎其神的吹嘘,让人抱着自己的财富会成倍增长的希望。在琼森的《炼金术士》中,伊壁鸠·玛门将炼金术嬗变的力量与一种数字投射联系在一起:

> 但当你看到这种伟大药物的效果时,
> 其中一部分投射到一百处
> 水星、金星或月亮
> 将会使它像太阳一样多。
> 不,到一千,一直到无穷。
> 你会相信我的。[12]

在这一点上,玛门似乎仿效了里普利在《炼金术》一书里讨论的做法,该书让人清楚地看到投射(想象)这个概念如何让数字通过乘法无限增大:投射(想象)可以引发连锁反应,不仅使普通金属变成金子,而且使微小的数量极度增大。里普利写道:

> 如果十乘以十,
> 那肯定是一百,
> 如果一百乘以一百,那么

如果你仔细数一数，那就是一万，
然后变成更多的一万倍，
它是一千个一千，成倍无疑，
变成了一亿多。

数以亿计成倍增长
如我对你说的那样，成千万亿。
这么大的数字，我不知道它是什么。
你可以用投射，不停算下去。[13]

玛门的野心并不是要囤积黄金，而是要在宏伟的善举和救赎计划中树立自己的名声：“我唯一关心的是，现在到哪里去弄到足够的东西，来进行投射。这个城市不会为我提供半点服务。”[14]但野心使得玛门所希望达到的效果变化莫测，剧中开场时几位参与密谋的人发生争吵，已经有所暗示，也预示了阴谋最终会破产，因为密谋者之一的妓女多尔·康芒（Dol Common）表示了不满，他们威胁要"退出计划（projection）"。[15]在《炼金术士》中，知识也是受性欲（欲望）驱动的。在剧中，炼金术与受欲望驱动的知识结合在一起，多尔·康芒必须伪装成仙女女王以及贵族的疯姐妹，来诱惑骗局的受害者。知识的性欲化意味着知识永远无法在当下拥有。就像精神分析对性的解释一样，对知识的欲望是为了欲望的投射性延长和强化，而不是满足后就消失的性欲的投射。琼森对这一概念的使用甚至早于心理学，直到20世纪初心理学才开始使用"投射"这个概念，投射指的是将感情或欲望无意识地转移到另一个人身上。《炼金术士》是所有不同人物的重叠和交错的超级投射。

琼森的剧作《炼金术士》显然遵循了"三一律"这一古典戏剧结构，时间和地点保持了一致性，也就是故事持续的时间与舞台上的表演时间一样长，地点限制在单一的地方，在这部剧中就是洛弗威特（Lovewit）的房子里。这就给"投射"一词赋予了另一层含义，因为这部剧的目的是能让观众将故事想象成发生在舞台下萨托尔（Subtle）的（想象的）实验室里。即使是最后的爆炸，正如法斯（Face）所感叹的那样，也意味着"所有的作品都被炸飞了；所有的玻璃都爆裂了"。但即便是这个爆炸大概也是一种子虚乌有（而且爆炸本身就是一种隐喻，常可以指观众因舞台上演员的表演而爆发大笑）。[16]这种时空上的限制强化了剧情匆忙推进、骗子努力瞒骗制造出的喜剧张力，因为被骗的受害者被推上台，又被推下台，而欺骗者则被逼着进入越来越绝望的即兴表演中。但正是这种"所见即所得"的原则，让琼森得以施展自己的一种伪装。因为洛夫维特的房子似乎不仅是一个外表在发挥作用的房子，而且像一个剧场，充满了出入口、伪装、替换和投射。所以这是一种戏剧本身的讽喻，使它既能成为它本来的样子，也能让它变得面目模糊，也就是说，这是一种欺骗，戏剧把它强加给自愿受骗的观众，让他们相信这个不太可能的欺骗故事。因为欺骗和欺骗史最重要的作用之———《炼金术士》就是一个杰出的例子，也是一种阐释——就是说服我们相信一个人是会轻信他人的。

在《狐坡尼》（*Volpone*）和《炼金术士》中，琼森关注了两个经常与欺骗联系在一起的知识冒牌货领域，人们至今在这两个领域仍然非常容易被欺骗：医学领域和宗教领域。在这两个领域内，知识诈骗将更具危险性，因为它远非简单地欺骗无知者或轻信他人者，而且还会诱导受骗者朝有利于自己的方向进行联想，所以多数的投射是由上当轻信的人完成的——就像口技表演一样，在这种情况下，实际上是观众按照表演者的暗示，将声音归因于另一种来源。近年来，科学和学术知识的大众权威下降，与科学和学术知识形成竞争的知识吸引力不断增大，这使得人们在了解骗术历史时，将其中的知识简单划分为"主流"知识和"非主流"知识或"受压制"的知识。医学发展历史上尤其充斥着大量百家争鸣的理论，其中今天依然占据主导的学说是"专业化发展假说"（professionalization hypothesis），指医学史就是一部医学专业人员与非专业人员或大众传统医术之间的冲突史。就像在20世纪70年代和20世纪80年代的马克思主义著作中，无论哪种流派，无论何时何地，言必称资产阶级总是在崛起一样，在医学史中，人们可以肯定地发现，医生和医疗机构每时每刻都在努力压制替代疗法及其他对立的理论来巩固自己的专业权威。这类读物中最有说服力的是皮耶罗·甘巴奇尼（Piero Gambaccini）的《江湖医生史》（*Mountebanks and Medicasters*，2004），这是一部意大利医疗骗子史。该书以宽容的甚至是亲切的描述方式将冒牌专家描绘成反权威英雄：

> 当有执照的医生用高压手段开出灾难性的灌肠药、剧烈的催吐药、令人精疲力竭的清肠药和无情的放血药时，骗子们却在出售所有人都能负担得起的简单疗法，同时还附上希望的话语和安慰的承诺。他们不仅是一群骗人的江湖医生，致力于欺骗轻信和天真的乌合之众，而且他们的行为往往是对虚假、傲慢和自以为是的学术医学的一种对抗。有时，在他们讽刺和小丑的姿态下，隐藏着新的和勇敢的思想，是对正统医生的变相反叛。[17]

在讲述非正统医学史时，罗伊·波特（Roy Porter）不像一般人那样，将医生区分为行业圈内人与圈外人，行业掌权者和受压制的一方，这种区分相当缺乏理性。虽然普遍认为江湖医生欺骗的是那些易轻信他人而受骗的人，但去找江湖医生看病的不一定就是容易受骗之人。更重要的是，江湖医术之所以出现，并不是一个强大的行业精英群体出于嫉妒，希望通过抨击圈外人、驱逐传统医疗形式来维护和巩固自身的权力，而是因为17世纪末以来医疗市场情况复杂而导致的。这就产生了关于医疗可能性的三方会谈，不仅涉及官方和非官方从业者之间的角力，还涉及患者，他们有着不同的要求和欲望——不仅是希望病情好转，也希望知道好转的原因（或者觉得他们能知道）。尼古拉斯·朱森（Nicholas Jewson）认为在18世纪形成了"一个细化的、缺乏监管的、由病人与医师构成的关系网络"，在这个网络中，理论的工作对治疗的工作至关重要：

成功的医学创新者，其理论为病人提供了可识别的真实形象。同时，医生寻求的医学理论为他提供了机会，使他有机会宣传自己的特殊治疗能力，从而使他与无处不在的竞争对手区分开来。[18]

波特对朱森的观点进行了诠释，认为：

病人的财力，加上对内部生理过程的长期无知，共同使得基于主观臆想的医疗体系传播开来，病人希望医生能解释明白自己生病的原因。新的化学和机械论医学模式出现后，体液疗法依然占有一席之地。一些医学理论关注的焦点是心脏，一些关注的是血液，还有关注神经的。医学知识欠缺，加上病患反复比较、选择互相竞争的医疗模式，使得在普通医学领域内形成了一种混乱的解释系统……在漫长的18世纪里，病患在普通医学领域内为今天称之为江湖医术的生存创造了条件。[19]

当代的偏见使学术界倾向于将真正的理解和市场的状况对立起来。但庸医和冒牌货是一个新的、扩大的话语市场的结果：一个处于探索期的市场。伪医学与印刷术、互联网等媒体形式的发明和扩张密切相关。

人类完全没有能力理解是什么使一种医疗方法有效或有益，即使这种治疗方法似乎是毋庸置疑的。但是，在19世纪之前，有一些病人似乎已经掌握了一个许多当代医学史家都讳莫如深的真理（许多当代医学史家对其都保持一定的距离），即在缺乏任何真正的实验知识和调查研究的情况下，几乎所有的医学在19世纪之前，从业者下至女巫、接生婆和传统巫师，上至医师协会的成员，没有例外，都是伪医学的一部分。医学史和神学史一样，是一部无意识欺骗的历史。在这段漫长的历史中，几乎所有相关的人都确信他们知道自己在做什么，为什么要这样做，并且能够详细说明他们的干预措施为什么可能有效。但这恰恰是问题所在。事实上，我们可以说，只有在有人能够承认他们有一种似乎有效的治疗方法，而他们却不知道如何或为什么有效时，真正的医学才会出现——这就是为什么错误的方法和结论确实可以带来新的知识。庸医常常被称为经验主义者，不过这有些奇怪，因为经验主义者之所以被称为经验主义者，是因为他们依靠的是经验和观察，而不是学术理论。然而，他们也被认为是某种知识的伪装者。所以，在流行病学和细菌学发展之前，并不是没有真正的医学知识，而是相反：在没有任何实际医学的情况下，只有眼、耳所能及的生理学和医学知识。

琼森的天才之处在于把自己丰富的语言和大量的知识冒牌货融合在一起，他把这些人当作自己的喜剧主题。因为可信度的基本条件并不是朴实无华、四平八稳、合而为一的真理，而是在幻想与可能之间的某种反常的平衡，这种平衡就像人类的许多知识一样，是根据德尔图良的"唯其荒谬，所以相信"的信条来运作的。理性与现实的每一次相遇，都涉及绝对与偶然的必然遭遇，而每一个真理都必须在使之浑浊和复杂化的环境中运行。知识的运行是一项工作，因为它必须通过同化而不是通过简单的否定来克服复杂性，它必须努力，或者至少表现出努力。因此，最令人信服的知识欺骗是那些徘徊在最不令人信服的边缘的，因为它们的环境过于复杂。各种版本的体液学说就是一个最佳例证。体液学说认为身体是由四种体液的相互作用所支配的，其中的两种体液"黄胆汁"和"黑胆汁"，完全是想象出来的。体液学说将所有的疾病归结为"失衡"（这是最为片面的医学思想之一），但在详细阐述失衡的问题时，该学说也承认其中存在着异常复杂的情况——事实上，该学说中的"体液组合（complexion）"这个概念已经使得其同根词"复杂的状态（complexity）"愈加复杂。这也许就是为什么宇宙（the cosmic）和滑稽可笑（the comic）在医学诈骗史中如此紧密地结合在一起。只有能够协调好本质与过度、理性与荒谬之间的紧张关系的理论，才有可能获得成功。

假定的知识需要并要求以文字的形式来表现，这种形式既能使知识广为人知，又能使知识与知者分离。17世纪以来的庸医，有赖于各种医学文字的日益普及。到了1786年,反庸医运动家詹姆斯·阿代尔(James Adair)在他的《医学警句》(Medical Cautions)一书中加入了一篇关于"时髦疾病"的文章,认为医学和治疗已被纳入宣传语和广告语中。以18世纪初流行的"脾"病为例,它表现出社会传染和身体传染的影响:

> 公主,也就是后来的安妮王后,在她以前的地位上时常感到苦恼和屈辱,在安妮王后的地位上时常感到困惑和烦扰,常常精神萎靡。为此,宫廷医生给这种症状取了一个名字,开始给她开罗利的糖果和珍珠董。这种情况足以将这种疾病和治疗方法转移到所有最不愿意与上流社会人士为伍的人身上。[20]

具有讽刺意味的是,1848年关于阿代尔的传记显示,他自己也屈服于这些疾病之一,因为他"患上了疑病症,并于1802年死于哈罗盖特"。[21]

知识冒牌货的一个重要环节是声称有关知识来自其他地方的某个权威机构。在欧洲,这通常是指来自东方的某个地方,确切的地点在不同时期发生了变化。炼金知识通常来自阿拉伯地区。从18世纪末开始,随着"神秘东方"思想的发展,知识的来源转移到印度和中国。这些神秘的地点有助于确保神奇知识的地位。

从17世纪开始,人们提出的问题不再是为什么庸医看到了以欺诈和欺骗谋生的机会,而是他们如何以及为什么能够取得这样的成功(而且骗子现在仍然屡屡得手)。罗伊·波特提出,我们需要看到17世纪、18世纪的另类医疗实践与19世纪起开始接替他们的医疗实践之间的划分。人们很容易将前一时期的庸医疗法误认作一套浪漫的"另类"健康实践和哲学的发展。波特告诫我们不要看到这样的方面。尽管庸医在推销自身的方式中混合了科学和神秘,但在医学思想中并没有替代疗法的一席之地:"18世纪的医药与原始主义(primitivist)的'回归大地''回归自然'等观念无关,也不是追求纯洁的十字军东征,恰恰相反,英国乔治王朝时代的江湖医生和他们的江湖神药不过是搭上了启蒙运动的顺风船。"[22] 18世纪,那些实施替代疗法的医生借用了医学实践的权威,而当时这种医学实践还没有成功地确立起自己完全的、不可置疑的地位。19世纪,越来越多的替代疗法理念发展起来,它们对抗正统医学权威,借鉴其他领域的方法质疑主流医学的权威地位。19世纪末,江湖游医们建立了作为主流反叛者和质疑者的形象。

最大的未解问题,也许是因为它通常完全没有被问及,就是为什么庸医在每个人看来都是极其可笑的,却又是如此顽固,甚至无法消除。当有人问起这个问题时,通常的答案是,庸医的猎物是那些轻信的、低能的和未受过教育的人。在短期内,这个答案似乎是让庸医和他们的受害者遭受耻辱的一种嘲讽,长期来看,则启发要加强教育工作,使人们对庸医产生免疫力。这两种策略似乎都不是特别有效。事实上,我们应该感到震惊的是,教育和防范意识的提高反而经常为冒牌货提供更多的机会。亚历山大·蒲柏(Alexander Pope)在1709年的《批判论》(*Essay on Criticism*)如此解释这一点:

> 一知半解是件危险的事;
> 多喝点,否则就别去品尝比埃利亚的泉水:

浅浅的雨水使大脑陶醉，

喝酒能让我们再次清醒。[23]

但是，对知识的浸淫越深，知者的性情就变得越平衡，这一点并不明显。这忽视了一个事实，即知识的增加和扩展也使知识的情感经济多样化，这种经济通过许多不同种类的符号和表现来构成和维持，这些符号和表现阐述了知识，并使知识可知。受教育越多，知识的概念——连同我们投资于它，理想化、蔑视、渴望它的所有方式——就越脱离现实。知识的符号、投射和表现并不只是"现实"的附属，也不是人们从信口开河者那里获取信息的方式（尽管它们确实如此，一直如此）。它们还构成了自主的知识经济，是存储、投资、交换、支出和分配的系统，不仅支配着事实、信息和证据，而且支配着意念、图像和纯理性的投射。

罗伊·波特一直思考的问题是，江湖医生夸张的行为是否可能是整个诈骗过程的一部分：

我们如何评价这样的表演技巧？……我们看到的是夸张的戏剧表演吗？这表演设计如此精心，近似于一种自我嘲讽，营造出彻头彻尾的假象，但双方却都信以为真。也许江湖郎中这套表演实质上说明大家都心知肚明，这就是套鬼话。那么，让人听了，用荒诞的故事来娱乐他们，是表演的重点吗？是不是有些庸医甚至想引起人们对这一切的荒谬性的怀疑，引起嘲笑、嘘声和起哄？[24]

骗子在公众面前那套夸张荒谬的表演可能是一种许可证，或者就像一把万能钥匙，让骗子接下来可以提出自己那些伪知识。不需要让人相信或接受什么信念就可以进入骗子营造的虚幻世界。17世纪中叶以后，医学领域内竞争激烈、争议不断，嬉笑怒骂也就成为江湖医生一种必要且重要的策略。但身为江湖游医，他们却不断警告自己的观众要小心骗子和冒牌货。江湖医生常被描绘成三教九流的傻瓜和小人形象，但很多走街串巷的江湖医生经常雇用小丑参与开场表演。

因此，关于医疗欺骗的论述远不止是一种无意义的讨论，或者是一种刺激和缓和消费者关系的方式。恰恰相反，它是将医学纳入知识的手段，因为这种知识是由不同领域的医学知识表征所承载并赋予其形式的，也就是说，不仅有关已知的医学问题，而且有关不同的知识诉求者以不同的方式认识医学的假设。毫无疑问，有很多人根本无暇顾及庸医的主张，对他们的言论和作品避而远之；然而，越来越多的人不得不考虑他们的主张，以及在医学知识这个充满争议的领域中所宣称、承诺和否认的不同种类的权威。医疗欺骗标志着疾病从肉体进入认知领域。欺骗行为的蔓延让人们觉得：病人——而不仅仅是病人——需要对自己的疾病和健康负责。许多针对庸医（和医生）的警告同时在告诫人们，不要像1986年艾滋病运动的口号那样"死于无知"，尽管可能有同样多的人死于"准知识"。

在医学欺骗显著增长的时期，现代意义上的疑病症也出现了，这一点也不令人惊讶。约翰·科里（John Corry）在他的《庸医侦探》（*The Detector of Quackery*）中说过：

> 伦敦人民的疾病有四分之三不过是病人臆想出来的。

许多人出钱资助医生，花大价钱请医生定期出诊，但他们不是身体生病了，而是脑子生病了，所以才误以为自己身体生病。[25]

18世纪，疑病症从一种腹部疾病转移为一种以对疾病的病态恐惧为特征的"神经"疾病。在这段时期，人们对疾病的认识不断增加，疑病症可以看作是知识的疾病，其典型特征是，你并不是因为疾病而痛苦，而是因为你的坎坷前景而痛苦。江湖医生骗得病人开始焦虑起来，疑心自己确实病入膏肓，担心自己能否支付得起医疗账单。18世纪出现的一些解释病情的词汇，比如"神经质的"（nervous）和"脾气暴躁的"（bilious），在我成长的阶段，我父母那一代人还挂在嘴边。20世纪，几乎生活的每一个方面都被纳入医疗自我审视体系。诸如"治疗"和"痊愈"这样的词汇非常突出地体现了这点，后者经常以一种自由的方式被使用，与任何特定的病症无关，这意味着虚弱是一种普遍的状况，而不是一种不受欢迎的偏离幸福的状态。健康越来越不是一种可以恢复的状态，而是一种需要努力争取的事物。

到了18世纪末，庸医中越来越多的人倾向于为他们的治疗方法提出更详尽的理由。这是一个哲学娱乐的时期，"严肃的"科学在各种场所中被展示出来，从皮卡迪利的埃及厅和全国各地的许多讲座和展览，到著名的皇家学会讲座。汤姆·冈宁（Tom Gunning）在20世纪初提出"吸引力电影"的概念，认为观众参观展览不仅是为了看电影，而且是为了"看机器的演示"。一个世纪之前，一场类似于电影那般引人注目的"吸引力科学"已经阐释了这个概念。[26]这就是19世纪90年代流行的X射线展示，由于X射线设备价格低廉，因此人们既能看到X射线仪器能展示出什么内容,也能知道被展示的X射线仪器到底能做什么。

詹姆斯·格雷厄姆(James Graham)是一位早期的著名江湖医生,他在伦敦的蓓尔美尔街(Pall Mall)建立了一座健康神殿,随后声名鹊起。神殿里有所谓的仙床,格雷厄姆鼓动结婚的人租用仙床,吹嘘它能助孕,而且必定灵验。在他人生的最后阶段,他因投资伦敦西区的神殿而负债累累,不惜亲自展示"土疗法"的威力,打算将自己裸体埋在从高门山(Highgate Hill)取来的泥土中,以证明其具有起死回生的威力。

正如罗伊·波特敏锐地观察到的,从18世纪后期开始,庸医"在自我推销时,卖药已退居次要地位。这群庸医的主要目的是推销他们的观点,以科学、学术和权威的声音为后盾"[27]。江湖医生开始销售和推广小设备和技术,最主要的是电疗和各种巧妙地将电应用于身体的疗法。[28]这使得江湖医生显得比传统医生更先进。此外,替代疗法也出现爆炸性增长。替代疗法强调空气、水以及我们上面提到的土壤等自然物质都能治疗疾病。这些只是表面上的区别,因为自然疗法实际上是一种系统,虽然自然物质随处可得,但治疗需要由自然疗法的专家和知识渊博的自然疗法倡导者向患者解释和调节。这种疗法常受到质疑,原因是它缺乏生理学基础,治疗全靠病人的心理暗示。受到此类质疑的还有麦斯麦(Mesmer)等职业治疗师。但随着对麦斯麦术(即催眠术)以及对安慰剂效应的理解不断加深,人们清楚地认识到这种心理暗示确实威力强大,作用明显。安慰剂发挥作用依赖于"noscitur"(拉丁语,意为知道):病人知道(认为)吃了药(安慰剂)病就好了。

18世纪,诸如约翰·伯克哈德·门肯(Johann Burkhard

Mencken)于1715年出版的《学人的骗术》(*De Charlataneria Eruditorum*)等作品,预见到了江湖医生行骗的工具不再是"神药",而是自己那套学说。庸医的欺骗行为在其中被表现为与已经成为知识分子生活特征的装腔作势和矫揉造作不相上下,而这种装腔作势和矫揉造作本身也越来越与学术生活共存。门肯本人是莱比锡大学的历史教授,他喜欢嘲笑学者的虚荣、计较、爱出风头和对高等头衔的热爱:

> 歪理邪说……不仅存在于医生中,在学者中也随处可见。他们相信,他们得到的掌声越多,他们就越像神明,他们寻求掌声的热切程度不亚于他们吮吸空气的热情……就像街上的骗子们习惯于展示他们的学位和文凭,并自封夸大的和高等的头衔一样,在那些自认高人一等的学者中,也有不少人通过新的和令人印象深刻的头衔来追求等级和地位……在意大利谁没听过荒唐古怪的学者名号,比如阿尔戈英雄(Argonauts)、撒拉弗天使(Seraphs)、高雅名仕、遁世之士、高洁之士和奥林匹亚神等,还有更古怪的名号如神秘人士、幼稚之人、一事无成之人、顽固不化之人、困惑之人、无精打采之人、昏昏欲睡之人、无能为力之人、不可思议之人等等。[29]

欺骗是一种伪装,但在知识分子的欺骗行为中,有一种行动形式特别有力,即写作。自从柏拉图在其《斐德罗篇》中讲述了苏格拉底对于书写的疑虑,人类就看到了写作中欺骗的可能性。对苏格拉底来说,写作给人一种知识渊博的假象。但是,被视作传递智慧

的同时,写作永远不能被视为智慧,因为我们可能永远无法确定文字表达的意思:

> 斐德罗,写作有这种奇怪的性质,很像绘画。图画所描绘的人物站在你面前,好像是活的,但是等到人们向他们提出问题,他们却板着严肃的面孔,一言不发。写文章也是如此,你可以相信文字好像是知识在说话,但是等你想向它们请教,请它们把某句的含义解释得更明白一点时,它们却只能复述原来的那一套说辞。还有一层,一篇文章写出来之后,就一手传一手,传给能懂的人,也传给不能懂的人,它自己不知道它的话应该向谁说和不应该向谁说。如果它遭到误解或虐待,就总得要它的作者来援助,而它自己无力为自己辩护,也无力保卫自己。[30]

对苏格拉底来说,写作在本质上是一种伪造,也就是说,一个人可以真实地写下"我已经死了"这几个字,而他却永远不能在死后说出来。正因为写作对自身完全无知,不像言语那样是活的,所以它允许一个写作者在死后依然可以存活于其写作的文字中,凭借其文字获得一种伪生命。苏格拉底的疑虑依然存在。人们仍然坚定地推测,书面文字的作者应该知道他们所说的话是什么意思。要说服人们相信,一个人并没有保存对自己所写的每一句话背后的意图的记忆是很难的。当被问及某句话可能的意思时,作者必须做任何其他读者必须做的事情——读者原则上也可以和作者做得一样好——即解释文本,也就是说,找出它的意思,这里的"意思"是指似乎知道它在说什么,作者实际上也没有十足把握。阅读意味着去准确地理解写作所产生的是什么样的欺骗。

　　文学造假作为一种欺骗的手段历史悠久，如何认识文学造假的原因和传播过程是非常复杂的问题。《三个冒牌货》(*The Three Impostors*)一书从出现到传播开来就是一个影响深远的例子。在11世纪的某个时点，开始流传存在这样一本书，该书将一神论的三位先知摩西、耶稣和穆罕默德斥为冒牌货，认为他们所说的神灵启示是假的，因此他们的学说没有根据。目前还不清楚文中是在指责先知们是骗子，还是只是在指责他们假装撒谎，也不太清楚哪种说法会更糟糕。许多不同的人被认定为这篇难以捉摸的文字的作者（它之所以令人难以接受，恰恰是因为它太过令人难以捉摸）。嫌疑人处于不同时期，包括腓特烈二世、阿维罗斯（伊本·拉什德）、图尔奈的西蒙尼、贝尔纳迪诺·奥奇诺、坎帕内拉和马基雅弗利。许多人声称读过它，不过直到18世纪中叶才真正出现文本。[31]这其实不是什么令人发指的重大诈骗——先传言存在这样一本书，书又被人歪曲为宣称亚伯拉罕诸教都是假的，或者说这本书其实相当于另一本书，但另一本书根本就子虚乌有。这场骗局陷入了一个纵横交错的关于知识、真相和信念的网络中，根本无法找到实施诈骗的骗子。

　　欺骗之所以被称为欺骗，是因为它强加于人，但在这种情况下，这种强加本身就是一种欺骗。在上面所述的诈骗中，那些自称熟知该书的人，强迫别人接受自己的说法，这就是一种诈骗行为，这个骗局是邪恶而危险的，它实际上是通过谴责这部虚假作品中涉及的其他宗教的先知，同时斥责这部作品是一场骗局，确保自身宗教的正统地位。事实上，这种欺骗行为所涉及的魔鬼性质与一种常见的观点是一致的，即魔鬼所拥有的能力其实并不是作恶的能力（因为魔鬼所做的一切事情都必须得到神的许可，否则神实际上就不是万能的），而是伪造的能力。因此，第一个冒牌货是伊甸园的撒旦，他向夏娃表示，她可以通过不顺从而获得知识的荣耀："蛇对女人说，你们不一定死。因为神知道，在你们吃下禁果的那一天，你们的眼睛就会睁开，你们就会像神一样，知道善恶。"（《圣经·创世纪》）事实上，《圣经·创世纪》中关于堕落的故事，使得知识的获取和欺骗分不开。亚当和夏娃会知道善恶的存在，但也无法分辨善恶，包括知识本身的善恶。

随着书面媒介在人类历史上的比重越来越大，更多的人通过写作和电子设备来生活，认知欺骗变得越来越普遍。早在20世纪50年代中期所谓的"人工智能"开始发展之前，人类就开始在写作中看到一种自主的认知能力，预见并随后阐述了泰亚尔·德·夏尔丹（Teilhard de Chardin）的"智慧圈"概念。也许令人惊讶的是，我们可以从这种未知的知识中了解到我们对知识的感受，就像从人类更熟悉的生活和体验知识的方式中了解到的一样多。这个显然是自发生成文本的世界，增加了对思想起源和所有权问题的敏感性，尤其是对与剽窃有关的问题的敏感性。

关于剽窃的话题已经产生了大量的文章，大致分为两种类型：一种是技术指南，介绍如何进行剽窃以及如何发现和防范剽窃；另一种是对剽窃的伦理学的探讨，其中有些是毫不妥协地谴责这种行为，有些则倾向于寻找解释或减轻指控的方法。毋庸置疑的是，剽窃行为确实受到了非常严肃的对待。K. R. 圣昂热（K. R. St Onge）在探讨剽窃问题时，开宗明义地指出，参议员约瑟夫·拜登（Joseph Biden）在法学院学生时代所写的一篇论文中剽窃了一篇已发表的文章，促使人们对剽窃行为产生了强烈的感受：

拜登参议员的问题应该提醒我们，剽窃的指控有多么令人沮丧和具有毁灭性，判决是如何蕴含在指控之中的，以及指控者和观众对"悲剧性缺陷"的细节是多么贪婪。但这不是一场好戏，也不是一场公平的比赛。真实的人在制造真实的痛苦。令人不快的现实是，剽窃，不管它是什么，都是一种纯粹痛苦的行为：故意地加以抑制或惩罚。[32]

我们似乎需要能够说出或者写出一些东西，以便向自己证明我们知道它（"在我看到我说的东西之前，我不知道我在想什么"），这一事实似乎使我们能够在一定程度上理解与剽窃行为相关的强烈感受。毫无疑问，大多数剽窃行为仅仅是为了获得某种荣誉或利益，而没有进行艰苦的思考和写作。剽窃是对他人的权利和我们已经学会的所谓的"知识产权"的不尊重，但同时也是对被抄袭作品中所体现的那种知识权威的尊重，尽管这种尊重可能是不正常的，尤其当剽窃的作品比被剽窃的作品写得更出色的时候。

抄袭和复制文本很容易实现，这意味着抄袭似乎已在世界学术系统中达到了流行的程度。当然，要发现抄袭也同样简单——现在一些大学还聘请了专职的人员担任这一职务。成功的抄袭其实需要做相当多的工作——或者说需要花很多钱雇人代为从事这项工作。抄袭的一些工作涉及将不同作者或来源的引文拼凑起来，这与实际制作原创文章的工作非常相似，以至于人们不禁要问，抄袭的动机是什么。

在此，我关注的是那种似乎构成知识冒充的剽窃行为，而不是通过抄袭他人文字来假装"原创性"的文学或艺术剽窃行为。艺术剽窃者试图将作品据为己有；而学术或哲学剽窃者则利用这种据为己有的方式,来标榜自己是作品的思想者或了解者。艺术剽窃者伪装成作者;认识论剽窃者伪装成权威。尽管关于独创性的定义有许多争论,但有关知识的论述却有一种特殊的复杂性,即知识是关于真实事物的(许多人会同意,你不可能知道一些不真实的东西),它既不能成为财产的主体,也不能成为盗窃的主体。也就是说,你只能抄袭文本,以可复制的形式侵犯著作权。你可以抄袭牛顿的《自然哲学的数学原理》,但你不能抄袭它所阐释的运动规律,因为这些规律(很大程度上)是真实的。所以,正如"常识"这个词所揭示的,运动规律是公认的,不能成为抄袭的对象。我们经常讨论艺术领域中的抄袭,因为我们对原创性抱有一种浪漫的想法,即原创不过是无中生有。但是,一些旨在阐明真理或知识的文本恰恰因为其作者声称它们是真实正确的,所以这些作者必须放弃对这些真理或知识的所有权或其原创的地位,因而抄袭这些文本实际上毫无意义。

知识剽窃似乎引起了人们的反感,部分原因是它涉及不诚信的问题。当然,剽窃者希望成为一个被认为是知道点什么的人,也就是说,希望成为一个我们所谓的"被致谢"或"被信任"的人。这意味着,他们想享受他们自己拒绝承认的规范的好处。也许这种反感的力量,以及被发现抄袭的后果的严重性,与它所揭示的思想与文字之间关系的脆弱性有关,即我们所知道的可能在很大程度上取决于我们所说的,而不是相反。我知道我所想的,并且能够思考我所知道的,是因为我能说什么,或者更具体地说,能够写什么。如果其他人能够简单地使用我的言语,不仅侵犯了我作为我的言语的作者的权利,而且还侵犯了我将这些言语作为结果重新阅读的权利——几乎是我唯一真正拥有的权利,表明我一直在思考和学习。

通过背诵我的话而不加引号来冒充我,就是冒充我的言语,但只有我的言语给我的思考赋予人格。

斯坦利·卡维尔(Stanley Cavell)将这种关系区分为"知道"(在其所有不同的意义上)和"承认"。我们能知道什么的问题——肯定的,或更近似的——是一个认识论问题;我们愿意承认什么的问题,是伦理学问题。

> "不知道"可能只是意味着一种无知、一种缺失、一片空白。"不承认"是指某件事情的存在构成了一种迷茫、一种冷漠、一种麻木、一种疲惫。精神上的空虚不是一片空白。[33]

卡维尔在这里讨论的是一个经典问题,即一个人如何知道自己能否感知另一个人的痛苦。他的回答是:即使我说我知道自己的痛苦,也没有任何意义(例如,我可能或多或少地对它有所了解,甚至可能对它有误解);倒不如说,我承认它,因为我拥有或见证了它。这种承认与忏悔的感觉相差无几。这似乎使卡维尔能够用这样的话来总结他的论点:"知道你在痛苦中,就是承认它,或者拒绝承认它。——我和你一样知道你的痛苦。"[34]

这种承认,与不承认另一个人有权要求将"我"的文字作为其原创的文字有什么关系吗?从某种意义上说,它们是相对的,因为这是一种挪用,就好像一个人要把另一个人的痛苦当作自己的痛苦,而不是不承认它。但这种挪用并没有承认这样一个事实,即我对我的言语和它们看似见证的思维行为有一种承认的关系,就像普洛斯彼罗(Prospero)对卡里班(Caliban)说"我承认这黑暗之物是我的"(《暴风雨》第五幕第一场），我可能有一天需要承认这些话。当我不承认别人的话是他们的，我就从他们那里偷了那些话，当然——甚至有时，让他们自己也面临被指责为冒牌货的风险。但我也排除了这种总是包含着风险的责任关系，即我自己的话语可能会变成一种智力上的欺骗，提出毫无根据的主张，或者一种我可能没有完全所有权的知识的主张。任何真正的命题都不可能完全摆脱这种风险，而自相矛盾的是，这正是我们所说的真实性的一部分。

1978年，波林·罗斯·克兰斯（Pauline Rose Clance）和苏珊娜·伊姆斯（Suzanne Imes）发表了一篇论文，指出许多成功的女性都有这样的感觉，即她们的成功是不劳而获的，或者是侥幸的，她们随时都有可能被指责为骗子。[35]波林·罗斯·克兰斯本人在1993年的报告中说，几项调查发现"男女之间在体验冒名顶替感觉的程度上没有差异"，这一结论经常被重复，但似乎让很多人难以接受。"冒名顶替现象"（或者说，很快就变成了"冒名顶替综合征"）仍然经常被提出来，作为女性在学术和工作生活中没有取得足够权威地位的解释。[36]例如，达娜·西蒙斯（Dana Simmons）在2016年写道，她仍然很肯定地认为，冒名顶替综合征已经被认定为"高成就女性所特别经历的问题"。[37]具体地说，也许是这样的，但这并不意味着只有高成就女性才会有这种体验。

西蒙斯对冒名顶替综合征提出了一个整体的解释，并提出了一个治疗方案，该方案建议接受部分知识，不需要认为自己应该掌握整体知识（total knowledge），这是患者内化了的、占主导地位的理想化观念。但她对这种综合征的解释本身就非常武断：

冒名顶替综合征反映的是对不完整的、已知的知识的焦虑。冒名顶替的感觉使我们更渴望拥有上帝视觉，更渴望能掌控一切。当我宣称自己是个冒牌货时，意味着我认为存在一种无所不包的整体知识和视角，而我却无法获得。这是一种对掌控的渴望，一种与被奴役、被剥削和被胁迫的传统密切联系的掌控……这是一种掌控和占有的欲望。当我认为他人拥有这种全能视角时，当我为自己缺乏这种视角而道歉时，我就在梦想自己能获得一种掌控感。[38]

冒名顶替不是知识表征的一个偶然和可抽象的特征。每一个命题都是一种假设，每一种假设的冒充都是一种模仿。冒充的感觉与其说是缺乏信心或自信，不如说是对自我幻想的退缩。在知识问题上，任何断言都是对一个假定的知识的冒充。只有冒名顶替者才有能力确信自己知道什么，因而也就知道在什么情况下进行恶意的冒名顶替。本章所评论的不同种类的冒名顶替——冒充专家和庸医、伪造、剽窃——所证明的并不是那些知道的人和那些仅仅假装知道的人之间存在着明确的分野，而是证明在任何知识的假设中都必然有某种或某种程度的冒名顶替，有时甚至是自我冒名顶替。知识总是需要被表现出来，它也总是可以被表现出来。

第六章

无　知

在人类生活中，对他人进行嘲弄和侮辱自古有之，历史可谓源远流长。有几类侮辱顽固地反复出现，其中有与性相关的侮辱，比如对被戴绿帽者的嘲弄。这常常与对身体残疾或畸形的嘲讽重叠。在以前的时代，宗教侮辱的威力会大得多，有时会与种族侮辱重叠，其威力被当代的贬低所放大。这些侮辱的类型经常相互结合和重叠，其中一个特别显著的类型是"同性恋（bugger）"，"bugger"这个词源于"Bulgar（保加利亚人）"，是对一组据信在11世纪来自保加利亚的异端的称呼，他们被怀疑进行被禁止的性行为。异端和性变态密切相关，宗教徒与性行为不正常的联系在"传教士体位"的概念中得以延续。[1]

但也许最普遍的一类侮辱是对无知或无智力的人的嘲讽，无论是愚蠢的人还是疯狂的人，这两类人经常神秘地被识别出来。认知侮辱的冲动是如此顽固，以致专门设计的技术性词语或没有情感色彩的词语很快就变成了贬义词。"低能者（moron）"就是一个例子，它在1910年得到了美国弱智研究协会的认可，这个词当时没有负面的色彩，但后来却成了最激烈的嘲笑用语。在这方面，它紧随

"白痴（idiot）"之后。在希腊语和拉丁语中，"白痴"只是一个简单地表示个人的词，它预见到了"弱智（retard）"的命运，后者从1909年左右开始在教育心理学中使用，但到了20世纪60年代，它已经退出了学科界，进入了大众的使用范围。[2]

也许对愚蠢的指责应被视为一种元侮辱。因为"愚蠢"或"疯狂"这类词，通常表示一个人——指的是一个符号化的人——沦为特定对象或范畴的状态。这类词在使用时，实际上对人进行了贬低。因此，认知侮辱将其对象置于语言使用者之外，尽管侮辱的痛苦取决于目标群体是否完全理解这类词的含义。

愚蠢通常被认为是一种麻木状态，它将无知的人或学习能力低下的人等同于一种笨重的、无法让人理解的、没有回应的物体。木头和排泄物（"屎样的脑袋"）是形容愚蠢常用的物什，但令人有点意外的是，空气也是如此（这些物质状态的共同点是它们缺乏锐度、区别或个性）。所以我们有"木头人""笨蛋（clod）""傻瓜"之说，将愚蠢表述为"迟钝""呆板""昏暗""愚钝"等等。块头大、密度大或头脑愚钝，呆子或笨蛋，是一种像泥巴一样退化的和无差别的存在形式。他们像一块砖头或两块短木板一样厚，或者像法尔斯塔夫（Falstaff）对波因斯（Poins）说的那样："他的才情有一粒芥末子那么大呢。要是他会思考，一根木棒也会思考了。"（《亨利四世》第二部分第二幕第四场）一个人无法认知，就不再是智人，甚至还不是智人。愚蠢就是惊愕或无感，不仅没有知识，而且没有有关感知的知识，这是人类最习惯表现出的愚蠢形式。"感知"一词指处于可感与可知之间的状态，无知可以理解为根本没有感觉的能力。约翰·多恩（John Donne）在他的《一个傻瓜的真实性格》（"The True Character of a Dunce"）中说道：

> 傻瓜的灵魂淹没在一堆肉泥中，他是普罗米修斯用泥土造人时只投入一半火力的半成品，无欲无爱，是最危险的生物，因为他给不断诅咒的无神论者施坚信礼，他的灵魂不过是他身体的温度。[3]

如果说拥有知识和智慧的想法涉及一套强大的幻想欲望，那么，愚昧则提供了一套与之相对应的恐惧和娱乐，它们在"一个假定的无知的人"身上得以体现。事实上，无知不仅仅是愚昧。它被看作是无智、无理，所以接近于一种疯狂，甚至是一种虚无。"愚蠢"在17世纪其实可以指代瘫痪。事实上，在构想无知的昏迷或茫然状态时，或无法将其构想为人类存在的一种形式时，其愚蠢是显著的：愚蠢的想象力就像它所想象的那样，或者说，毫无想象力。所涉及的"逻辑"似乎是：只有智慧才会给人以既不同于物质世界，又能区别于其他生命的可能性。有身份，就是能够时时刻刻与自己保持一致（idem）；作为个体，做一个白痴（idiot）意味着被分离，因为"idiot"的词根是"id"（"它"的含义），就好像白痴只是一种重复的他者，其本身并不真正存在。因此，愚昧最终与一般的世界不分彼此。

也许正是这种定义标志着我们对无知或者不同认知模式的迟钝，因为无知状态（例如婴儿期或者痴呆症状态）常常伴随着相当活泼、痛苦的混乱状态，或者其他类型的声音和愤怒。事实上，我们将在这一章中看到，知识似乎并不总是很清楚它对愚昧的定义。

狡猾（CUNNING）

狡猾和愚蠢、稠密（土块、血块、小丑等）和空虚，这两种对立的状态是通过对人体的想象联系起来的，特别是对性器官（尤其是女性性器官）的想象。"愚蠢"及其许多衍生词来自拉丁文"follis"，即袋子或波纹管，后又转而表示胃部的意思。所以愚蠢既空虚又充实，这种交替经常在"男性"和"女性"的生殖器形态之间上演。傻子是"lobcock"，意思是软弱或疲软的阴茎，或者是"mouth"，因为傻子总是张着嘴巴，或者是"Tom-cony（被骗的人）"，这个词或许来自"Tom's cunny（妓女的阴道）"。但同时，正如美国的一句谚语所说的那样："坚硬的阳具没有良知。"[4]

性侮辱往往用性器官或性行动来代指人，这可被视为等同于把人贬低为仅仅是动物，从而将人降至准物质状态。你可能会认为"聪明的家伙（clever dick）"和"笨蛋（dickhead）"的意思差不多，当然，它们是对立的——或者说不完全是，因为前者被用来讽刺无所不知的人，或者那些并不像他们希望看起来那么聪明的人。在这一点上，前者类似于单词"wittol"。"wittol"最初的意思是戴绿帽子的人：他知道自己的情况，但出于某种原因，他沾沾自喜又恼火地容忍自己的状况。从17世纪早期收集的一些相互矛盾的谚语就可以清楚地看出这种逻辑："P：没有比成为绿帽子更让人羞愧的了。C：是的，那就是个傻蛋（Wittoll）。"[5]因此，单词"witall"一般用来指愚人或弱智，原来的后缀"-oll"变为"-all"。

令人有些惊讶的是，"dick"用来表示阴茎的用法直到1891年才见诸文字，尽管大家都相信在这之前人们应该早已使用这种用法了——例如在军队和学校里——这似乎令人难以置信。[6] "dick"的部分复杂性在于受"dickens"的影响，如"what the dickens"，意思是"什么鬼"，这可能是"up to dick"含有赞赏的意义的原因，意思是飞翔、警觉或达到目标（这可能对"tricky-dicky"产生了一些影响，该词是美国前总统理查德·尼克松的外号）。"dick"可以构成俚语，词典收录了该用法，比如"swallow the dick"，字面意思为吞下阴茎，实际意思是使用长单词但又不懂它们的意思（也可能暗指"dick"是身体器官）。[7]词与物错综复杂的关系，往往体现于既可表示白痴也可表示器官的词汇上。如"dicky-dido"的意思是白痴，在英式橄榄球比赛上唱的歌曲《贝斯沃特市长》（The Mayor of Bayswater）中引申为女性器官的意思，其副歌中唱道："她私处的毛发直垂到膝盖。"

阴茎虽然常与愚蠢（如prick、plonker、pillicock和pillock等词指阴茎，也指蠢人）联系起来，但这种联系无伤大雅，有时甚至带有喜爱或赞赏的意味。正如许多人所观察到的那样，"cunt（阴道）"与此相反，在英语中已经从一个相当古雅和舒适的词变成了最有力的贬低性侮辱词。我们下面会讨论到，"quaint（古怪）"实际上在某些地方可以与"cunt"互换使用。"cunt"往往意味着厌恶和贬低，但这种贬低似乎与愚蠢的归因有特别强大的联系，这时愚蠢的东西就被贬为一种物品。

阴唇让人联想到一种从女性生殖器发出的无意识的语言，例如在早期的基督教徒中流传着这样的信念：德尔斐神谕的女祭司从她的私处发出预言。这种想法被阐述成一种幻想，德尼·狄德罗《八卦珠宝》（Les Bijoux indiscrets）中的魔法戒指，能够使阴唇不间断地发出超越其主人意愿的胡言乱语。阴道可能只是一个空荡荡的容器，这让人联想到头在和生殖器进行着滑稽的交流，就像下面这个令人不快的"金发美女"笑话一样:"你怎么给一个金发美女洗脑?冲洗她的阴道,然后把她颠倒过来摇晃。"[8]

然而,"cunt"这个词的历史耐人寻味且意味深长。在13世纪早期的用法中,它常常被译为"古雅(quaint)",这是盎格鲁-诺曼语"coint"一词的衍生词,源自拉丁语"cognitus",即知道,意思中包含巧妙、熟练,因此也有亲切、礼貌或高雅的意思,特别是在口头表达时。因此,古雅的说话者可以被定义为一个最不可能从其口中说出"cunt"一词的人。乔叟在《磨坊主的故事》(*The Miller's Tale*)中把这两个词的关系说得非常清楚,他在描写职员尼古拉斯和木匠的妻子艾莉森之间的暧昧关系时,居然把"queynt"这个词和它本身押韵,似乎是为了表明这个词同时存在于两种话语范畴,即理智的和感性的、学识的和性欲的:

……亨德·尼古拉斯
在这愤怒和狂欢中,
那时她的丈夫在奥塞内耶,
如同书记员既狡猾又高贵(queynte)。
他私下里得到了奎恩特(queynte)的雇用。[9]

像其他表示智慧和聪明的词一样,"古雅(quaint)"也发展出灰暗的一面,表示好奇、奇怪、奇异或神秘等含义。这个词出现在沃尔特·司各特《马米翁》(*Marmion*)中对吉福德勋爵的招魂里,他被称为"旧日巫师"雨果·德·吉福,因为他从地下洞穴中被召唤出来,帮助亚历山大国王打败了入侵的丹麦人:

> 吉福德勋爵，在深深的地下，
> 听到亚历山大的号角声，
> 不耽搁换衣服，
> 但是，他的巫师习惯很奇怪，
> 出现了一个古怪（quaint）而可怕的景象。
> 他的披风衬着白色的狐皮，
> 他那高高的、满是皱纹的前额挺直了，
> 尖顶的帽子，如古代的尖顶，
> 职员说法老的麦琪戴着。[10]

带有贬义时，"quaint"的意思是狡猾、诡计多端或充满诡诈，因此，它类似于"canny"这个词。与之对应的德语词"heimlich"引起了弗洛伊德的注意，因为它的含义很奇怪，包含相互矛盾的词义，既能表示熟悉的意思，又能表示陌生的意思：

> 在其不同的含义中，我们发现"heimlich"一词表现出与其反义词"unheimlich"相同的含义。原本是"heimlich"的东西后来却渐渐变得"unheimlich"……一方面，"heimlich"意味着熟悉的、令人愉快的事物，另一方面，它也意味着某种被隐藏起来、不为人所知的事物……一切都是"unheimlich"，是应该被秘密隐藏起来但已经被曝光出来的事物。[11]

正如第三章所指出的，在英国北方英语中"canny"表现出与"heimlich"相似的矛盾性，意思是既舒适又不稳定，因而是不可思议的（uncanny）。事实上，单词"cunt"似乎也造成了这些词汇的含义混乱，因为"canny"经常与"cunny（女性生殖器）"同义，而"cunt"则可与"cunning（狡猾的）"同义，有时也表示"conniving（暗算他人的）"的意思。17世纪初的形容词"incony（精致的、美丽的）"可以给"cunt"与性器官联系的产生提供更多的解释。"incony"将性交的概念与稀有、珍贵、精致的意义结合在一起，因此，也可能让人想起"quaint"一词在中世纪时的意思。在马洛的《马耳他的犹太人》（*The Jew of Malta*）中，伊萨摩尔对妓女贝拉米拉说："不要爱我，要爱就爱长久。让乐声轰鸣，我从你那柔美的（incony）腿上滚落。"[12]在莎士比亚的《爱的失落》（*Love's Labour's Lost*）中，科斯塔德称摩斯为"我甜蜜的一盎司人肉，我美丽的（incony）的犹太人"（第三幕第一场），后来又用这个词来表达他乐在其中的兴致，因为他调换情侣信件，造成局面混乱：

凭我的灵魂起誓，我是个傻瓜，一个最单纯的小丑。
主啊，主啊，我和太太小姐们怎么把他打倒了。
啊，我的真心话，最甜的玩笑，最粗俗的（incony vulgar）的玩笑，
当它来得如此顺利，如此令人厌恶，
那么健康！（第四幕第一场）

"incony"似乎来自"in the cony（在阴道中）"和法语"inconnu（意为未知）"及"uncouth"。"uncouth"由前缀"un-"加上古英语"cúð"而成，是"cunnan（知道）"的过去分

词，由此又衍生了苏格兰语"unco"，意为怪诞的、奇怪的或不可思议的。陷在阴道里（be caught in the cunt）意味着被困住了，因此也就成为了一种傻屄（cunt）；但这个词组也可以表示一种类似被子宫包围的舒适或惬意的姿势。

在学习和认知的意义上，"cunt"与法语"con（愚笨）"、傻瓜、白痴以及"conning（哄骗）"的联系似乎也很突出。"cunt"和"cunning（狡猾）"之间的联系，即便不存在派生的关系，也存在发音上的联系，这在中世纪诗歌《亨丁的谚语》（"The Proverbs of Hendyng"）的一句诗中得到了证明，13世纪末以后的10份手稿中都提到了这句话，这实际上是"cunt"在英语中第一次出现的记录："ʒeve þi cunte to cunnig and crave affetir wedding.（把你的阴部交给聪明，把你的要求留到婚礼之后。）"[13]

阴部经常与中世纪兔子的名称cunny、coney或cony联系在一起，可能是因为它和"猫咪（pussy）"一样，用作一种爱称，而且让人联想起毛茸茸的感觉。兔子可能直到11世纪才被引入英格兰，而"coney"一词表示皮毛的用法可能是舶来的，《牛津英语词典》在14世纪早期首次记录该词表示兔子的用法，而作为兔子皮毛的用法要早一个世纪。这些词的拼写相互之间有部分重叠。"Coney"在盎格鲁-诺曼语中被记录为"conynge"和"cunil"，在中世纪的拉丁语中则被记录为"cunningus"。"Coney-catching"的意思是通过诡计进行欺骗，也就是通过"愚蠢的哲学家（foolosophie）奇特而神秘的手段"来行骗。[14]这个短语是罗伯特·格林（Robert Greene）在1591年出版的两本小册子中提出的，主要是指通过使用纸牌进行欺骗。[15]但是，把被骗的人说成是"coney"，肯定有性方面的暗示，这个词的确很快就发展出了这方面的含义——托马斯·德克尔（Thomas Dekker）和托马斯·米德尔顿（Thomas Middleton）的《诚实的妓女》（*The Honest Whore*）中，弗洛洛对挂名妓女贝拉弗隆特指责道："你昨天是个简单的妓女，现在是个狡猾的骗子（Coney-catching）。"[16] "Coney-catching"有两方面的含义，既表示通过诈骗（coney）的方式来行骗，也表示通过压榨的方式占取（性方面的）便宜来行骗，后者也是唐纳德·特朗普所推崇的方式，到底是哪种含义取决于对象的是性器官还是白痴的受骗者。17世纪一本漫画册子的标题说到：招摇撞骗的新娘按照婚姻新风尚，私下里在教堂秘密地结了婚，她干得真漂亮，没有被抓获，完成了自我拯救。[17]

从16世纪晚期开始，"Coney-catching"就和"canting"联系在一起了。"canting"这个词用来形容那些被怀疑有欺骗行为的乞丐的一种特殊的唱歌模式或哭哭啼啼的说话方式（"cant"一词也有诡计或耍花招的意思）。在博蒙特（Beaumont）和弗莱彻（Fletcher）的《丘比特的复仇》（*Cupid's revenge*）中，伊斯玛纽斯（Ismenus）称"你这种诡计属于那个最狡猾的、最恶毒的（Canted）流氓"。[18] "canting"也与牧师的欺骗性言语相关联，这个意义在现代单词"cant（伪善的说教）"中得以保留。最早的一本收录乞丐等地下人群使用的黑话词典中有提及"地下成员（canting-crew）"：

> 乞丐，吉普赛人，还有那些参与异端宗教的另类群体，他们刻意使用隐秘的话语作为同党的暗语，说话方式、语气和语调均与众不同。因为吉普赛人和乞丐有他们特有的行话。他们祈祷时的几种声调，就像乞丐乞讨时的

哀号一样为人所知。[19]

在这本词典中,"cony"的定义是"愚蠢的家伙,彻头彻尾的愚蠢"。莎士比亚在《哈姆雷特》第三幕第二场提到过"村野之事（country matters）",这对"Cockney"的定义也许产生一定的影响:"出生的地方能听得到伦敦鲍教堂的钟声（Bowbell）;（在伦敦）也是一个对村野之事一无所知的人。"[20] "canting"和"cunt"或"cunning"之间虽然没有直接的词源关系,但它们之间存在着"亲属"关系,因为16世纪晚期以后出现的许多关于流氓的行话手册使得"canting"和"coney-catching"产生了紧密的关联。[21] "cunt"是令人生疑的愚蠢的终极表现,是一个被认为是无知的人;"cant"意味着秘密和不可信任的"inconnu（陌生人）"。

"coney"有关兔子的含义都源于拉丁语"cuniculus",意思是兔子,又因为兔子会挖洞,同时也指地下通道、洞穴或运河（"coninges""conyes"在1450年被用来指士兵们挖一条地下通道进入城市）。在中世纪的拉丁语中,"cuniculum"也指下水道。[22] 淫秽的纽卡斯尔居民歌曲"Geordie's Lost IIis Pcnka"讲述了一个男孩试图从排水管（cundy,当地的说法）中取回一颗弹珠的故事,他把各种各样的东西（衣服、家犬）塞进排水管,歌曲每次都在咆哮的合唱中发出信号,"他把它们塞进了cundy"。T. S. 艾略特（T. S. Eliot）似乎在他1920年的诗《小老头》（"Gerontion"）中尝试用17世纪的措辞使人注意到历史的复杂性,尽管最近对该诗的详细解读并没有体现女性生殖器和某种狡猾的愚昧之间的联系:[23]

在了解了这些之后,什么是宽恕呢？想想现在

> 历史有许多狡猾的（cunning）通道，精心设计的走廊问题……[24]

这狡猾的通道中就有一条名为狎亵巷（Gropecunt Lane），大约20个英国城镇都有使用这个名字的街道，很可能表示妓女营业的场所。这个名字最早的使用记录是在1237年左右的牛津，1312年简写为乱摸巷（Grope Lane，"grope"意为摸索，可表示猥亵地抚摸），后又写为树林街（Grove Street）或喜鹊街（Magpie Street）。[25]这个名字所代表的是一种什么样的交易，几乎没有异议，尤其是诺里奇[*]这个城市，此地将"Gropecunt Lane"连写为"Gropecuntlane"，在拉丁语中写为"turpis vicus"，意思是肮脏的街道或耻辱的街道。[26]这个街名最早出现在牛津，其他的都集中在主要的教会城市——伦敦、约克、威尔斯和北安普顿——那里都是受过牛津剑桥教育的神职人员。基思·布里格斯（Keith Briggs）提出，这个名字最初可能是个"学术行话"，这再次证明了知识和性欲之间存在着联系。[27]

将地方和生理两个领域连接起来，称呼妓女的一个俚语是"road（路）"，还有"conveniency（便利店）"，"conduit（导管）"和"conduct（行为）"都暗示了性交的行为和性器官的结合：约翰·克莱兰（John Cleland）在《芬妮·希尔》（Fanny Hill，1748）中用的词是"female 'conduit'（女性'导管'）"和"pleasure-conduitpipe（快乐管道）"。[28]

所有这一切都表明，在女性生殖器的名称和性质方面，存在一

---

[*] 诺里奇即Norwich，英国城市。——编者注

种既知道又不知道的混合,类似于单词"uncanny(神秘)"(也许出于这个原因,其中有一种神秘的味道)。乔伊斯《尤利西斯》"喀耳刻"一章里有一个妓女叫"坎蒂·凯特",在与斯蒂芬·迪达勒斯(Stephen Dedalus)进行的类学术的、语言巧妙的讨论中,她和女仆有一段对话:

> 患淋病的女仆:你听到教授说什么了吗?他是这个学院的教授。
> 凯特:是的,我听见了。
> 患淋病的女仆:他用那么文雅的语言来表达自己。
> 凯特:的确,可同时既尖锐锋利,又恰到好处。[29]

"cunning stunts(奇妙的特技)"是前卫摇滚乐队大篷车乐队(Caravan)于1975年发行的一张专辑的名字,这个名字是对"stunning cunts(令人目瞪口呆的傻瓜)"两个单词的前面的字母进行了对调,也是一个另类女子剧团的名字,该剧团由艾瑞斯·沃尔顿(Iris Walton)和简·道格(Jan Dungey)创立,混合了马戏和卡巴莱歌舞表演,经营时间从1977年到1982年。20世纪80年代,英国广播公司肯尼·埃弗雷特(Kenny Everett)的电视剧中出现了一个名叫Cupid Stunt的小明星。琳达·威廉姆斯(Linda Williams)2006年的诗《关于在一首诗中不使用"阴部"一词》("On Not Use the Word 'Cunt' in a Poem")的结尾仍体现了阴部和狡猾之间的联系:"……你愿意和我的诗约会吗?还是我必须放弃自己的狡猾(cunning)?"[30]

因此,愚蠢和全知(knowingness)似乎与存在还是不存在的问题捆绑在一起，既是逻辑上的，也是生理上的。弗洛伊德在他的短文《美杜莎的头颅》（"Medusa's Head"）中对这些问题进行了反思，他认为，美杜莎被斩下的头颅表达了对阉割的恐惧，同时也保护了对阉割的恐惧，因为美杜莎的蛇形毛发对被阉割的阴茎起到了一种高昂的、展示性的补偿：

>美杜莎的头发在艺术作品中经常以蛇的形态出现，而它们又来源于阉割情结。一个显著的事实是，无论它们本身多么可怕，它们实际上起到了减轻恐怖的作用，因为它们取代了阴茎，而阴茎的缺失是恐怖的原因。这证明了一条规则，阴茎符号的倍增意味着阉割。

因此，阴部包含比看上去更复杂的东西（或者更少）。对弗洛伊德来说，美杜莎的头可以被视为女性生殖器，这是一个数量问题，正如他不寻常的即兴评论，"阴茎符号的倍增意味着阉割"，这是一个原则的阐述，即在阳具问题上，多即是少。弗洛伊德在《怪怖者》（The Uncanny）的讨论中，将失明作为阉割的恐惧（其中单眼和复眼的交替也在发挥作用），他认为梦的语言同样"喜欢用加倍或倍增来表示阉割"。[31]这又回溯到弗洛伊德在《梦的解析》中提出的建议，即"如果一个普通的阴茎符号在梦中出现了一倍或多倍的情况，那就应该被视为阉割的警告"，"梦经常表现两个阴茎符号的阉割，这是对对立愿望的挑衅"。女性的生殖器，隐藏着，或者说隐藏在它们的毛发屏风后面——因此也许隐藏了没有什么可隐瞒的事实。阴部的难题在于如何计算它，是作为单数（阴道）还是复数（阴唇）。斯特雷奇将"阴茎符号的倍增"翻译成德语是"Vervielfältigung der Penissymbole",[32] 其中"Fält"表示一个褶皱，这种简单本身就是复杂的（拉丁文"simplex"的意思不是没有褶皱，而是只有一个褶皱）。"Fält"与"field（田地）"和"fold（折叠）"同源。

奇怪的是，这种有关数字的难题似乎并不经常出现在阴茎-睾丸（prick-and-balls）这对形象组合上，虽然这个组合是复数形式的。不过这个数字难题体现在阉割含义的不确定性中。"阉割"这个词可指各种切除，用于畜牧业中（从蜂巢中取出一部分蜂蜜）、园艺上的修剪，甚至也可表示删除书籍中不健康或不当之处，但割除睾丸是它的根本含义。在精神分析中，丧失睾丸的恐惧被转移并固定在阴茎上，这是对Vervielfältigung（make-many，增加许多）过程的反转。其逻辑是，女性生殖器和男性生殖器可以理解为彼此的翻版或复制，一个暗示着不可思议的复杂性，另一个代表着（也就是说隐藏着）单一性。不管哪种情况下，器官的存在和丧失之间的关系与已知和未知之间的关系，是同一种性质的。

美杜莎的头表现了一场展示和隐藏的游戏，类似于许多半遮半掩地表达"阴部"的委婉语，比如乔叟使用的"queynt"，人们努力使用礼貌文雅的词来表达阴部，一些人认为就是由此开始的。像猥亵巷有许多经过净化的版本，比如许多英国城镇都存在"葡萄巷（Grape Lane）"和"果园通道（Grove Passage）"这样的街道名字。还有一些猥亵诙谐（常将两个单词前面的字母对调造成滑稽效果）的下流词汇，如"cunning stunt"（将stunning cunt前面的字母对调而成，意为蠢货），"cupid stunt"（将stupid cunt字母对调而形成，意为蠢货）及"the C-word"（字面意思是C开头的那个词，指"cunt"），这些词只有在传小道消息（hearsay），或反复需要提到阴部这个词的语境中你才能明白。[33]乔伊斯的《芬尼根守灵夜》(Finnegans Wake)"安娜·利维娅·普鲁拉贝尔(Anna Livia Plurabelle)"一章呈现了利菲河两岸两个洗衣女工之间的对话,用许多河流名字的发音呈现出来,开头是这样的:"你知道与否,肯尼特,我告诉过你每一个故事中都有他和她的故事。"*[34]我们认为肯尼特河(Kennet)这个名字和许多表示水道的词有关,它和古英语和苏格兰的方言"kenning(知道)"并排而流,就像河水在流淌中总会经历顺境和逆境;乔伊斯写道:"莫伊湖在卡伦湖(Cullin)和康湖(Conn)之间、在康湖(Cunn)和卡伦湖(Collin)之间变来变去。"他用单词"hill(col,山口)"和"cunny(管道)",以及法语单词"cul(屁股)"和"con(蠢蛋)",玩了一个文字游戏。[35]在《芬尼根守灵夜》前面的内容中,乔伊斯描写了另一个晦涩费解的复杂结构,他模仿专业技术人员的口吻描述了一个被称为"谐波冷凝器引擎"的耳内无线电装置,它的调谐装置包括"双三联单瓣管道",以及"一个多肉的、连接了诺尔和桑特利两地的海螺"。[36]就像乔伊斯笔下的河流在流向大海的过程中扩大成一个复合型三角洲,"cunt"这个词的历史渗透着知与不知、智与愚、能见与所见、可说与不可说的观念。

近年来,伊芙·恩斯勒(Eve Ensler)的《阴道独白》(The Vagina Monologues,1995)开始着手"重新定义"或重新评价"阴部"这个词,强调让世界繁衍的是生殖力,而不是暴力。这些人努力赋予该词正面的含义,使它能堂堂正正地呈现在世人眼前,令它

---

* 译文参考了2013年上海人民出版社出版的《芬尼根的守灵夜》,译者为戴从容。

免于挂上敌意和恐惧的标签。但是，消除负面含义就相当于消除它所有令人着迷的力量，无论是正面的还是负面的。但即便是以净化后的、令人为之雀跃的形式出现，它本质上仍然是一个关于身体的词，处于理智的和可被人理解的状态之间，处于作为纯粹的存在和纯粹的认知主体之间。这个词似乎已经被肉体完全占据了，随时准备沉浸在纯粹的感觉之中，但它又仍然是一种脱离了身体存在的符号，是一种可知的、可命名的事物。从某种意义上说，阴部是一种纯粹的、兽性的、一无所知的名称，是身体的虚无，因为它被认定为一种肉体的空缺，一种从肉体中挖出的空间，它既是身体中的秘密空洞，也是身体本身的空洞。同时，阴部是未知的、隐秘的、不言而喻的、不可言说的、错综复杂的。女性生殖器暗示缺席的器官，它造成了认知的中止，因为它不能被认知，也不为人所知。但这种无知又是一种知晓，是对一种不知晓的显示，它的缺位似乎要求自身得到展示，并为人所知。

傻子（NINCOMPOOP）

"阴部"一词的历史表明，认知与命名是紧密相连的。许多表示"愚蠢"的词可分为两类：一类源自日耳曼语，表示基本物质状态的、比较粗俗的词；另一类词比较文雅，往往通过模仿拉丁语形成，但拼写不完全一样。例如从"nincompoop（蠢人）"和"ignoramus（无知的人）"两词的读音来看，是将听起来很学术性的词汇与嘲讽方式联系起来，因为它们所指向的人群不可能理解这样的词汇，从而突出了他们的无知程度。但像这样的术语在某种程度上也被歪曲了，也许是在模仿外行的拙劣，从而贬低这个词的精神力量，使之成为纯粹的声音。"ignoramus"源于一个大陪审团在发现起诉书的证据不足以将其提交给小陪审团时做出的法律判决。起诉书被退回时，上面会写上"ignoramus"一词，表示"我们不知道"或"我们不承认"。"give（给）"或"return（还）"一个"ignoramus"，成为一个人不知道某事的常见表示方式，在约翰·斯蒂芬斯（John Stephens）的《为普通法和律师辩护》（*Satyre in Defence of Common Law and Lawyers*，1615）中，以及在乔治·鲁格（George Ruggle）的戏剧*Ignoramus*中——戏剧于1615年首次以拉丁文演出，1662年由罗伯特·科丁顿（Robert Codrington）翻译成英文——"Ignoramus"成为对一个蒙昧律师的讽刺性称呼，然后开始用于表示一个无知或愚蠢的人。[37]

"dunce（蠢货）"一词的发展历程与"ignoramus"相似，其起源并不一定是拉丁语，但肯定是与学术相关的，并且与英国宗教改革的历史有关。这个词指的是方济会修道士约翰·邓斯·斯考特斯（John Duns Scotus）的一个追随者，他被称为敏锐博士（Doctor Subtilis），是13世纪晚期最令人敬畏、最具影响力的宗教哲学家之一。根据理查德·切维尼克斯·特伦奇（Richard Chevenix Trench）的解释，使用高度抽象、细致入微的推理方式的人被称为邓斯（Duns），在许多人看来这种推理方式接近于诡辩：

> 许多时候，信奉旧学的人会向他们的伟大博士——人们都叫他邓斯——求助，以求巩固自己的地位。而那些拒绝他权威的人则会轻蔑地反驳说："啊，你是个笨蛋（Dunsman）。"或者更简单地说："你是个笨蛋（Duns）。"或者说："这是个笨蛋（dunsery）。"由于这种新学问越来越多地得到当时的天才和学者的支持，这

个名字就越来越成为一种轻蔑的称呼。[38]

也许是威廉·廷代尔（William Tyndale）首先使用"Dunce"一词来表示狡辩的吹毛求疵者：

> 因为犹太人编了一本叫《塔木德》的法典，来破坏《圣经》的意义。他们对其给予了信心，而对《圣经》则完全没有信心，即使《圣经》从来都是如此简单。但他们说，《塔木德》之外的文本是无法理解的。我们的《圣经》催生了他们的邓斯，他们的托马斯*，以及数以千计渣滓一样的经学家，通过篡改《圣经》来编织他们的谎言，并宣称没有这些，《圣经》无法为人所理解，即使它再清楚易懂不过了。[39]

托马斯·波普·布朗特（Tomas Pope Blount）的《词集》（*Glossographia*）将"拉比学者（Rabbinist）"定义为"研究或者善用拉比作品的人，有时用于指称蠢货（Dunce）"。[40]所以，所谓"笨蛋"并不是指连基本概念都不懂的人，而是指不明白这些概念是基本概念的人。一个笨蛋并不是一个完全无知的人，只在某种程度上是如此。在《笨蛋的真实性格》（*The True character of a Dunce*）一书中，约翰·多恩（John Donne）并没有将笨蛋描述为缺乏知识之人，而是将他描述为失去了对他可能拥有的知识的理解：

---

* 托马斯即Thomas Aquinas，托马斯·阿奎纳，中世纪经院哲学的哲学家、神学家。

他是上帝创造的所有生物中最无用的一个，只适合从事引车卖浆之类贩夫走卒所做的工作，此外别无他用。但却不幸地卷入了书本和纸堆之中，又不知道能干些什么，只能在屋里乱走，填塞空间，或在一些基础工作中给他人打下手，或作为聪明人的陪衬，或为自然增添一点多样性（大家说怪物也可以），为宇宙添加一些装饰……他只会重复书本里的内容或同伴的话，不会做任何一点改动，但他很少能理解那些内容和话语。听他说的话你就能知道他昨天读了什么书，听到了什么话，毕竟他只是照本宣科，说的不是他理解的，因为他从来就没有理解过什么。[41]

在马洛的《浮士德博士》的开头，两位学者天真无邪地打听浮士德的下落，却被他的仆人瓦格纳嘲笑，提出了一系列复杂的质疑和要求，最后说："如果你们不是笨蛋，就不会问我这样的问题。因为他不是活人吗？而且不是可以移动的吗？那么，你们为什么要问我这样的问题呢？"[42]这可能表明，浮士德本人在他的野心和过分追求中表现为一个笨蛋，他的悲剧"不是因为他生来就是一个愚人，而是他如此勤奋地学习成为一个愚人"。[43]傻瓜是一个准博学或伪博学的傻瓜，而不是一个直截了当的、诚实的白痴，这种想法也活跃在蒲柏的尖刻嘲讽史诗《愚人志》（Dunciad，1728—1743）中。

"愚人帽（dunce cap）"有时与一般用来嘲弄傻瓜的"驴子的耳朵"一起出现，是一种学术场合特有的羞辱。有人认为，这种圆锥形的愚人帽源于巫师帽。有人说，约翰·邓斯·斯考特斯喜欢这种帽子，因为正如《芝加哥读者》（Chicago Reader）中所说："他注意到巫师都戴这种东西。尖顶被认为是知识的象征,帽子被认为是向穿戴者像漏斗一样输送知识。"44也许是漏斗的比喻让这个解释令人费解,因为漏斗通常是倒转过来使用的。把锥形体的开口端放在顶部肯定会更好,就像一个无线电天线而不是避雷针吧?但那样的话,知识又从哪里进入从而汇聚至顶部呢?

人类所戴的尖帽还有很多其他种类,通常是作为尊贵或显赫的标志,例如在法国妇女中流行的中世纪赫宁帽,但有时也是为了表示侵略意图,如尖顶的普鲁士军帽、英国警察头盔。帽子,尤其是大帽子,其权威性是多么的脆弱,因为它们容易掉落、吹走或被人坐在上面。因此,帽子很容易成为人类智慧的脆弱或易碎的形象,这一点在小丑复杂的帽子戏法中表现得淋漓尽致,似乎意味着一种对自己头部的玩弄,就像贝克特的《等待戈多》中的换帽表演一样。在詹姆斯·吉尔雷(James Gillray)于1783年创作的讽刺性蚀刻画《阿波罗与缪斯女神对庞波索博士围着帕纳苏斯施以忏悔》(*Apollo and the Muses Inflicting Penance on Dr Pompose Round Parnassus*)中,忏悔的笨蛋是约翰逊博士,他因为将文学的辉煌降为文学批评的枯燥而受到鞭挞。约翰逊带着一块标语牌,上面写着:"为了诽谤那个我永远无法模仿的天才,我不加判断地予以批判。"他戴着一顶愚人帽,不是圆锥形的,而是金字塔的形状,上面刻着他写过的诗人的名字——弥尔顿、奥特韦、沃勒、格雷、申斯顿、利特尔顿、盖伊、丹曼、柯林斯……但不是所有人都名列这个不朽的行列。

愚人这个概念的历史显示了其含义从夸张过火的伪文化修养稳步堕落为令人羞耻的愚昧。愚人帽最早是在狄更斯的《老古玩店》(1841)中命名的,尽管相关的图像出现得更早,但它可能是一种逆构词,像许多学术象征一样,是一种视觉词汇,能展现不同阶段的历史。[45]加州理工学院的一群生物学家将患有学习缺陷的变异果蝇命名为"dunce",因为变异了的昆虫无法学习将特定的气味与电击联系起来,而正常的果蝇能够做到这一点。[46]其他表现出同样的学习障碍的突变体被无情地称为"turnip(萝卜)"和"rutabaga(芜菁)",或"swede(香菜)"。[47]

因此,拥有智慧不再只是一种幸运或财富,而被提升为一种你不得不认同的必备条件,因为只有拥有智慧,你才被视为人类。T. W. 阿多诺(T. W. Adorno)在《最低限度的道德》(*Minima Moralia*)中写道:"智力是一个道德范畴。"[48]提出这一要求就是呈现和执行知识所具备的强制力,以及通过知识对他人进行排斥。求知的意愿不仅仅是希望成为应该知道的人,还希望能够将无知的人定义为可憎的人。

内部知识

对无知者最普遍的谩骂词是"愚蠢"。事实上,我们可以有效地将愚蠢和无知区分开来。虽然无知中可能存在某种意志和故意,但它完全有可能不受惩罚,而对愚蠢的指控总是隐藏着这样一种含义,即愚蠢的人犯了某种反社会的罪行,这种罪行导致了广泛的后果,他们要为此承担责任。愚蠢的人不一定是无知的,甚至通常可能不是无知的,而是不聪明——人们常认为他们是傲慢的、毫无悔意的。有人可能会说,愚蠢的人总是应该知道得更多,这实际上意味着,愚蠢的人不是没有知识,而是没有解释或应用他们所知道的东西所需的理解力。所以,愚蠢是一种缺陷,而不是知识的不足。

人类将自己尊称为"智人",对不了解的状况产生了好奇以及反感。人类对无知者充满好奇。每个时代几乎都有对傻瓜或白痴的蔑视。但这种轻蔑常常和魅力联系在一起，好像人们怀疑这些人在他们的无知中可能隐藏着某种智慧或力量。我们也许会说，对于那些不知情的人来说，有些事情是不可思议的，或不完全可知的。因为蠢人不被看作是完全的人类，所以人们常常把低智商的人和动物联系在一起，将其形容为：鸟脑、兔脑、驴子、公鸡、鹅、虫子。一些与白痴或愚蠢相关的词则表示了非我族类的意义。"oaf"是"aufe"和"ouphe"的变体，指精灵留下的孩子或仙女留下的变异人，也指畸形的、笨拙的或愚蠢的孩子，一个傻瓜。1699年的一本黑话词典将"oaf"定义为"自以为是的人（Wise-acre），傻子或笨蛋"，其中"Wise-acre"与中世纪荷兰语"wijsseggher"同源，相当于"wise-sayer"，意思是假装智慧的人实际上是被蔑视的。[49]

"知"和"无知"的纠缠可以从像"不可知论（agnoiology）"这样的新词中看出，它指的是对那些不可能知道的事物的研究。1854年，苏格兰唯心主义哲学家詹姆斯·弗雷德里克·费里尔（James Frederick Ferrier）在创造这个词时写道：

> 一个理性的、系统的本体论直到今天仍然是思辨科学的迫切需要，因为一个理性的、系统的不可知论还没有被设计出来……从这种困境中解脱出来的唯一方法，就是完全承认我们的无知，然后对无知的性质和特征进行探索。[50]

费里尔认为，只有对于某些原则上可能知道的东西来说，无知才是可能的，因此，不去了解那些实际上无法理解的或自相矛盾的东西，是人类与众不同的一个标志。因此，无知是一种荣耀，而非

耻辱,这种渴望体现在一个非凡的海洋隐喻中:

> 不可知论贯彻并完成了认识论所进行的工作。在认识论里,我们只看到了后背上——如果我们可以这样说的话——必要的真理;在不可知论中,我们看到了它们下方和周围的一切。我们看着它们——就像贺拉斯看到第一个游来游去的海怪那样——那些大眼怪鱼,它们翻转那阴暗的背鳍和闪闪发光的腹部。[51]

毫无疑问,这种不知的状态也具有它自己的诱惑力,愚蠢可能看起来接近圣洁,甚至是一种赤裸裸的智慧。"傻里傻气(silly)"在拉丁语中写作"sely""selig",两个词却都能表示快乐的、幸运的或极幸福的意思。约翰·斯凯尔顿(John Skelton)在1522年写了一首以诗中人物科林·克劳尔特(Colin Cloute)名字命名的讽刺诗。诗歌描述了无知的状态,可能也对此进行了讽刺:

> 说这个,说那个,
> 他的脑袋太胖了,
> 他什么也不知道
> 也不知道他说了什么。
> 他又哭又闹,
> 他窥探,
> 他喃喃自语,
> 他叽叽喳喳地说,
> 他咯咯叫,

> 他爱管闲事,
>
> 他幸灾乐祸,浑身发福。
>
> 或者当他说话时,
>
> 他没有智慧,
>
> 他不过是个傻瓜。
>
> 让他去上学,
>
> 坐在三条腿的凳子上
>
> 他可能会倒下,
>
> 因为他缺少智慧。
>
> 如果他有
>
> 那就仿佛头上的钉子
>
> 无落脚之地。
>
> 他们说,魔鬼已经死去。[52]

我发现,当我试着在互联网上搜索"对无知的偏见"或"对愚蠢的偏见"时,它提供了一页又一页的结果,说明大众热切地反对针对偏见的无知,但对我试图阐明的论点却毫无助益。这种空缺也许能说明问题。对无知的偏见,就如同对美丽的偏好一样可恶,美丽是我们伟大的未知之一——我们会自动地用偏见来思考,以至于我们发现它几乎不可能思考。我们会不由自主地认同威廉·哈兹里特(William Hazlitt)的主张:"偏见是无知的孩子。"这可能意味着我们应该在原则上(也就是说有所偏向)反对无知。[53]这并不一定意味着我们应该对无知的人抱有偏见,但我们把一种品质的承担者误认为是品质本身,这是一种根深蒂固的习惯,以至于我们发现这很难抵制。2010年我以为终于找到了一篇似乎可以说明我观点的文章,作者是迈克尔·迪肯(Michael Deacon),文章登在《每日电讯报》上,标题为《蠢人也有感情——让我们结束这种偏见》。文章提出应该防止雇主歧视不太聪明的求职者,议会应该要求公司实施配额制,以确保一定数量不够聪明的求职者能够获得工作。我很快就明白,这实际上类似于斯威夫特[*]写的讽刺文章《一个小小的建议》(Modest Proposal),让人暗自发笑。[54]事实上,不令人发笑的对于愚蠢的探究几乎不可能存在。

知识最强大的功能之一是形成和维持人类的聚集体。如果一个孩子没有习得任何当前被认可的共享知识——电影、流行音乐、时尚、体育赛事——所需的专业知识,就不可能在社会上生存。环球媒体所放纵的全球幼稚主义依赖于名人提供的八卦黏合剂,这些名人的社会认知功能就是因为出名而出名,或者因为被人知道而出名。尽管我们乐观地认为知识具有克服偏见和传播共情的能力,但共享知识有一个扭曲的孪生兄弟,那就是它对那些不共享我们知识的人,或对那些我们没有参与的、拥有自己的共享知识形式的人怀有敌意和蔑视。宗教的包容和排斥在很大程度上是以知识的形式来实现的,因为宗教绝不仅仅是一种习惯的行为,还包括共同的信仰和教义、传授的东西和被认为是已知的东西。宗教信仰从没能给我带来任何触动,但我希望我能够在有宗教信仰的人面前表现得和蔼可亲——否则我不得不怀疑他们的理智,毫无疑问,他们有时也会怀疑我的理智——因为我长期浸泡在各种宗教仪式中,在我受过教育的一所学校里,学生会花数小时进行祈祷、唱颂歌之类的宗教

---

[*] 斯威夫特即Jonathan Swift,爱尔兰作家,政论家,讽刺文学大师。

活动。而我毕生所教授的文学，其作者使用基督教作为媒介来思考几乎所有事物（性、金钱、政治、健康、时尚、园艺等），而这些文学的读者也是如此。因此，我可以在高桌餐会上的救世神学辩论中彬彬有礼地扮演好我的角色，而且几乎不会有在社会上丢脸的风险，因为我知道我完全能把握好分寸。

几乎所有国家都有种族笑话，最受欢迎的嘲笑形式是取笑爱尔兰人、波兰人、巴基斯坦人、女人、男人或其他任何群体的蠢人，或其他任何嘲笑者认为不属于知识阶层的群体。人类通过认知的过程成为人类，并试图保持人类身份，这不是对你是什么的确认，更确切地说，是承认或回应你的社会意识：我们认为彼此应该知道什么知识，认为彼此应该是假设知道的主体（用"认为"这个词已经说明了主体性）。这就是为什么我们经常使用像"承认"和"认可"这样理性的词来描述团结效应。社群的共同点在于，它知道什么是内部的常识，什么是外部的未知。承认这个概念的含义主要是积极的，也许是因为承认往往意味着接受他人对我们的要求，但参与嘲笑也施加了力量，迫使社群承认他们承担和行使着归属和驱逐的要求。使某人或某事变得滑稽可笑是在集体集结的过程中进行和维持的，集体共享的知识以及集体关于他人的知识就是维持团结的黏合剂。没有教育就没有社会。也可以说，如果你不成为某个家庭的一员，就不可能熟悉这个家族中的任何事物。所有的知识都是一种内部的知识。

这就是为什么愚蠢和疯狂在功能上是相同的，尽管那些理解混乱的人和那些理解有限的人有明显的区别。无知的人有能力破坏维系一个特定群体生存和团结的共同知识，因为他们代表的是无知的、非人的奇美拉（Chimera，古希腊神话中的怪物）。知识产生群体成员，产生我们自己的知识，我们用于交流谈论的知识。这些知识产生目标，意味着起点和振兴。这些知识就是群体的共同事业（目标）。

愚人

这也可以解释为什么许多形形色色的"圣愚（holy fool）"或藐视知识的无知者具有如此强大的力量，尽管这令人十分不解。圣愚与基督教联系在一起，因为基督教本身就是一种因反抗而形成的宗教，其对抗的是当时强大的、受众广泛的古罗马和犹太宗教。虽然基督在宗教上争议很多，但基督教真正的力量在于它提倡不事雕琢的质朴和简单。许多圣愚最开始是隐修者和沙漠教父（Desert Father，在沙漠或旷野中苦修的人），这些隐修者离开宗教团体，过着禁欲苦行的生活。从中世纪一直到宗教改革，圣愚的传统在基督教中仍然很强大，在东方的基督教中，尤其是在俄罗斯，圣愚依然是一种强大的存在。

圣愚采取的是非常具有风险的策略，但在某些情况下。可以构成一个建立在认知上存在异见，而不是认知上一致基础上的另类社群。约翰·萨沃德（John Saward）认为：

> 走进沙漠表达了一种渴望："忘却"这个时代的感性，重新塑造身体、心灵和精神，在基督里成为真实而不妥协的新人类……圣愚的天职似乎是要唤醒他的弟兄们，他们的天职是不屈服于世界的智慧。[55]

如今，当政治被一些看起来像白痴的人操纵或以愚蠢的方式行事时，我们会感到惊讶和沮丧。但这或许可以告诉我们，只要每个白痴实际上都有能力成为政治精英，并因此能够形成一个政体，那么肯定会有政治上的白痴行为。为了保持其政治严肃性，这种愚蠢行为也必须是狭义的政治行为，即在战略上以欺诈的方式进行。简而言之，这种愚蠢行为有必要被称为"模拟愚蠢"。

在那些开始更多地依赖知识而不是权力或传统的社会中，圣愚现象被赋予了特殊的效力。由于人类社会是通过交流组成的，这需要相当大的认知成本，因此社会越大越复杂，就需要越多的智力——无论是内部个体的智力，还是外部的非个人记录和交流系统的智力——来管理和优化矛盾的利益冲突。在这样的社会中，由于有创造长期稳定的倾向，工具性和计算性的理性变得比有魅力的理性更为重要，后者受到狂热的驱使，并与冲突和动乱有关。宗教的制度化是这种合理化的重要组成部分。约翰·萨沃德提出："在政治平静的时期，当教会适应政治现状时，圣愚最常见。"这种理性状况可能使得具有人格魅力和感召力的人有机会通过以退为进的方式来与功利算计进行对抗，因为忽视或拒绝文明的人能极大增加消极力量，通过改变效价（valence）将消极力量转变为积极力量。如果依赖功利的理性来创造社会、经济和情感上的富裕，可能会给社会关系增加不可预测性。因此，适度的理性赋予了愚蠢一种以前不可能拥有的力量。

圣愚的学说强调大道至简，摈弃复杂的大道理，强调智慧而不是学问。圣愚并不反对知识本身，而是反对知识与世俗的自我保护之间审慎的联系：

> 通过自我奉献和牺牲来传递生命的福音信息，彻底打

破了当今时代的观念。在如今的世界，人们屈从于肉体的欲望而活，并千方百计自保。这个世界相信权力和荣耀来自通过功利计算获得的自我保全。这个世界无法理解基督十字架的意义——苦修，反而认为这是"精神错乱"。

产生魅力型圣愚的另一个重要条件是形成具有象征性的、用于交流的沟通媒介，这是将个人的矢志追求发展为理性所必需的。"理性"这个词通常用于形容处于发展晚期的组织，该组织具有中央集权的官僚制和内部相互联系的经济系统，形成了对何为理性行动的一致观念，并运用这种观念。愚人必须不仅仅是一个狂人或疯子，而且是完全不能被社会秩序同化的。圣愚，包括少数女性圣愚，必须能够自成一派。圣愚的愚蠢必须成为一种大智若愚，成为一种众所周知又神秘莫测的未知。圣愚总是看似无智无识却又知晓一切，即便有时他们坚定地将他们对《福音书》的见解秘而不宣。

这就是保罗在《哥林多前书》中所说的"圣愚（fools in Christ）"一词的意思。这个词用来说明圣愚的行为和对圣愚的理解，有时也写为"fool for the sake of Christ"，不过这似乎是一种对保罗写的希腊文的任意篡改。该词在古希腊语中写为"μωροδιΧριστόν"，现代希腊语写作"moroi dia Christon"，其中的"dia"一词表示通过或借助。这可能是说，对基督所忍受的嘲讽和羞辱进行模仿是愚昧的，但也可能意味着，通过基督的榜样或代理，愚昧被转化或灵化了。无论哪种情况，愚昧都暗示着某种不合逻辑的理性，一种"morosophy（愚人的智慧）"，这个词用来指一种明智的愚昧和一种愚昧或笨拙的哲学——这让人联想起一个更罕见的17世纪的词汇"cod-learned（虚假的博学）"，它一般只收录于字典中，日常生活中很少使用，指一种愚蠢（morology）。因此，圣愚本身必须被视为一种交流行为，一种社会意义的创造，特别是圣愚对社会联系带有明显抵触：

> 圣愚的定义总是由他与特定社区的关系来确定。事实上，后来的一些愚人是僧侣，他们离开了他们的寺院社区，在更广泛的城市社区中扮演愚人。无论哪种情况，圣愚都是一种社会表现。

愚人的目标是简单的脱离，但这种脱离只有在其脱离一个联系和交流越来越多的世界时才有意义。在标记自身的过程中——圣愚的疯狂行为越避免言语，它们就越具有象征意义——脱离世俗的行为又被束缚回世界中，因为世界必须扩张，以注意到并包容它。这样一来，圣愚虽然带着反抗世俗智识的目的脱离尘世，却又面临着最终需要附庸世俗智识的压力，从而使得其脱离成为一种复杂的行为。唯一并始终如一的神圣——也就是整体的、自我同一的——形式的愚人不仅不需要表现出对世俗事物的关怀，而且也不需要表现不在意自身的脱离行为是否具有神圣的意义，因为这种在意会限制圣愚的行为。约翰·萨沃德对这种双重思维没有异议，他认为，圣愚"为区分真愚与假愚、真智与假智提供了精确的理性标准"，他相信这种双重思维能使人获得心灵的宁静，却忽视了所有的悖论，而这些悖论是知识的偏离必然会引起的。例如，拒绝世俗就无法理解这样一个事实，即福音越是引人注目，它在扩大信仰和灵性方面就可能越成功——也许正是通过圣愚超凡脱俗所树立的榜样，上帝的智慧才显得更加世俗。只要善良、真理、正义、怜悯、爱和信仰是这个世界的全部,它们就会被世俗鄙视者所唾弃。只有当上帝的良善无法继续实现,世界仍然不够虔诚时,愚人的智慧才能成功。

这就撇开了那些有某种敏感性的人通过屈辱而获得受虐满足的多种机会,比如睡在沟渠里,把死狗围在脖子上,舔麻风病人的疮,等等,尽管这是圣愚的另一种伪装的复杂性,聪明的当代反对者不可能不知道。圣愚的疯狂行为本质上是一种拒绝复杂性的尝试,尤其是一种对其自身的讽刺,因为圣愚总表现出一副大彻大悟的样子,但又否认自己这种彻悟。正如彼得·斯劳特戴克所言,一神论满腔热忱(zeal),热衷于扭转历史,抛弃创世论的错误,试图超越上帝。[56] "zeal"一词来自希腊语"zelos",意为嫉妒或竞争,表示一种竞争比较。圣愚对简单状态的追求是一种口是心非的、极轻微的欺骗。圣愚的行为看似是从腐蚀心灵的世界的复杂性中退回到类似儿童或白痴的简单状态——本章开头讨论过,现代希腊语称其为"idiotes",表示私底下的个人或能力,而不是公共领域中的人或行为,它的词根与"it(它)"有关,而它本身就是纯粹的、未经改变的事物。但是圣愚这种简单状态并不简单,是姗姗来迟的、他人心领神会的一种认识,这种脱离复杂的简单状态是圣愚与复杂签署的一纸契约,表明自己与复杂的距离,圣愚的奇特行为也总是遵守一种将自己与他人区分开来的世俗功能。

在宗教时代,对无知的认识常以失败告终,虽然这看起来很矛盾,但这种认识无知的失败在宗教时代之后依然存在,并以惊人的类似形式重现于后来的无神论者心中。浪漫主义对温和的、像孩子一样的简单性的推崇体现在华兹华斯的《白痴男孩》(1798)中,并在精神上的无能中看到了对自然世界的幸福吸收能力。这种能力体现在诗歌本身缓慢的韵律中，智力障碍儿约翰尼口齿不清，不断发出颤音"r"，仿佛在吟唱，给诗歌增添了音乐性的愉悦："小猫头鹰在叫，咕噜（curr），/约翰尼的嘴唇，啵（burr），啵，啵，/他在月亮下面走。"[57]这首诗展开了一个转危为安的故事，但在故事的最后，这首诗告诉我们，故事并不重要，重要的是音乐般的、感官上的、本真的快乐。老苏珊·盖尔和她的邻居贝蒂一样，对约翰尼和他的小马驹（马驹和智力障碍的约翰尼一样心地善良，但完全无法让人依赖）的安全（约翰尼在深夜独自骑马穿越树林，去为生病的苏珊请医生）越来越担心，正是因为苏珊，约翰尼才陷入了危险的境地，为了这个男孩，她可以在任何情况下从床上跳起来，"好像被魔法治愈了一样"[58]。这首诗中，约翰尼发出的无实义的"burr（啵啵声）"，和描写贝蒂找寻他时使用的词"flurry（慌张）"，以及"hurry（匆忙）"押韵，形成了一种对照。诗人之所以如此选词，似乎是在表示"cunning（caring，在意这个故事）"或"joy（快乐）"，以和"boy（男孩）"和"Foy"（Foy是贝蒂的姓）反复押韵，"Foy"这个词融合了善良（faith，贝蒂在深夜照顾生病的邻居苏珊）和愚蠢（foolishness，贝蒂让智力障碍的约翰尼独自穿越树林去请医生）。诗的结尾是对理性在韵律中消解的演绎，约翰尼对贝蒂提出的关于他整晚都在做什么的问题进行了语无伦次的回答："（我把他的话告诉你，）/公鸡确实叫个不停，叫个不停/日照是如此的寒冷。"[59]当然，这首诗的所有情感产出都取决于它似乎无意中展示了它所提供的纯粹的、不受玷污的无知，尽管在第一部分描写猫头鹰叫声时，诗人并没有使用诗歌中常见的形容词"to-whit"。该词首次出现在1594年的印刷品中，即约翰·莱利（John Lyly）的滑稽剧《班比妈妈》（*Mother Bombie*）中的一首歌里。[60]喃喃乱语是智力迟缓之人智识的体现，他们的智识不会完全被这些乱语所掩盖。

随着技术和专业知识的力量和效力日益增强，加上正规教育在世界许多不同地区的经济和文化中的地位日益提高，对知识权威的其他类型的反应也由此产生。这有时表现为圣愚活力的复兴。正如圣愚对知识的反感发生在宗教信仰内部，在日益增长的知识阶层统治制度（epistemocracy）中，对学术知识权威的反应也不是来自外部，而是发生在学术思想内部，特别是在那些最受技术知识威胁的人文学科领域。本书最后一章将对此进行描述。白痴人物不仅是帕特里克·麦克唐纳（Patrick McDonagh）的白痴文化史中所追踪的污名化的主体，而且也是一种具有超凡个人魅力、反抗智识的主体。[61]早期浪漫主义渴望拯救白痴的简单性，而现代白痴则因其引入复杂性的能力而受到重视。因此，正如马丁·哈利维尔（Martin Halliwell）在其对现代白痴形象的研究中所得出的结论：

> 如果说白痴常常被幻想成一种空虚的主体性或贫瘠的自我性，那么它也可以是一种丰满的体验，以一种无法被社会污名划定或沦为医学标签的不羁存在取代严格的身份界限。[62]

"白痴"散发着一种魅力（glamour）。"glamour"这个词像"dunce（笨蛋）"一样，经历了各种变体。它最初是"grammar（语法）"一词的变体，接下来的拼写还有"gramarye"和"grimoire"，意思是巫师宝典、巫术或通灵术等，后来沃尔特·司各特在其作品中多次使用这个词,其词义变成虚幻的魅力。因此,它在知识模式中重新部署了某种神奇的投资,使之本身具有一种击败或超越自身的魔力。

愚蠢的幻想

吉奈斯·格里尔(Genese Grill)在赞扬罗伯特·穆西尔(Robert Musil)的《论愚蠢》(*On Stupidty*, 1937)时写道:

> 我们最好思考一下这个奇怪混乱、颠倒黑白的世界,为何会将那些先知称为愚人,他们不善言辞,却是新世界的先锋,他们缔造新话语和新观念,虽然他们不合时宜。与之相比,有些人却自以为已经认识一切,或安于接受一种既定的、控制人们判断和想法的系统。[63]

当然,有些创新思维有时被称为愚蠢,而有些思维是基于偏见和假设的;但这种表述方式听起来更像是后者,而不是前者。当我们遇到口吃者时,我们应该保持耐心和专注,但不是因为愚人的每一次结巴的表达都预示着一种新的发现。

在过去的两个世纪里,"愚蠢(stupidity)"一词似乎已经牢牢地取代"傻气(foolishness)"和"愚昧(idiocy)"两词,成为形容反智(愚蠢)的核心词。事实上,不像"傻瓜(fool)"或"白痴(idiot)",没有一个明确的名词来形容被定性为愚蠢的人——至于作为"一个蠢人"或"一群蠢人"的意思的名词"stupe"(1763年后开始使用),是通过逆构法,也就是改变"stupid"后缀的拼写而形成的,这使得"stupid"的使用一般来说比较随意。但这个词的另一个优势是它来自一个大家都能预想到的、丰富的词概念集合体。像许多指称"缺乏智识状态"的词一样，愚蠢被简化为一种哑巴状态。拉丁文"stupor"指的是呆滞、麻木或无知，但是，与愚蠢的状态不同，"stupor"往往意味着对某种刺激的回应。一个人可能因为昏昏欲睡而变得愚蠢，但也可能因为被我们所谓的"stupendous（能够造成昏迷状态）"的那种东西弄得昏昏欲睡。这就是为什么腓特烈二世皇帝在1250年马太·帕里斯（Matthew Paris）的《大事记》（*Chronica magna*）中被称为"stuppor mundi"，即"世界奇迹"。[64]因此，"stupor"可以暗示一种震惊，像是石化了一样，这个概念可能会让人想起弗洛伊德提出的双重感受（死亡和唤醒），是描述看到美杜莎的蛇发头而震惊到目瞪口呆的感受。

目前尚不清楚"stupefying（让人失去知觉的）"系列词语与拉丁文"stuprum"之间有什么关系，"stuprum"意为强奸、私通或玷污，它衍生了"stupre"和"stupration"这两个词，直到17世纪还用于表示强奸或掠夺。F. E. J. 维尔波（F. E. J. Valpy）在他的拉丁语词源词典的附录中，将一些未确定词源的词条保留了下来，他提到了J. J. 斯卡利哲（J. J. Scaliger）的建议，即"stuprum"来自"stupeo"——使我们昏迷的东西。[65]阿尔弗雷德·厄努特（Alfred Ernout）和阿尔弗雷德·梅莱（Alfred Meillet）则认为，虽然没有证据，但"stuprum"肯定和"stupeo"拥有相同的词根。[66]也许将这些词联系起来的是"rapt"，意思是心醉神迷地被吸引了，是拉丁语"rapere"的过去分词，在拉丁语中意思是抓住、津津有味地看、强夺。

弗兰纳里·奥康纳（Flannery O'Connor）为最近许多关于愚蠢的重新评价打开了一扇门，她说："小说作家几乎不能没有某种愚蠢，这就是不得不凝视、不用一下子就抓住要点的品质。"[67] 罗伯特·库格尔曼（Robert Kugelmann）更进一步详细解释了奥康纳的观点：

> （诗人）关注事物的表象，此时此刻超越物理世界的欲望不再发挥作用，因为人们惊愕地盯着呈现在自己面前的东西。如果一个人能够在表象的泥土中停留足够长的时间——不抽象，不分类——事物就会显现出来。奥康纳指出，不仅事物在其特殊性中显示出自己，而且诗人同时也将其视为一种普遍性：当诗人感到惊愕和静止，事物就可以开始在诗人的内心深处回响。[68]

我发现，在不进行任何分类的情况下，不可能理解一个人如何将一个特殊事物视为一个普遍事物，尽管我也怀疑库格尔曼是否有意让我认真去尝试。接下来他打着知识的旗号，对这种开放的反应模式进行讨论，他的讨论表明这种愚蠢比它的名字所暗示的要多得多，因为它是"知道自己是愚蠢的愚蠢"[69]。所以，即便与圣愚没有某种亲缘关系，这种愚蠢也不是其普通意义上的愚蠢。这就像本书中考虑的许多其他认识论的立场和倾向一样，是一种对愚蠢的玩弄，一种与引言中遇到的I. A. 理查兹的诗意的准知识相匹配的准愚蠢，一种渴望把白痴作为神秘主义者的浪漫幻想。我们很快就到达了欲望与知识的融合：

> 对事物纯粹的表象以及物质世界来说，这种运动令人陶醉。愚蠢是对大地的渴望，对事物的简单存在的渴

望。只要它是一种欲望，它就会以某种难以言喻的方式"知道"它的目标。它知道表象和物质性。陷入泥土是以目标为导向的，而这种认识，尽管是愚蠢的，却是它的反映。[70]

库格尔曼在这里并不是什么都没有描述，尽管他所描述的并不是他看起来或声称的那样。他是在描述一种知识-幻想的形态，对一种可以由欲望构成的知识的渴望。你不能简单地知道"事物的简单存在"，因为"简单存在"是一个如此复杂的概念，大大超出了愚者的理解能力；但你可以知道对它的复杂欲望。我们不应感到意外的是，艺术实践或者艺术家的态度，在维持已知与未知的和谐共存上起着重要的核心作用，因为自19世纪初以来，"美学"的一个重要功能就是包庇和鼓励这种对某种神秘知识可以实现的狂野幻想。

托尼·贾斯诺夫斯基（Tony Jasnowski）也追随弗兰纳里·奥康纳的脚步，认为作家有必要"超越逻辑和理性的安全领域，进入荒诞和愚蠢的危险领域"[71]。他心目中的那种愚蠢被相当狭隘地定义为"良性的（virtuous）"，他解释说："良性愚蠢表现得好像他们不知道他们坚信知道但事实上却不知道的事物。"[72] 这对应于"基督徒所谓的纯真愚蠢"[73]，使作家成为一种圣愚，尽管事实上贾斯诺夫斯基的定义排除了大多数通常会被认为是任何一种愚蠢的事情，并可能被贬低为一种平淡无奇的建议，即作家最好相信他们的直觉，而直觉往往可以很好地发挥作用。既然除了作品对自己和读者是否有利之外，作家是否采取这种策略并不那么重要，那么在认知的荒原中冒险，似乎并不像这里所说的那样危险。

娜塔莉·波拉德（Natalie Pollard）以类似的口吻赞美了某些陌生的或难懂的诗歌的力量，它们使读者产生一种昏昏欲睡的状态，或一种茫然的、困惑的状态：

> 诗人、读者、学者既抓不住它，又无力离开它，他们被愚蠢所吸引——被抓紧、抓住，并被鞭策着继续前进……对当代诗歌中愚蠢的研究提醒我们，艺术具有俘获我们的能力，以及这种对抗所需的勇气和知识上的严谨性。[74]

这种需求和喜悦的混合体听起来确实非常动人，从她所宣称的这种可能性的思考中获得的快乐是不可否认的，但必须怀疑的是，是否有任何现代诗歌的读者，对事物有过这样的体验。与疑惑、迷茫、好奇、喜悦以及所有其他有趣但熟悉的体验方式相反，读者不会对诗歌中绝对的描述方式感到惊愕，但是会被鼓励着在阅读中发表见解。简言之，它是一种虚拟的而非主观的体验，属于文学批评让我们假装幻想出的知识梦境。

近几十年来所提倡的大多数愚蠢的形式，都依赖于对理性（即绝对的、疯狂的、系统的和无例外的那种大写的理性）的理解，这种理性又是一种现实化的理性，对愚蠢的评价言过其实，有时我们认为这种理性是随意的、头脑简单的。当然，坚持和坚守一种绝对的理性观念是可能的，但这并不是普遍存在的观念。对理性的一种更清醒并更灵活的理解，是把理性视为一种为事物存在提供充分理由的尝试，或者仅是"合理的"理由就可以了，这种理解就会包括许多被界定在理性以外的事物，当然包括愚蠢的事物。

阿维塔尔·罗内尔（Avital Ronell）对愚蠢突破或解开所谓的理性约束进行了更深入的论述，再次对诗歌写作——大概在某种程度上也包括阅读——过程的讨论，提出要有面对未知的勇气：

> 诗歌的勇气在于可以拥抱心灵的衰弱所带来的可怕的疲惫……诗人勇敢无畏地冒险，就像华兹华斯笔下的白痴男孩一样，他的冒险经历带他穿越了一个无法言传的安全区，在那里，他莫名地获得了保护，免受伤害，尽管遭遇了最大的危险。[75]

这种勇气指向一种特殊的精神状态，罗内尔倾向于将这种状态拟人化，她称之为一种特殊的存在，这种存在无法控制其意图和行为：

> 在这些诗歌中，穿越危险、进行冒险的行为——一种不知道何去何从的风险——不是指目标确定、专注目标、勇于行动的英雄行为，而是指受恐惧或冷漠（我们从来无法确定是哪一种）所抑制和消耗的存在，一种从一开始就昏昏沉沉的、隐身的存在。没有人能够解释诗歌的起源中所缺失的东西，但诗人以他们的方式公开了愚蠢的秘密体验。

如果否认至少有一些诗人曾经有过，或者说曾经提出过这样的观点——写某些类型的诗歌有时会需要一定程度的肆无忌惮——那将是很轻率的；但如果说所有的诗歌都必须如此，就滑向了教条主义。诗人似乎不知道他们需要知道什么——我们也不知道——因为他们对自己的无知讳莫如深，我们可以推测，甚至他们自己也不知道这一点。在这种争论中，无知就像绞索一样被有意识地挥舞着。然而，"愚蠢是如此根本地、普遍地存在于内心……以至于它先于主体而形成"。罗内尔在她的书中对知识的局限性以及写作所涉及的对认识的感觉有许多尖锐的看法。例如，一个人阅读20年前或20分钟前所写的东西时，羞耻感会与自恋的快感混合在一起。奇怪的是，所有这些对认知限制的真切的、合理的，即使是无规律的、断续的（合理就是因为无规律的、断续的）领悟，我们却满足于统称之为"愚蠢"，这种虚无缥缈的、永远不可能被认识的事物，又似乎是完全被认识的，并且通过贝克特式的借用得到了出色的、权威性的展现：

> 这是对你体内任何自认为可以写出来并活下来的事物进行的无情的攻击。从荷尔德林到品钦，从你到我的写作，都像是来自某人或某事的沉重打击（这就是为什么文字作品总会有所表达，不会毫无意义的原因），是针对你的，但又超出了你的把握。接受打击这件事，已经超出了你的理解能力。你不知道你把自己置于谁的指挥下，不知道你在对谁说话，也不知道为什么一定要这样。在贝克特看来，你除了默默地走下去别无他法，你无法继续，你又必须继续。这种必须前进的情况并没有阻断愚蠢的浪潮，而是乘着它，依靠愚蠢把它带回家。

在书中，罗内尔描写了一个人在许多方面都无法完全掌控自己的所作所为，尤其涉及写作时。内容颇有价值、妙趣横生，有时甚至是令人捧腹的。不过她在书中没有涉及（尽管从整体来看，她没有这样做本身就是一种解释了）当她发现以"愚蠢"作为形式的形而上的可知性（metaphysical knowability）如何工作后所带来的快乐和兴奋。她在发现自己实在不擅长学习太极和听说吉勒·德勒兹（Gilles Deleuze）去世的时候，产生了写这本书的冲动，德勒兹曾呼吁建构"探讨愚蠢的超验原则的……话语"。很难将同样神秘、不可言喻、无处不在的力量集中在一个笨拙、尴尬、用绳子绑在一起的概念中，比如"当我们思考和写作时，我们无法完全确定我们在做什么"。在这一点上，罗内尔所掀起的思潮（她自己都没有注意到），是一种幻想的力量，这种幻想是对一种绝对的未知状态的幻想，已经积聚了几个世纪。

西恩·恩格（Sianne Ngai）提出了另一种关于救赎和被救赎的愚蠢，她称之为"惊乏"[stuplimity，字面意思可理解为愚蠢的崇高，因为这个词由"stupid（愚蠢）"和"sublime（崇高）"各取一部分构成]，并将其定义为"惊奇与乏味矛盾地结合在一起的审美体验"，因此产生了"与拒绝惊惧的体验结合在一起的……惊惧（awe）"。[76]恩格明确表示，惊乏事物（the stuplime）不同于崇高事物（the sublime），我们不应该向令人惊乏的事物寻找任何超验或美的体验，因为"惊乏所依赖的是一种反冠冕堂皇、反愤世嫉俗的乏味，有时故意显得愚钝，它不追求一种精神上的超验或保持反叛的距离"[77]。但这种悬而未决的状态也允许某种主张，这种主张在更肯定的文化批评中似乎是强制性的，因为它是"一种抵抗"，一种与无定形的不连贯性有关的抵抗，一种被认为会导致各种社会或话语机器瘫痪的软弱性。[78]像格特鲁德·斯坦因和塞缪尔·贝克特这样的艺术家，"在与包含他们的系统的对抗中，遵循了这条惊乏的道路，通过碎片般的语言表达软弱无力或堕落的状态，形成一种抵抗的立场"[79]。散漫的、糊涂的、不抵抗的抵抗和罗内尔在这里所颂扬的那种更朴素的、贵族式的存在主义的愚蠢的抵抗，都有一种超越知识或概念的能力，它们的特点都是"一种完全接受的状态，在这种状态下，差异在其形成或概念化之前就被感知到了"[80]。我认为，在概念化之前，这种完全接受的状态实际上是不可能的，尽管它能够被设想出来。

因为，与可能由惊吓、伤害、疲劳或药物引起的昏迷不同，愚蠢不是一种人类的存在状态（即使只有人类才能具有这种状态），而是一种话语效应。愚蠢是一种特定的侮辱行为所表现出的视界，我们可以称之为愚蠢化（stupidifaction）。"stupefaction"的意思是被吓呆，而"stupidifaction"的意思是被人说成是愚蠢的，也就是被愚蠢化了（stupidified）。它是对人所做的事情言语上的评价，而不是代表他们本身如此。愚蠢是一种社会关系的媒介，而不是一种状态，使用这个词，虽然表面上指缺乏智慧，事实上构成了一种理解模式。正如任何一个人都知道，说某人愚蠢是非常愚蠢的，尽管他是真的愚蠢（所以当然，按照同样的逻辑，也不是真的愚蠢）。当我们骂某个人傻的时候，不代表真的这么想，只是这样做了。虽然对于"愚蠢"这个概念及其特点的许多使用肯定具有侵略性，但在使用"愚蠢"这个概念时也没有必要落入"知识就是力量"的窠臼，例如戴尔·C. 斯宾塞（Dale C. Spencer）和艾米·菲茨杰拉德（Amy Fitzgerald）在研究对动物的法律起诉时提出："如果理性要取得胜利，那么就必须把'非理性'或'愚蠢'对社会的干扰降到最低限度，这意味着如果'愚蠢'的动物要为自己的行为承担法律责任,那么'愚蠢'的人当然也要承担法律责任。"[81]引号在这里起了作用,因为你只有在假设某人不是完全愚蠢的情况下,才能对他的愚蠢及其后果发表自己的看法。

最近出现一种自命不凡的倾向,把愚蠢提升为一种救赎性的认知原则,无论是进行心理方面还是政治方面的认知。这种倾向离题万里,把对愚蠢的侮辱变成一种赞美。对愚蠢观念的幻想和运用,构成了密集编织的社会生活的认识论的一部分。在那些试图把愚蠢定性为仿佛是世界上的一种事物的人中,有一种共同的倾向,即认为愚蠢其实是随处可见的,所以永远不能明确地将其孤立出来进行分析和消灭。例如,罗内尔在她的研究开始时就断言,愚蠢"本质上是与用之不竭的事物联系在一起的",并在研究结束时唤起了它"无可救药的不恰当的本质"。愚蠢无处不在,常常以伪装或引用的形式存在,就像福楼拜在其小说中使用"bêtise(愚蠢)"一词来进行讽刺一样,这是个带有傲慢语气的法语词,形容庸俗的、大众普遍接受的观念。正如克里斯托弗·普雷德加斯特(Christopher Prendergast)所提出的疑问:

> 如果像福楼拜笔下几乎所有的男女主人公那样,对书本上的世界进行引申,就会不可避免地被卷入bêtise的网中,那么我们该如何看待提出这种主张的书本身?……是不是所有的书、所有的文本、所有的话语秩序都被bêtise的诡计严重污染了?[82]

罗伯特·穆西尔的观点也表明愚蠢无处不在。他认为:"任何想谈论愚蠢的人,或从参与关于愚蠢的谈话中获利的人,必须假定他自己并不愚蠢;而且他还会表现得认为自己很聪明,尽管这样做一般被认为是愚蠢的标志!"[83]穆西尔和其他一些人认为有一种特殊的、普遍的且有害的"高级愚蠢",也可称之为"聪明的愚蠢",这种愚蠢"表现了知识追求中浮躁的一面,尤其是在研究中不坚定,常常不了了之",并且在知识不充分的情况下又好高骛远,因而常得出以偏概全的观点。[84]

这些状态——不精确、不完全理解自己所说的话的含义,对自己的知识并不像自己所希望或所认为的那样有把握——都不是与愚蠢所标志的根本性智力缺陷或枯竭所接近的状况。我不会认为,将任何智力缺陷极端地指责为愚蠢本身就是一种愚蠢的表现。但是,这可以表明"愚蠢"这个概念具有奇特的、催眠般的力量。作为公认的绝对的无知,你可以说愚蠢无处不在,但愚蠢实际上永远到达不了任何终点。它就像一面想象中的墙,知识无休止地撞上去,然后又毫发无损地反弹回来。愚蠢和知识一样,都是幻想的产物,是知识闪耀的梦想不可或缺的、想象的外壳。

第七章
知识的空间

学校

如果在建构知识的过程中难以见木见林,那么我们将同样难以理解在现代世界中对于大多数人的生活而言影响最为重大的一段经历——校园经历。在精神分析领域中梳理关于学校经历的讨论是一个非常辛劳的工作,因为精神分析学家都十分关注校园经历,而他们也可以划分为具有代际传承性质的各种学派(school)——弗洛伊德学派、布达佩斯学派、英国学派等。但是这些学派的物质和社会经验计划改变了从人与人之间的关系到其自身的学习和了解过程的几乎每一个方面。确实,就其构建和实践而言,精神分析本身就是将学习教室扩展到生活各个方面的过程。弗洛伊德坚持认为,为了能够进行分析,必须先接受他人的分析,这具有使精神分析的经验成为受检生活的永续存在的效果。精神分析使校园经历永续存在,但似乎分析本身从未注意到这一点。校园经历的压力会蔓延到包括疾病和健康的许多其他领域,正如福柯试图教导我们的那样,不仅仅诊所是一个纪律机构,而且健康和疾病的纪律本身也可以成为一种规训。30年执教成年学生的经历使我认识到,对返回学校继续学习的学生而言,早期的校园经历是多么的根深蒂固和压抑。

梅兰妮·克莱茵是为数不多的尝试严肃对待学校经历的精神分析作家之一,最著名的是她的论文《论学校在儿童的本能欲望发育中的作用》(1923)。但是,即使在这篇文章中,克莱茵对于校园经历的分析也不过是浅尝辄止。她首先提出了"众所周知的事实",即"对考试的恐惧通过做关于考试的梦表现出来,这是将对于性的焦虑转移到了对知识的焦虑上"。[1]她让我们参看弗洛伊德的《梦的解析》,尽管弗洛伊德在书中关于考试的梦的章节实际上关注的是它们在管理一般焦虑形式中的作用,但弗洛伊德观察到,做梦者梦到的通常是他们通过了考试而不是没有及格:

> 考试焦虑引发的梦(经过反复确认,如果做梦者要在第二天进行一些需要负责任的活动,当他担心会搞砸时就会做这种梦)在一些情况下已经被证明是不合理的,并且与事实相矛盾。因此,这个例子证明了清醒意识对梦的内容有极大的误导作用。梦中的抗议:"但是我已经是医生了!"实际上是梦的安慰,其实是说:"不要害怕明天!试想一下你在入学考试前的焦虑,结果还是什么也没发生吧。您已经是医生了。"[2]

弗洛伊德只在他的那个简短的章节的结尾提到了威廉·斯泰克尔(Wilhelm Stekel)的观点,弗洛伊德同意他的观点,即关于入学考试的梦是在关于性成熟的某种考验之前发生的。[3]

对克莱茵而言,"学校和学习是首先由每个人的原始欲望决定的，因为学校的要求强迫学生升华他的欲望本能"[4]。这个简单的行为准则使得校园经历能够在此后发挥其约束性欲的功能，校园经历也因此被融入正统的精神分析符号学。克莱茵专一且几乎偏执地将与学校有关的客体、人和行为识别为性观念和性感情的象征。这甚至延伸到了学校陈设物品的象征意义上，比如在她对13岁的分析对象费利克斯的描述中，她推测对费利克斯来说，站立意味着勃起，而摔倒意味着可能被阉割：

> 他曾在学校里突然想到，校长站在学生面前，将他的后背靠在桌子上，应该会摔倒，撞倒桌子并摔伤自己，这说明了这个分析对象把校长作为父亲的象征，把课桌作为母亲的象征，这导致了他认为性交包含着施虐的概念。[5]

克莱茵在文中的脚注部分进一步阐释了对该想法在性层面的解读：

> 讲台、桌子和写字板以及其他任何可以被用于写字的东西都含有母性的意义，同理，笔杆、石板笔和粉笔等书写工具都含有阴茎的意义，这在这项分析中变得如此明显，并在其他的分析中不断得到证实，我认为这具有一定的代表性。[6]

毫无疑问，教室可以成为性幻想的场所，但学校的设备和建筑不仅仅是性欲的屏障。相反，学校本身就是一个充满着各种投入和幻想的大剧院，包含着不同的焦虑、舒适、愤怒、怨恨、嫉妒、渴望和富有幻想力的机会。也许学校中的性幻想会在很大程度上依赖于校园经历所体现和象征的先验的和初级的性欲化。例如，在刚才的示例中，关于桌子的可以讨论的内容要比一个被动的女性形象多得多：桌子标志着空间结构中的一个位置，有时标志的是学术地位；如果它既是容器又是支撑物，则代表着一种个人的营地或巢穴。还有其他许多人们所熟知的形象可以被识别出来。

克莱茵在之后的文章中详细说明了字母的形状对于费利克斯的性含义，并得出结论："阅读的性含义来源于书和眼睛之间具有象征意义的贯注。"[7]克莱茵认为这种贯注源于性欲的转移，但她的分析无疑使我们瞥见了对写作对象和写作行为的原始贯注，这是一种主要的正统性，一种纯粹的原欲，无须混合性欲来说明其特征和影响。可以将它称为"象征性的贯注"，但并不是在"写作的行为作为其他事物的代替"的意义上，而是因为符号的形成成了一种复杂的愉悦场面这一事实——这一场面之所以是复杂的，是由于它也是一种折磨，因为学校将写作与工作的观念紧密地联系在一起。写作这一动作行为涉及对形体的欲望在文字上的体现。

实际上，学校不仅仅是克莱茵假设的象征着性主题的庞大舞台。学校肯定唤起孩子们的各种强烈的感情，包括恐惧、兴奋、野心、愤怒、解脱，甚至无聊（当然也乐意表现为一种激情的形式），这些感情的确使学校成为浸透着情感的空间象征。实际上，学校象征着世界，人们也倾向于认为学校是世界的象征，或许学校也有意把自己作为世界的模型。这就是为什么学校可以轻易地主动或被动地成为世界的微观缩影。学校是用于投射家庭之外世界的结构化图像的第一个屏幕，它将在学生的整个生命过程中持续地发挥作用。学校在发挥此功能的同时，还会提供象征自身的第一个形象，还是第一家上演象征性的社会性传播和唤醒的剧场。克莱茵相信或至少坚持认为有些情感与学校经历紧密联系。她展示这些情感的方法是对其进行象征演绎（symbolic play），学校不仅充满象征符号，还充满着象征化的过程。在学校，我们不仅学习如何阅读象征符号，而且学习如何形成这种符号，学校作为这样一个场所将始终象征着知识的输出和输入。

那么，关于学校的故事在儿童中大受欢迎也就不足为奇了，因为学校就是故事发生的地方。它不仅将每个孩子的成长构造为一种故事，一种以时间为主线的制度化结构，而且还是个人梦境的制造者，通过拼凑一些碎片，"发生了什么，我们希望发生了什么，什么事情发生在他人身上而不是我们的身上，发生了什么无法幻想的事情，以及什么事完全没有发生，校园经历在此过程中获得了意义"[8]。

除此之外，学校成为一种穿越时间的储备库，黛博拉·P. 布里茨曼（Deborah P. Britzman）将其描述为一种奇怪复杂的混合物，可以接受后来对知识和教育的总体看法的反投射，无论是正面的还是负面的：

> 认为教育的思想是对教育幻想的一种实现，这一观点对我们提出了很高的要求，因为教育本身既不能在没有重新建立自己的童年的情况下存在，也不能摆脱随之而来的后果：雪崩一般的抱怨、失望、自恋的伤害和"怪里怪气的感觉"。这些常常使得课堂教学的意义及其对成功与失败、经验和无经验的衡量标准一起崩溃。[9]

考虑到精神分析的文化在其基本假设下，或至少在古典弗洛伊德学派中具有很强的教育意义，因此，精神分析与教育之间似乎存在着某种紧张关系，这种理解将使人们摆脱无意识的统治。克莱茵的著作显然没有考虑到精神分析的研究和论证结构本身所带有的性冲动——我们可以称之为制度-幻想上的移情。

我可能既有又没有足够的能力来描写学校在社会生活的许多领域中对文化表象和神话的主张，因为作为职业学者，可以说我从未真正离开过学校（我很好奇，有谁又真的离开过吗）。尽管我的学术生活使我能够去往世界各地，但我的大部分工作经历却仅限于边长约100英里的三角形内的极少数地方。我在萨塞克斯郡中部的霍舍姆镇上一座基督公学上学。在我长大的南海岸小镇的一所学校里经历了短暂的学校恐惧后，我在牛津大学瓦德汉学院读了6年书。我在当时的伦敦大学伯贝克学院任教32年，目前是剑桥大学的教授。看来，我的履历确实只不过是一个学科课程的三角形。牛津、剑桥和伦敦形成了所谓的"金三角"，尽管它实际上更像是一个等边三角形："金三角"的名称并不是因为它意味着财富，而是因为其斜边与底边长度之比等于φ，即黄金分割率，代表着一条线被分割为两段，短的一段与长的一段长度的比值等于长边与整段长度的比值。黄金分割率"使得部分和整体非常统一"，因此这个名字似乎适合用于描述实际与抽象、地理和几何之间的一致性，即理性与现实之间的关系。[10]

书的空间

建筑常被用来将知识的概念外化并使之具有几何形状。在古典世界中，建筑通常用于记忆术中。《修辞学》(*Rhetorica ad*

Herennium，公元前80年前后，作者不详）一书建议使用知名的、相互联系的地方（例如街道平面图或房屋布局）形成一种结构，用来涵括和指导记忆演讲稿中的要素，西塞罗和昆体良也曾推荐这一技巧。《修辞学》的作者（曾经被认为是西塞罗）提议地点（loci）可以充当图像的框架或背景，就像蜡板或莎草纸作为书面信件的背景或支撑物一样："Nam loci cerae aut cartae simillimi sunt, imagines litteris, dispositio et conlocatio imaginum scripturae."在洛布（Loeb）丛书版本中，上面这段拉丁文的英译者哈里·卡普兰（Harry Caplan）将"loci"一词翻译为"背景（background）"，以使译文意义明晰，这段拉丁文的意思是："因为背景就像蜡板或莎草纸，图像就如同字母，图像的排列和布置如同文字。"[11]但这是为了使作者的建议可理解而捏造的。关于蜡或纸的关键是，它们提供了无差别的背景，从而使字母可以在前景中得以区分，而《修辞学》的作者则坚称首先必须明确区分这些"loci"：

> 背景是自然或人为地在小范围内设置的，完整且引人注目，这样我们就可以通过自然记忆轻松地理解并领悟它们。

这就是为什么一长串相同的表头并不易于辅助记忆的原因。如果我们想回忆起特定的内容，就需要将它放置在特定的位置。但这意味着好像一页书面的文字被嵌入已经存在的沟槽中，嵌入一个已经刻好的表面。尽管这看起来很荒谬，但它确实说明了这种助记手段在实际操作中的感觉：好像不必费劲去记住对我们来说已经是完全显而易见并且在记忆中根深蒂固的排列顺序。

《修辞学》的作者用单词"inventio"来描绘记忆这些形象的过程,这个词来自"invenire",这两个词有两种意思,一种是发现、相遇或邂逅,另一种是进行设计或发明。他向我们提供了一个由"发明(Invention)"提供的思想的宝库,向我们展示了"我们应该发明什么样的背景"。刘易斯和肖特编撰的拉丁语–英语词典调和了"invenire"的两种词义,给出了"invenire"的绝妙定义:"to light upon(点亮,偶然发现)"。这个定义在调和了《修辞学》区分的两种记忆的过程中,从原设计中又有了发现,这正是对幻想活动最好的理解。正如玛丽·卡拉瑟斯(Mary Carruthers)提出的,"存货(inventory)"这个概念也在这种关于记忆的概念中发挥作用,也就是说即兴创造的能力取决于记忆存储的有效性:

> 拥有"存货"是"发明"的必要条件。这一陈述不仅假定,如果没有用于发明的记忆存货就无法进行创作,而且还假定如果一个人的记忆被有效地"存储"了,那么相关的事项就处在易于恢复的"位置"上。某种位置结构是任何创造性思维的先决条件。[12]

实际上,在拉丁语和英语中,"locus"已经被用于表示地点——这个定义是绝对的——也表示位置,这是相对于较大空间中的其他位置而言,例如剧院中的座位、卷宗中的某个位置,或者图书馆中的书架编号。前二者是物理空间,后者是逻辑空间。地点(locus)和理性(logos)、场所(place)和文字,都在不断变化着位置。《修辞学》的作者建议:要为记忆的目的而利用荒芜的空间,"因为人群的拥挤和来来往往会混淆并削弱形象的印象,而空寂却能使其轮廓保持鲜明"。

但是，实际上，记忆似乎更强大地附着在人类居住的场所或建筑空间上，也就是说，这些空间已经被赋予了价值并被编码，因此已经开始朝着符号的逻辑关系发展。任何人类空间，无论是有人居住的还是幻想出来的（也许有人居住也意味着幻想的或能够被幻想的，而幻想一个空间在某种意义上就是幻想有人居住于其中），都被"写"为一组特定的序列和关系，而"写"的过程又是已知空间进行的投影。

书籍被保存在我们称为图书馆的外部编码和内部协调的空间中，其内部结构也借用了建筑空间，有隐喻性的入口、附属建筑、通道、出口和外部工程。哲学上的争论贯穿于一篇论文或一本书中，但常常试图给人以从"基础/地基"开始垂直向上发展的印象。同时，一本书是一个可以容纳事物的空间。根据拜占庭的语法学家约翰内斯·特泽斯（Joannes Tzetzes）等人的说法，柏拉图学院在其入口处刻有铭文，"不懂几何者切勿入内"[13]。这些词语可能不仅适用于所认定的特定研究领域，而且还适用于涉及特定学习场所的物理空间和抽象空间的结合处。也就是说，这些词本身就代表了几何学在语法上的叠加，代表了在非几何学的存在与知识之外的存在之间建立了隐喻性的平行，代表了知识在几何这个想象的空间中已被定格。

图书馆是书籍的集合（collecion），其中的"集合"意味着聚集在同一个地方。"大学（college）"的意义几乎相同，但不同于人们想象的是，这两个词都不是将"col"和"legere"（意为同时阅读）相加构成，而是由"col"和"ligare"构成，指联合或聚集在一起。（然而实际上，"legere"本身源自"λέγω"，即

"lego",在其含义中取"进行挑选或聚集"的意思,因此解释了"legibility"与"eligibility"之间,以及"legere"和"ligare"之间词源的相关性。)思考和认知很难与空间中的某种集中的观念分开。"集合"使相似性与邻接性保持一致,好像是要重新创建一个幻想的、最终理性的宇宙,在该宇宙中,邻接总是标志着亲密关系。海德格尔用这种词源学理论证明了他的论点,即希腊哲学最初并没有认识到思想与存在之间的区别:

> 这里所说的"logos"与"gathering(聚集)"一词的真实含义完全一致。但是正如这个词既表示动词又表示名词一样,此处的"logos"既表示正在聚集,又表示聚集的事物。这里的"logos"并不表示意义、词语,当然也不是教条的意义,而是指最初的聚集性,这个始终占据统治地位的意义。[14]

对此至少有某种现象学上的依据,那就是在英语中,思考可以是"收集"或"聚集"一个人的思想,甚至仅仅是通过思考"聚集"自己。收集就是将事物聚集在一个地方,尽管该地方不必是严格的空间定义上的"地方"。事实上,它是将有意义的地方聚集在一起,化多为一,近似同化的过程。这是一种"反巴比伦"的动作,是向内、向后移动的"大坍缩",它有望在联盟解散或思想出走之前恢复幻想中的伊甸园般的统一性。如今,通过电子连接的虚拟集合扮演着之前物理集合的角色,但连接的纽带是网络链接而不是装订工的线。在万维网的早期,即1989年之后,这些倍增的连接似乎爆炸一般地向外辐射或传播到无限的、自我发现的连接空间中。最近，这些联系似乎反噬了，造成了自闭式的压抑性"泡沫"。

从一开始，物理空间和想象空间的重叠就是书写符号的特征。就像现代的"library（图书馆）"一样，拉丁文"bibliotheca"既表示建筑物或书架的物理结构（包含着图书收藏），又表示图书本身，视其为一种收藏。图书馆是一种自我包含的形式，也是一种自我控制的形式，因此图书馆总是有可能仅以其自身的集合可能性而存在。和心灵的自我象征剧场的情况一样，图书馆是为思想而聚集在一起并以思考为目的的一幅世界图像，因此也是思想自我封闭的形象。或许任何思维或学习的具象表现都倾向于以这种方式发挥作用：代表着一种理想且绝对的归宿和戏中戏。在这种意义上，也许所有图书馆都是虚构的。

豪尔赫·路易斯·博尔赫斯（Jorge Luis Borges）1941年的短篇小说《巴别塔图书馆》（"The Library of Babel"）试图想象一个足够大的图书馆来容纳所有其他能够想象得到的图书馆。书中的叙事者说他所居住的图书馆也是一个宇宙，或者说就是"宇宙本身"，由无限数目的六角形回廊组成，回廊每面墙有5个架子，每个架子上有32本书，每本书正好有410页，这样每个六角形回廊共有393600页，约12.5亿个字母。这些书似乎不是用任何已知的语言编写的，尽管有些书中会出现一些可理解的英语，包括一本"字母迷宫的书，书的倒数第二页有'O time thy pyramids（噢，时间你的金字塔）'等字"。[15]图书馆居民的知识不断增长的历史使故事的发展成为可能。关于这种历史的一个重要事件是人们发现图书馆实际上是有限的和完整的（尽管这实际上只是一个假设），馆中不存在任何空白或重复之处，包含130万个字母（每本书中的字数）任何可能的排列方式。因此，图书馆中包含所有可能用25个拼写代号（22个字母，以及逗号、句号和空格）表达的内容。由于秩序在宇宙中是罕见的，因此图书馆中的大多数书都充满了在任何已知语言中都没有意义的字母组合。但淹没其中的是人类在历史上曾经写过，或者可能写过的所有书籍：

> 包括关于未来的翔实的历史、大天使的自传、图书馆的真实目录、数以千计的错误目录、对这些错误目录的错误性的证明、对真实目录的错误性的证明、巴西里得（Basilides）所著的诺斯替教的福音书、对该福音书的评论、对该评论的评论、关于你的死亡的真实故事、每一本书每种语言的译本，以及所有这些书的补充部分、比德（Bede）本来能（但其实没有）写作的关于撒克逊人神话的专著、遗失的塔西佗著作。[16]

发现这个文献如宇宙般的图书馆全知全能后，这个发现就成为馆内居民欢乐的源泉：

> 当宣布图书馆包含一切图书时，人们的第一反应都是无限的喜悦。所有人都感到自己拥有了完整的且无人知晓的秘密宝藏。不会再有个人问题，也没有世界问题——在某个六边形回廊的某个地方，总会找到其解决方案。宇宙的存在是合理的；宇宙突然变得与人类无限宽广的希望相吻合。[17]

历史和我们正在阅读的故事之所以成为可能，是因为人们越来越意识到，宇宙的浩瀚意味着尽管存在着宝贵的智慧书籍，但它们已经丢失了。最包罗万象的图书馆就像是比例为1∶1的地图，由博尔赫斯在他的小说《论科学的精确性》（*On Exactitude in Science*，1946）中提出，也就是说，它实际上与世界等同，没有任何删减。对于博尔赫斯来说，如果所有知识都涉及删减和压缩，那么全知就等于无知。因此，鉴于所有事物，包括我们正在阅读的对于图书馆的描述，都已经被写好，文字和世界的一致带来的喜悦让位于绝对荒芜的感觉："有条理的写作分散了我对人类现状的关注。如果确信一切事物都已被写成，那么我们存在的意义将被抹除。"[18]书的空间也具有两极，即无限包容和无限疏散。

私人图书馆是最常见的收藏形式，像是一种茧，一种与自己融为一体的方式，一种就近的庇护所。私人图书馆当然可以发挥作用，当一个人想要查阅资料时，他的手上会有大量的文本供他自由参考。但是私人图书馆通常发挥不了这个作用，现在可能更是如此了。我手头的刘易斯和肖特编撰的拉丁语–英语词典仅三步之遥，但是如果我需要查找拉丁词"legere（阅读）"，把"Legere Lewis and Short"这几个词输入搜索引擎中对我来说要快得多。事实上，问题从我的大脑中某个产生问题的地方到达我的手指所需的时间似乎比这个请求被送达网络服务器并返回所花费的时间更长。空间已经决定速度，或者更确切地说，我们只是揭示了这一事实。如今，穿越伦敦拥挤空间的平均移动速度仍然固执地保持在每小时10英里左右，同19世纪末的速度相比丝毫没有提高，但只有在如此拥挤的城市空间中，人们才能找到Wi-Fi信号和具有大量的数据库访问权限的图书馆，它们随时随地公开供你使用。"普遍存在"本身并不是普遍存在的，而是集中在某些地方。

同所有的收藏一样，图书馆也是自我授权的，甚至是自我拥有的。图书馆是一种安置自我的第二家庭。学生们偶尔会问我是否读过书架上的所有书籍，我可以向他们保证："是的，读过，但全部忘记了。"我被这些几乎确定自己曾经读过的书包围着，却必须通过再次阅读来确认我读过，这就像在熟识的老友中间落座一样使人欣慰。这些书是似曾相识的意象，而不是当下的认知。通常情况下，书籍与它们的所有者之间的关系实际上意味着，书籍的寿命要长于其所有者，也许书籍本来就该如此。图书馆是如此的熟悉亲密，这一事实使得它很容易被让渡于他人。

彼得豪斯学院（Peterhouse）的一个研究员退休后离开了他在大学的宿舍，所以他不得不与他大量的藏书分别。不久之后，我听到一个朋友对他说："我在二手市场的摊位上看到了您的书籍，还以为您过世了呢。"就像《巴别塔图书馆》中的居民一样，图书馆使得它的拥有者永生不灭，也困扰着它的居住者们。世上有许多纪念图书馆，其中最著名的是哈佛大学的维德纳纪念图书馆（Widener Memorial Library），它是由伊利诺·埃尔金斯·维德纳（Eleanor Elkins Widener）捐赠的，以纪念她的儿子哈里·埃尔金斯·维德纳（Harry Elkins Widener），也是她的哈佛校友。哈里本人是藏书家，死于泰坦尼克号沉船事故——而他的母亲当时也在船上，但因为坐上了救生艇而获救。图书馆中的维德纳纪念室完整保存了他的约3300本藏书，如同一个图书馆中的图书馆。1916年，应他的母亲的要求，哈里的画像附近摆放上了鲜花。

在我的一生中，图书馆外化着我的记忆，这可能是在提前暗示它将被用以纪念我。图书馆是一个地方，也是一篇文章。同样地，它也可能是一则消息，甚至本身就是一种沟通媒介，一种知识遗产或商业形式。古代作家经常提到这样一个故事：亚里士多德拥有一个宏伟的私人图书馆，经过代代相传，它最终成为著名的亚历山大图书馆。[19]世界上许多重要的图书馆一开始是私人藏书馆，比如大英图书馆就建立在汉斯·斯隆（Hans Sloane）私人收藏的基础上。

丽娜·博尔佐尼（Lina Bolzoni）详细描述了文艺复兴时期文化语码的运作方式，这种代码将词汇和观点系统地转化，并通过肢体语言来实践，尤其是解剖的图解形式。中世纪修辞学中用于有序思考的另一个隐喻是机器；的确，修辞本身常常是通过由网格、正方形和轮子等几何结构组织的"修辞机器"被理解和解释的。[20]记忆术（mnemotechnics）这个概念实际上是一种同义重复，因为任何工艺或技术已经是一种"记忆机器"，一种存储某一过程并按需重播的方式。"机器（machine）"一词通常涉及特定的建筑含义，因为"machina"也是一种起重机或升降机。[21]举起的物理动作也包括"举起来观看"的意思，"machina"在拉丁语中既可以指用于展示可供买卖的奴隶的平台（platform），也可以指画家的画架。这一用法自1987年延续至今，目前"平台"一词用于比喻某个特定的计算机结构，即"计算机平台"。之所以如此命名是因为它是平坦不倾斜的，就像桌子或页面，既适合计算（例如用于发射炮弹）又适合用于观看某种盛大的场景，也适合两者结合使用，例如运动场。在希腊和罗马剧院中，"machina"作为一种发明，被用来解决戏剧场面降神的难题或预示剧终。[22]"machina"与剧场建筑有很强的联系，对知识的自我定位有重要意义。每种虚构的心灵机器都是一种心理场景。

弗朗西斯·A. 雅茨（Frances A. Yates）描述过体现这个观点的最为奇特一个地方——"记忆剧院（memory theatre）"，这是哲学家朱利奥·卡米罗（Giulio Camillo，1480—1544）毕生最大的成就，这是一个储量充足、排列完美的记忆的理想示意图，也是它的具体化。[23]卡米罗得到了法国国王弗朗西斯一世的资助。维吉里乌斯·祖伊谢穆斯（Viglius Zuichemus）在给伊拉斯谟（Erasmus）的信中对卡米罗这个剧场进行了详尽的描述。他的描述显示了该结构的神奇力量："他们说，这个人建造了某个圆形剧场，是一项技艺超群的工程，无论是谁作为旁观者进场，都可以像西塞罗一样流利地论述任何话题。"[24]他后来的一封信描述了建筑物内部的场景，里面满是图像和木箱：

> 他用许多名字称呼这个剧场，有时说它是一种被建造的思想和灵魂，有时又说它是一个有窗的建筑。他声称人类大脑能想到的所有东西，以及我们用肉眼无法看到的东西，经过艰苦的冥想收集在一起后，都可以用某些有形的符号来表达，以至于观察者可以立即用他的眼睛感知到一切隐藏在人类思想深处的东西。正是由于这种有形的外表，他称其为剧院。[25]

剧院似乎是围绕一系列图像（可能是占星符号）建造的，这些图像与装有书籍和文件的抽屉相关联。[26]剧院实际上从未建成，也可能从未有过建成的可能，因为要将该剧院变成现实就意味着实现其不切实际的设计。

最矛盾的学术剧场形式是"书房（study）"。拉丁文"studere"

意味着为某事奋斗或充满热忱地致力于某事,并且作为一个名词,"study" 一词最初用于表示一种心境,如"brown study"这一说法,首次出现在16世纪中叶,意思是沮丧或无目标的沉思状态。"study"在英语中作为"学习研究的地方"这个意义,首次出现在罗伯特·布伦内(Robert of Brunne)创作的诗歌《处理道德问题》("Handlyng Synne",1303)中,诗中描述了一位热爱音乐的林肯市主教罗伯特·格罗斯泰斯特(Robert Grossteste),他告诉我们"紧挨着他卧室的,在他书房边附近的,/就是他的琴房"。[27]书房最早应该是修道院的房间,并且仅存在于院校和大型住宅中。随着文艺复兴时期,尤其是15世纪家庭隐私的发展,书房开始成为家庭建筑的一大特色。它标志着特定的个体,通常标志着房屋的主人。确实,现在的书房可能仍然是房屋中最个人化的房间,在一个大房子里,一对愿意共享一间卧室的夫妇很可能需要各自独立的书房。1544年,乔瓦巴蒂斯塔·格里马尔迪(Giovanbattista Grimaldi)曾向他的导师咨询如何在他自己的书房中摆放书籍,当时他正在建造他的热那亚宫殿。导师告诉他这些书籍"形成了一个完整的图书馆,首先装饰了你的书房,然后在更大的程度上,修饰了你的灵魂"[28]。

书房是学者或神职人员的领域,通常会靠近寝室。书房也是一种脱离宗教的教堂,证明了其主人对冥想和自修的献身。在15世纪初的意大利,书房开始成为商人或律师私人住宅的特征,承担了半公开办公室的职能。通常情况下,它位于楼梯旁边的夹层,可以通向一楼,但又与之隔离开来,房子的主人可能会从一楼转移至书房与客户详谈。[29]在18世纪,医生和其他专业人士也开始使用书房作为咨询室。弗洛伊德设在他伦敦马雷斯菲尔德花园(Maresfield

Gardens)家中的咨询室被作为他工作和写作的书房保留下来,里面的书架、书桌和一些古物以及供患者躺卧的咨询床也被保留了下来。对于患者和医师来说,这是一种沉思空间的共享。

如果说书房的功能是为自学提供一种新的空间,那么通过从15世纪开始出现的许多对学习空间的刻画来看,书房变得越来越公开,这些绘画通常描绘的是工作中的圣徒或教会的神父。在此过程中,私人的书房变成了剧院一般的空间。这种画最常见的主题是圣杰罗姆(St. Jerome),而关于杰罗姆的生平的描述并没有提到画中经常出现的书房。相反,这些描述强调的要么是他在耶稣的出生地伯利恒的住处生活,要么是在他的死亡情况的描述中提到他在山洞里结束了他漫长的一生。

雅各布斯·德·沃拉贡(Jacobus de Voragine)的《金色传奇》(*The Golden Legend*)一书叙述了杰罗姆的一生,文中强调的重点是他在荒野中的住所。书中引用他的话说:"由于害怕自己的幻想和思考,我也怀疑自己是否该住在牢房里,所以我愤怒地离开了,向我自己复仇,独自一人穿过了这片陡峭的沙漠。"然而,杰罗姆一生的主要特征是他对神学的献身,并且"他整天上课,整天读书,日日夜夜从不休息,不是在读书就是在书写"[30]。因此,在画中他通常被描绘为身在旷野、骨瘦嶙峋、全身晒伤且衣不蔽体的样子,却带着异常多的书本——如平图里乔(Pinturicchio)的《荒野中的圣杰罗姆》(*St. Jerome in the Wilderness*, 1475—1480)或贝里尼(Bellini)的《圣杰罗姆在乡下读书》(*St. Jerome Reading in the Cowntryside*, 1480—1485)中所描述的——不然,就是在他的书房中。乔凡尼·曼苏埃蒂(Giovanni Mansueti)的《风景画中的圣杰罗姆》(*St. Jerome in a Landscape*,约1490年)结合了室内和室外两种景致，杰罗姆将他的书籍、徽章、十字架、红衣主教的帽子、纪念品、象征死亡的头骨和沙漏井井有条地放在室外的一个岩架上，而另一边是他从岩石中开凿出的设备齐全的乡间小屋。

在杰罗姆身处室内的绘画和素描中，画家们经常以大特写的形式描绘他的书房，书房几乎像是一个凹室或建造的洞穴，杰罗姆置身其中。在洛伦佐·摩纳哥（Lorenzo Monaco）的绘画中（也许是最早与此有关的绘画之一，始于1420年左右），杰罗姆站在两个架子之间一个几乎被压扁的角落里，画中没有桌子。然而，通常这些满是书籍的内部装饰中暗示着野性，有时会有打瞌睡的或嬉闹的狮子。这可能与安德鲁克里斯（Androcles）的故事有关，安德鲁克里斯曾为一只狮子拔去了它爪子上的一根刺，后来狮子逃去了修道院，而杰罗姆据说就住在这个修道院中。在尼科罗·科兰托尼奥（Niccolò Colantonio）的《圣杰罗姆在他的书房里》（St. Jerome in his Study，约1445年）中，野性和书房交叠在一起，狮子耐心地坐在杰罗姆凌乱的书房中，它伸出爪子供圣人去除其刺。奥多里科·皮隆（Odorico Pillone）委托塞萨尔·韦切利奥（Cesare Vecellio）在1581年至1594年间为三卷《杰罗姆全集》的前切口作画，其中有两幅杰罗姆在书房的图像（有一幅是他身处野外的书房中）。

在15世纪描绘杰罗姆书房的画作中，有两个最引人注目的创新：一是强调了桌子的重要性——强调了杰罗姆翻译的身份，所以他需要一个可以同时阅读和写作的空间；二是书房中不变的拥挤，摆满了各类家具、设备和装饰品。关于该主题最非凡的描绘也许是安托内洛·达·梅西纳（Antonello da Messina）的《圣杰罗姆在书房》（约1460—1475）。画中的杰罗姆坐在一个木制框架中，他所处的空间既没有围墙也没有天花板，看起来似乎位于两条走廊之间。其中一条走廊的尽头是一扇窗，可以看到窗外阳光明媚的景色，那里有湖泊、花园和富丽堂皇的庄园；另一条走廊中有一排优美的柱子，吸引着你的目光投向一处更具田园风情的美景。杰罗姆被他所处的场景一分为二，因为他的身体介于这两处外景之间，而且这幅画最特别的创新之处在于，他站在一个类似于讲台的地方，高度约有三级台阶，台阶下面有两只掀翻的拖鞋。杰罗姆的脚被藏在精心绘制的红色褶皱长袍下，我们无法看到，但是被丢弃的拖鞋却暗示着安静的舒适，而非屈辱。他的书架上摆满了书本，但不是整齐地竖直排列的，而是打开的，这在早期的此类绘画中很常见；书架上还摆放着罐子、壶、盒子，还有挂在钉子上的钥匙以及最能暗示居住空间的物品——悬挂的毛巾。这幅画同时展示了开放和封闭。杰罗姆看上去似乎在舞台上甚至在船的甲板上表演。一切都井井有条、均匀地摆放着，没有丝毫混乱的迹象。纸是其中唯一看起来能够移动的物品。甚至从右边走廊上细长的立柱间靠近的狮子也犹如礼貌的朝臣一样犹豫不决，好像不确定是否要来打扰。在绘画的中心，杰罗姆倾斜着他的视线看向书本，他与书本保持着一段距离，这一个专注的空间似乎同时将画面中所有分散的元素聚集在一起。他的视线延续了从我们站的地方进入这个空间的光线所投下的阴影，在我们对这幅画的阅读和杰罗姆对他的书的阅读之间形成了一种一致性，就好像这本书的空间已经渗透到所有的实体元素中，这些元素都为我们的视野敞开着。

如第三章所述，知识被对象吸引并依附于其上，这个对象是不属于知识本质的已知事物，知识与之相抵触。没有对象，就没有知识。也就是说，如果没有能够让我们将其描述为"……的知识"这种所属关系的特定客体，就没有知识。对象导致了对"占有"的幻想。但是，按照大量的"知识-感觉"的自反逻辑，它们也提供了一种"自我占有"的调节形式，通过这种形式，知识可能会自主产生。对象提供了知识的背景和剧场空间，知识的对象可装饰认知的布景。如果所有知识的对象都具有建构功能，可以赋予知识以形状和固态，那么建筑实体（墙壁、地基、走廊）将显示出建筑的基础和结构。因此，建筑既包含思想的场景，本身又作为背景被置于场景之中。它既是思想的内容，又是其容器。

我们可能会认为知识想象自身所具有的建筑结构实际上是戏剧性的，也就是说，该结构既是现实的又是虚构的，是虚构的现实，现实的虚构。剧院建筑的功能是容纳自身，打开一个空间或将自己置于一个幻想自己正在表演的舞台上。但是，这个空间必须始终是整体布景的一部分，以使表演能够被一同展示。该空间可调节其提供的媒介。大卫·休谟提供了这一原理的例子和解释，在他使用舞台的比喻来表达他的观点时，他认为心灵只是观感快速传递的场所：

> 心灵是一种剧场，多种知觉接连出现，它们经过、再经过、消逝并混合在无限的姿势和情景中。它们在某一时期没有简单性，在不同时期也没有同一性，无论我们有什么样的自然倾向来想象这种简单性和同一性。剧场的类比不应误导我们。它们只是构成心灵的连续感知，我们对表现这些场景的地方或构成这些场景的材料也没有最遥远的概念。[31]

所谓的"笛卡尔剧场（Cartesian theatre）"是指静坐的和局

部的自我对过去的感官印象进行的回顾表演,但已遭到了诸如丹尼尔·丹尼特(Daniel Dennett)等认知哲学家的批评。但是,剧场隐喻的优势在于,它考虑到了一个假设性的空间,正如唐纳德·比彻(Donald Beecher)所解释的那样:"这里充斥着记忆和经验,看似真实的幻象,演员和幕后操作,被转瞬即逝的经验所迷惑的清醒与梦境。"[32]在这种临时的、似是而非的情况下,"res cogitans(精神实体)不再关乎本体论,而关乎功能和观点"[33]。心灵剧场可能并不是意识的合适喻体,但是它有力地模拟了意识常常是如何自我呈现的。

思考是通过"思考事物"进行的——该事物消解了思想的虚无。[34]它们是既主观又客观的事物:客观,是因为它们处于外部并使思维稳定运转,为其提供居所;而主观是因为它们是思维用于投射自身的场景的一部分。书籍、图书馆、实验室、演讲室和大学都是思想外化的途径。由于思想总是包含在容器内并想要延伸到其外部,所以思想空间也为它提供了自我超越的场景。

没有什么地方比图书馆更能体现空间和符号之间的来回变动,也可以用我们最近才开始使用的真实和虚拟空间这个说法。如果一个关系系统始终是一些元素在空间上的分布,这些元素按距离和接近度、同时性和顺序对抽象思想进行排列,那么图书馆就是这种排列的倒置,因为它是以抽象关系为标准对物理空间的排序。图书馆的使用者发展出动态记忆,以便他们在某个位置找到不同领域和主题的资料,就像书籍的读者至少会对某段特定的文字处在页面上的什么位置有印象,是在正面还是反面,顶部还是底部,一行开头还是结尾,书的前面还是后面。我们习惯于认为如今的图书馆的空间已变得更加抽象和虚拟,但是热力学和信息必须是永不分离的。丽莎·雅丹（Lisa Jardine）住在距离大英图书馆数百码的布鲁姆斯伯里，她曾告诉我，如果她真的急着需要一本书，会乘火车去剑桥，因为大学图书馆通常不允许读者自己从网上获取书目。这就需要掌握在更大、更复杂的空间中导航的技巧和耐力，而不是像牛津大学伯德雷恩图书馆或大英图书馆中的读者那样，坐在那等着自己的书籍被神灵送进他们的魔法圈。当我寻求有关如何使用剑桥大学图书馆的建议时，我被告知要"穿宽松的衣服"。

令人惊讶的是，"导航"已成为在物理或虚拟信息空间中移动的最常见的隐喻。人们可以在海洋中航行，而海洋这个空间没有地标，这意味着人们必须始终使用辅助的参考坐标格网（比如海图、罗盘方位和星象图），以现在通常称为"增强现实"的形式铺在没有特征的海景图上。海洋早已存在并且必然是合乎逻辑的，它以未知的形式进入抽象知识的网络。那么现在由它来提供当代知识空间的模板也就不足为奇了。

大学

那些通过关键词难以搜索到的事情可以说明一些问题。搜索英文关键词"university architecture（大学建筑）"，你会得到一系列内容丰富的关于大学建筑系的搜索结果。但搜索英文关键词"Harvard architecture（哈佛结构）"，你却会得到某种特定形式的计算机结构，不同于冯·诺伊曼（或普林斯顿）体系结构。知识体系（architecture of knowledge）在很大程度上已成为一种抽象或非物质的事物。但是，任何一所大学都不可能完全"开放"，因为它必须始终同时代表着知识的集中以及将其分配出去的方式。即使一所大学超出某个局部范围，变得无处不在，大学的机构仍然会保留着将知识集中在某个空间和地点的概念。

当然，大学喜欢表现自己是获取知识和学习认知的地方。通常，那些由大学中体现知识的建筑结构来实现的功能可以称为隔离式开放的功能。虽然大学现在的作用不是阻碍，而是有选择地加速知识的交流，但它是在一个信息交换公开领域中的一块被隔绝的地方。数据库经济学原则上意味着，只要能连接网络，我就可以在任何地方阅读一本罕见的17世纪的书籍。但是实际上，我还需要具有授权我登录"早期英文图书在线"数据库的凭证，这可能需要我成为特定数据库的用户。谢默斯·希尼（Seamus Heaney）为纪念哈佛成立350周年创作的《校庆十九行诗》（"Villanelle for an Anniversary"）便说明了这种开放和封闭、坚硬和柔软的对立性。诗中的哈佛校园是一个重叠的、灵魂聚集的地方，远在美国西部扩张、原子物理学的发展和登月之前，其创始人约翰·哈佛（John Harvard）曾在这里漫步。在提到毕业典礼这一仪式或学生时代的结束时，希尼呼吁学生们"再次出发"，追寻创始人的足迹，幻想他仍然走在哈佛的校园里，书本和大门都"始终开放"。[35]可以肯定的是，这首诗的确略带感伤，但诗中回顾"霜冻和考试都很艰难"的时代时用到了一语双关的手法，将某些可以说是"艰难"的事物中的坚硬和柔软的感觉联系了起来。

大学是一个与众不同的地方。学习之地去向无名之地，或多元之地。我对"学院（acadeemia）"深感恼火，但这并不是一个新创词，它很贴切地让人联想到一个不固定的学习区域，一半是地点，一半是想法。即使现在的大学里没有那么多的树林，那么在公元前387年建立的学院里，也一定有一片献给雅典娜的橄榄园，而这些遗留给后世的大学的遗产是开放的风气。学院林（Grove of Academe，该短语也可表示大学）一词首先由弥尔顿开始使用，正是他的《复乐园》（*Paradise Regained*）用该词来表示雅典人的智慧：

> 雅典，是希腊的眼睛，是艺术和雄辩的
> 发祥地，是名士风流、殷勤好客的
> 故乡。在她优雅僻静处，城内外，
> 有逗人讨论学术的走道和树荫；
> 请看那儿有学院的橄榄树林，
> 是柏拉图隐居之地，那儿夜莺
> 长夜啼啭着浓情蜜意的曲调。[36]

亨利·皮查姆（Henry Peacham）实际上在他1612年的《不列颠的密涅瓦》（*Minerva Britanna*）一书中使用了类似的措辞，诗中表达了对摆脱伦敦喧嚣的渴望："你那幽静的学院/绿树成荫，就在泰晤士河岸。"[37]

圣伯夫（Sainte-Beuve）于1837年在《八月思怀》（*Pensées d'août*）的诗作《致维尔曼》中首次使用"象牙塔"一词，从此这个概念便与虚构的地点相关。[38]叶芝从1921年到1929年居住在他称为巴利里塔楼（Thoor Ballylee）的15世纪城堡中，并在他的著作中对其进行了神化，它既是远离内乱的空间，又因为内部的螺旋楼梯构成了冥想思维的图像。塔楼暗示着双重撤退，首先向内集中到一个特定的点，然后再向上，好像要螺旋向上脱离地球的空间。对于叶芝来说，塔楼和旋梯是相互依存的：楼梯使得一个人能够爬上塔楼，而塔楼的存在是为了支撑楼梯并将其送到塔楼之外。螺旋结构使围墙得以与内部运动共存，甚至存于其中。就像加斯东·巴什拉（Gaston Bachelard）的《空间的诗学》（*The Poetics of Space*，1958）中所描述的洞穴一样，人不是在空间中运动，而是通过运动来创造空间。塔楼是垂直的圆顶建筑，也就是巴什拉所说的"有空间根基的房子"[39]。塔楼曾经是防御工事或象征着欲望的顶点，已被转换成登高的象征，即远离空间向更高的开放维度的运动。

  这些结构广受大学的喜爱，有时这种喜爱会被不切实际地过度使用在图书馆建筑中，伦敦大学的行政楼（Senate House）就是如此。伯克利大学的萨瑟塔（Sather Tower）是一座钟楼，内部钟琴仍然定期响起，里面藏有从加利福尼亚的沥青坑中取回的动物化石，仿佛是在展示生命如何转变成石头，然后又从石头转变为知识并获得第二次生命。当我第一次访问匹兹堡大学时，163米（535英尺）高的"学习堂（Cathedral of Learning）"占据了校园主要位置，我以为这个名字一定是一个表达喜爱之情的笑话。但自1931年开设第一堂课以来，这个名字的确被认定为官方名称。实际上，它是世界第四高的教育大楼，仅次于莫斯科国立大学主楼、东京的蚕茧办公楼（该命名来自其弯曲的形状，类似于芽、种子或一双祈祷的手，暗示大厦的一种养育结构）以及名古屋的学园螺旋塔楼。

  与此同时，对学习和认知的思考极大地影响着空间和场所。一个人会"毕业"，获得"学位"，在某个"学界"或专业的"领域"从事研究。大学通常是知识的秩序图。牛津大学的伯德雷恩图书馆四方庭把中世纪大学的各个古典学科分布在它的入口周围（我在牛津时，天文学和修辞学刻在了男士盥洗室上，但我想那个地方现在是礼品店）。我们可能会说，大学建筑的主要目的是提供大学思想的平台，作为接近、过渡、通过和前进的地方，学习和理解过程中有类似软硬并存的中间地带，大学建筑这个平台也可以折射出这种中间地带。即使像剑桥大学那样坚固而看似泰然地永续存在的地方，也应被理解为一种表面崇高堂皇实际上却空洞无物的波将金村（Potemkin village），用于体现观念与观念化身之间的矛盾关系：大学看起来越真实，其稳固性就越具象征性。

一所大学也可能是一种绝缘体或黑匣子，既能像热力学那样揭露形式转换的规律，也能产生奇迹。这一观点出人意料地出现在约翰·亨利·纽曼（John Henry Newman）的《大学的理念》（*The Idea of a University*，1852）一书的开头，他在书中谈到了信奉新教的北部由于物理隔离而积累的优势：

> 在南部温暖的气候下，阳光普照的地方，当地人对寒冷和潮湿的防护措施知之甚少。他们的确会遭遇刺骨的寒流，也会遭遇寒冷的倾盆大雨，但只是偶尔发生，持续一天或一周。他们尽可能地承受天气带来的不便，但并没有设法去消除这种天气的影响，因为这并不值得。取暖和通风技术在北部地区就得以留存下来。如此一来，天主教徒与新教徒在教育上就相对不同。新教徒主要依靠人力，受到的教导是要对人力进行充分发挥，他们唯一的资源就是利用他们所拥有的。"知识"就是他们的"力量"，仅此而已。他们是崎岖的土壤上焦虑的耕种者。这与我们的情况正相反：用绳量给我的地界，坐落在佳美之处，我的产业实在美好。[40]

但是自纽曼写作该书以来，大学或许已经开始发展为一类完全不同的机构，并且与环境之间的空间关系变得非常不同。大学曾经是支撑和捍卫知识免受侵蚀和粗心破坏的地方。罗伯特·伯顿（Robert Burton）说过："有些人认为，充满浓雾的空气有助于记忆，比如意大利的比萨（Pisa）港口；我们国家的卡姆登在这点上与柏拉图观点一致，他认为剑桥是极佳的大学选址，因为这附近有沼泽地。"[41]伯顿提到的威廉·卡姆登（William Camden）虽也认为不健康的环境对学习有利，但他的观点与伯顿稍微不同：

> 在这所欣欣向荣的大学里，一个人什么都不缺，只是空气不大利于人的健康，因为附近有一片沼泽地。不过，在此地建立大学的人也许会允许学校讲授柏拉图的学说。柏拉图体格分外强壮，因此他在阿提卡（Attica）一处蛮瘴之地建立了阿卡德米学院（the Academia），这样即便身体发出遮蔽心灵的恶臭，那恶臭也能被蛮瘴之地的乌烟瘴气所掩盖。[42]

但是大学已经不再是记忆的一种化身。它越发成为一个穿越/转变的地方，仿佛认知的机场，其乘客的旅行始终只是拉尔金式（Larkinian）的"脆弱的巧合"。[43]大学已不再是一座修道院，而是一种工厂；它不再是黑匣子，而是发射机。它存在于复杂的社会空间生态系统中，外部显而易见。实际上，从其地貌特征而言，我们是否可以开始认为大学是一种纯粹的媒介？

大学已经成为一种虚拟的地方。尽管学者乘坐的都是廉价的航班，但他们的旅行要比普通律师或银行家多得多，而且自2002年教育漫游数据网络（Eduroam）成立以来持续增长。Eduroam最初是由全欧研究与教育网络协会（TERENA）主持建立的，现在由GÉANT管理，该组织连接了整个欧洲的国家研究与教育网络（NRENS）。Eduroam主要是一个分布式认证系统，允许学术用户访问其他大学的网站，并使用该学校的本地授权以访问本地系统。这个系统的简洁之处在于它只需要一次登录：一旦你在特定设备和原属学院之间建立了连接，那么无论你身在何处，它都会自动将你连接到本地网络。无论你在哪个校园倒着时差、疲惫不堪，无论你在演示文稿中插入的声音文件多么顽固地无法播放，你的手机或笔记本电脑都会告诉你你已经回到家了。我在伯贝克学院的朋友，晶体学家艾伦·麦凯（Alan MacKay）是自然界中五重对称的发现者，他早就预见了开放资源的未来。早在20世纪80年代，他就在极力推进所有政府资助的科学家们在公众面前公开他们的研究成果，并坚持认为他作为一名公民并不属于任何单一民族国家，而属于他所谓的"浮动知识共和国"。我们正在见证这种政体瓦解的迹象：在英国脱欧公投之后，支持留在欧盟的投票明显集中在学术界，而大学城以外的地方却几乎没有。人们开始认真思考，一些地方，例如牛津、剑桥和伦敦，是否有可能退出脱欧计划，以期维持它们原来的生存状态——他们原来那种不处于知识世界中任何一个特定地方的状态。这是一种抵制被驱逐回旧世界的顽固的、犹豫不决的渴望，这个旧的世界囿于距离和热力学的范畴，充斥着大汗淋漓的奴隶、嘶鸣的马匹和轰鸣的机车，没有堆叠起来的新世界那种即时通信和互联互通。新的地域规则似乎在方位（position）和图像叠加（superimposition）、定位（location）和表达方式（locution）、天文学和修辞学之间（古时天文学缺乏数据支持，需要通过言辞说服他人接受天文发现）提供了选择。

浮动知识共和国已经超出了地球的疆域，这种特征最具体的一种体现是帕萨迪纳市的喷气推进实验室。实际上，该实验室是加州理工学院的一个部门，尽管其规模与成就超越了其上级机构。实验室的邮寄地址为帕萨迪纳市（Pasadena）的橡树林大道4800号（4800 Oak Grove Drive），但它实际位于距离弗林楚奇镇（Flintridge）向北约30公里的地方，参观实验室时你可以看到下一辆正在建造中的火星登陆车，它位于一个专供观察而设计的空间中。为避免人们忘记这个空间的剧场功能，穿着生物宇航服的工作人员会与真人大小的假人一起工作，这种假人在访客到来或是没有进行建造工作时能扮演工作人员的角色。

太空航行地面指挥中心与火星上的好奇号探测车、环绕土星的飞行器、环绕木星轨道的朱诺号航天器，以及1977年9月发射、2012年8月25日离开了太阳系的旅行者1号进行通信。旅行者1号距离太阳125个天文单位（116.6亿英里），它是人类与之进行通信的最遥远的超感官求知客体。测量表明它处于一个密度为每立方英寸1.3个电子的区域中，由此可以确定它在太阳系之外的位置。[44]用戏剧的方式呈现这些天体信息不仅针对外行，俯瞰着指挥中心的是公众旁观席，这里可以看到上下跳动的、来自地球各个传输站的实时数据模拟。科学家和技术人员也需要有他们自己的实时数据模拟。实验室的视觉设计团队在接待区设计了雕塑《脉冲》（*The Pulse*），该装置显示实时数据上下流动，仿佛哲学家卢克莱修笔下的雨。

在学术生活中前往特定地点仍然十分重要。我在多年前意识到这条原则并坚信不疑，那时我在先前的学校工作，我们发现文学院多年来最高的实地考察预算都是属于哲学系的。在某种意义上，"在校"（我们仍然在许多语境中使用的古雅说法）不再必要。同时，无处不在或对地点漠不关心的能力却集中在特定的地方。《爱丽丝梦游仙境》中的建筑似乎属于牛津的建筑风格，城堡式外墙的窥视孔门让人瞥见了闪闪发光的诱人的绿色草坪。剑桥似乎对这种规模游戏过于开放——剑桥的三边庭院比牛津多得多，而牛津的四方院子通常都是封闭的。卡罗尔在《爱丽丝梦游仙境》中营造了一种立体空间中令人窒息的秩序与抽象的数字秩序之间的正交相遇：

> 国王本来忙着在笔记本上写些什么，这时抬头喊道："肃静！"然后照本宣科："第四十二条规则：身高超出一英尺者，一律不得在法庭逗留。"
>
> 大家的眼光都投向爱丽丝。
>
> "我身高没有一英尺。"爱丽丝说。
>
> "你有。"国王说。
>
> "差不多有两英尺了。"王后补了一句。
>
> "不管怎么样，我反正不走，"爱丽丝说，"此外，那不是一条正式的规则，是你刚编出来的。"
>
> "那是书上最古老的一条规则。"国王说。
>
> "那么应该是第一条。"爱丽丝说。
>
> 国王脸色发白，匆匆合上笔记本。
>
> "你们斟酌一下裁决。"他颤抖着低声对陪审团说。[45]

就像所有的中介场所一样，大学也是地点的中介，或者说是完全的形态转换、分送和传播的地点。它与其说是一个异托邦（与众不同的地点）、一个乌托邦（乌有之地）或者一个泛托邦（通往所有地点的入口），不如说是一个元托邦——一个沟通和调解的工具。

知识的空间不仅是一种地形,也不仅是在知识的屋檐之下凭借多一些几何知识就能进入的。它也涉及拓扑学,即巴什拉(Bachelard)教我们凭借空间的诗学去看、去感知的事物。知识涉及幽居癖的培养和监禁形式的压迫,以及对空间的欲望,这与1908年艺术史学家威廉·沃林格(Wilhelm Worringer)称为"对空间极度的精神恐惧(Raumscheu)"的原始民族的特征相匹配,他们在高度模式化的抽象艺术中寻求庇护,而这种艺术是他们使空间屈从于认知的幻想。[46]空间感觉是由四项同源性支配的,它将开放空间中的欲望和恐惧的两极与封闭空间体验中的舒适和幽闭恐惧的两极联系起来。原则上,在这种抽象同源性中,探索空间的积极愿望以及与之相反的被空间吞没的防御性恐惧,与以下的两极是平行并进的,即在熟悉的私人空间中感到的舒适与这一空间引起的消极的收缩或窒息的极性。在任何一种情况下,都会有一种强大的诱因认为自我等同于空间,或者有一种强烈的逃避空间的愿望,不论是向内还是向外。但是,这种基本模式也允许复合。我们在第三章中有过体验,现代通信使得远程拉近(teleproximity)成为可能,使人可以远距离接收详尽的知识。

通常,根据巴什拉的说法,当人们进入封闭或私人空间时,兴奋的感觉似乎会减少,而这种感觉被不断地表达,最终令人厌烦,"幸福使我们回到了避难的原始状态"[47]。但是将大量人聚集到一个狭窄的空间中,会产生另一种典型的兴奋状态,即爱米尔·涂尔干(Émile Durkheim)提出的"集体欢腾":"聚集的行为本身就是一种非常强大的兴奋剂。一旦这些个体聚集在一起,他们的亲密接触就会产生一种电流,并迅速将他们推到一个异常兴奋的高度。"[48]一个人还必须考虑空间的混合或过渡体验，在这种体验中，亲密感和疏远感可以说是紧密地结合在一起。空间的拥挤似乎产生了一种安全与侵入的混合体，产生了人群特有的统一与躁动的奇怪混合。

毫无疑问，知识的疯狂是有空间维度的。事实上，它也许代表了在各种非理性中所必需的空间感伤，因为非理性正如它所告诉我们的那样，不可估量。在知识无限扩展的欲望中，当然存在着一种"自大狂"式的幻想，幻想自身与世界完全保持一致。但它与"微小的狂妄"相互交替，甚至相互合作，在这种妄想中，知识说服自己有能力采取措施。知识受到双重疯狂的支配：一面是对无限自我超越（知识无处不在）的渴望，一面是对有限的自我一致（知识仅在此地）的渴望。用马洛的《马耳他的犹太人》中巴拉巴斯的话来说，当他计算自己从全球海上贸易中获得的财富时，知识追求的是"在一个小房间里拥有无限财富"。[49]知识通过在空间中传播它的力量而扩充自身，这种力量通过将空间缩减到已知的、有名字的地点——牛津、海德堡、海王星、半人马座阿尔法星——来对其进行控制。但是，知识必须不断地争取超越自身的力量，而这种力量必须永远不能将自己锁在原地不动。

第八章
知识阶层统治制度

追求经济增长成瘾的现代人很难认识到既存在因稀缺造成的危机,也存在因充裕造成的危机。在过去,只有王公贵族才会死于暴饮暴食。可以说,人类历史和其他所有生物的历史一样,都是由稀缺性和需求驱动的。实际上,人类的发展历史讲述的就是人类从稀缺到充裕状态的奋斗过程中的得失成败。这使我们很难将限制(尤其是自然条件或其他生物所施加的限制)的增加或克服视为问题而不是繁荣。如果我们反对贪婪,那通常是因为它挪用资源,对他人造成不必要的短缺,而不是因为可能拥有太多东西,不管其他人是否感到不便或遭受不公正待遇。嫉妒似乎推动人们将繁荣视为超越。寻求富裕和拥有更多财富,并发掘繁荣与增长的冲动似乎已深深地扎根于我们。

不过,有迹象表明我们已经开始明白充裕也可能带来问题,而这些问题并不一定直接和分配正义(distributive justice)有关。比如,肥胖就绝对会带来健康问题,患肥胖症的人也需要付出代价。也许我们对全面扩张的偏好根深蒂固,这妨碍了我们去思考充裕——充足的选择、充分的自由,或者充足的交流机会——是否存在其他威胁性。

假设出现一种知识肥胖症，也就是"知识过剩"，就像人的肥胖症一样，危害性也相当，那我们该怎样办呢？[1]我们怎么能希望得到更少的知识呢？我们又怎么知道如何去实现呢？我们难道不需要知道更多才能决定在哪里削减或保留？

自柏拉图的《理想国》以来，这一直是政治哲学的原则，即应该合理地控制权力，而行使权力的人应该根据自己的知识或智慧来这样做。权力和知识必须紧密结合在一起。那些跟随米歇尔·福柯反对权力与知识可能的结合形式的人，也很少要求将权力移交给无知和偏见。即使是那些系统地拒绝"西方"科学世俗主义而支持神权统治的人，也并非出于对无知的真正依恋，因为宗教信仰甚至比科学知识更依赖于已知真理的理想。甚至是西方的敌人，也认为教育已经等同于西方所拥有的力量，例如博科圣地（Boko Haram），其名称意为"禁止错误"〔"Boko"一词被认为暗指"ilimin boko"，意为错误的（西方）教育〕。很难找到一个人会看衰最大理性政体的前景，但人们对于理解和保证这样一个理性政体的方式却有很多复杂的论点，虽然这些论点不是非常可靠。许多乌托邦的设计似乎旨在使我们对纯粹的理性计划感到不安，这只会强化其他某些能让人安心的体制形式。知道得多一点又有什么问题呢？现在我的论点应该很清楚，我认为至少可能会出现的部分问题是，我们很少充分了解贯穿认知的感觉以及由此产生的影响。知识很容易承认它并不了解一切，但是却不容易承认它可能对自己的操作知之甚少，尤其是在知识充裕的情况下，尤其是禁止任何形式知识增长的条件下。

思想家和知识分子通常对他们与权力的关系相当不安，他们憎恨非哲学人的统治，但通常不愿意承担他们的责任。这种观点体现在亚历山大大帝与哲学家第欧根尼相遇的故事中。这一观点在不同时期被许多人讲述过，但最早的版本之一出现在第欧根尼·拉尔提乌斯（Diogenes Laertius）《当代哲学家的生活》（Lives of Eminent Philosophers）中。亚历山大拜访住在科林斯市场的一个桶里的第欧根尼时，表明了自己的身份，问第欧根尼是否有什么愿望。"是的，"第欧根尼回答说，"请你不要挡住我的阳光。"[2]这个寓言明确地表达了这样一种信念，即"哲学家"（在这里被视为智慧之人的幻想缩影）应该与权力保持距离，他更喜欢第欧根尼光明的真理，而不是亚历山大隐约可见的阴影。这是对柏拉图《理想国》的哲学家国王和柏拉图原则的直接反驳，这一原则在1730年仍由克里斯蒂安·沃尔夫（Christian Wolf）坚持，即"如果统治者都是哲学家，国家就会幸福"[3]。彼得·斯劳特戴克如此描述第欧根尼的故事：

> 一举展示了古人对哲学智慧的理解——与其说是一种理论知识，不如说是一种永不犯错误的主权精神。古代智者最清楚知识的危险在于理论会使人上瘾。它们太容易把知识分子拉进野心勃勃的洪流中，使他们屈服于知识的反射，而不是行使自主权。这则轶事的魅力在于，它显示了哲学家从政治家中解放出来。在这里，智者不像现代知识分子那样是有权势的人的同谋，而是背弃了权力、野心和渴望被承认的主观原则。他是第一个放肆地对王子说真话的人。[4]

然而，知识——也许对大多数学者和知识分子来说尤其如此——已经变得越来越依赖于世俗的权力，而这些权力又依赖于知识。有人可能会说，哲学主权所采取的最明显的当代形式是可领取养老金的、有法律保障的终身教职，据称这保证了学者从事任何他们认为合适的研究的自由，不受政治恐吓或政治利益的阻碍，最重要的是，他们的薪水不受限制或阻碍。主权，即绝对和自治统治的概念，总是自相矛盾的，因为它实际上永远不可能是自我给予的，也永远不可能真正直接从超自然的力量中获得，但是终身教职是绝对自治和绝对附庸的特别奇怪的混合体。

教皇约翰二十二世在1323年11月12日发布的《非无主法令》中，开始试图废除尼古拉斯三世于1279年确立的关于方济各教令对财产所有权的法律假设，这一原则通过区分所有权和使用权得以允许方济各教徒使用事实上由方济各会持有的财产。约翰的论点是，方济各会不仅在原则上和实际上拥有财产（很多财产），而且还应遵循基督和他的使徒的先例。这是宗教制度和狂热教徒之间忙乱的、异端的众多冲突中的另一桩。关于方济各会，除了必须为其不断增长的财富提供银行服务外，最令教皇官员恼火的是，他们坚持穿令人作呕的不得体的衣服，这实际上威胁到宗教的名誉。哲学家奥卡姆的威廉（William of Ockham）参与了这次争论，娴熟地将他著名的剃刀原理（即简单有效原理）政治化后得出结论，约翰二十二世本身就是一个顽固而根深蒂固的异教徒。[5]

我们所参与的学术研讨就像气氛热烈友好的骗局，而约翰二十二世却未能成功应对自身陷入的神学争论中。我们自认为是谦恭温顺的方济各会修士，在大学里，特别是在人文科学中，我们相信自己处于权力和特权的外部，因此，我们能够更好地将我们的知识应用于弱者、四面楚歌的人和流离失所的人，代表他们向当权者讲真话。但是，这种观点对知识的地位和权力的理解是脆弱、多愁善感和日渐陈旧的。

高水平的知识工作者暂时成为统治阶级，即使我们中的许多人也感到困惑，觉得自己是平平无奇的知产阶级（cognitariat）中一个丢人现眼的无名氏而已。这种矛盾事实上是知识阶层统治制度的一个显著特征，彼得·F. 德鲁克（Peter F. Drucker）早在1969年就指出："知识工作者既是知识社会中真正的'资本家'，又依赖于自己的工作。"[6]大多数大学毕业生都难以理解，为什么他们没有获得他们一直被诱导期望的、受人尊敬的、与物价指数挂钩的知识自主的职位，这并非偶然。在英国，如今有25%的大学毕业生获得了一等荣誉学位，换作几十年前，他们会被分流至一个安稳的通往终身教职的学术工作岗位上。稍微了解一下历史，他们可能会明白，统治阶级的成员常常既感到特权优待，又人人自危。（否则，关押上层阶级囚犯的伦敦塔又有什么用？）

德鲁克以卓越的先见之明指出了知识阶层统治制度最强大的结构性矛盾：为了最高程度地提高社会和经济效率，必须教育未来的知识工作者具有快速适应的能力，这实际上意味着对他们的教育远远超出了现有职业所需的特定技术和专业知识的水平。知识工作者必须被训练为快速反应部队，而不是步兵，他们能够通过再培训来适应多变的需求和条件，就像多能干细胞一样，能够重新分配给任何所需的生物功能。当今世界，如果一个社会没有以某种方式找到迅速而广泛的教育和培训所需的资源，它就不能指望实现繁荣。但是，只有找到解决可能产生的受挫的抱负危机的途径，这样的社会教育项目才能在政治上取得成功。如果知识工作者是特种部队，我们应该记住使这些人融入工薪社会是多么困难。为了履行教育公民参与知识社会的职能，人文学科为主的大学必须秘密地，甚至不自知地限制自己宣称的目标，即培养无数的最大程度自我觉醒、充满怀疑精神和智力自主的公民。在许多快速发展的经济体中，知识的快速扩张和智力的适应能力可能产生的紧张关系，往往由在法律、医学、管理和工程等狭义技术领域的集中投资（在知识阶层统治制度中，这个词在经济意义上和情感意义上都很重要）所遏制，至少大家对这些技术领域的理解是狭隘的。经济衰退的发达国家批量制造了很多无法实现知识追求和自我抱负的人，但找到这个问题的综合解决方案有待时日。

成功完成这个转变的一种方式就是对不结盟的、人文主义的全体知识分子的传统自由主义思想进行持续攻击。这是一场自20世纪60年代以来由右翼和左翼共同发起的进攻，尽管必须承认的是，左翼一直在更积极、更聪明、更有效地推行这一攻势。这使得原本不可预测的、自由飘浮的"批判性智能（critical intelligence）"，被打造成用于进行集体社会改革、能带来福祉的激情机器，在这种社会变革中，每个人都被赋予权利和义务，从外部大声疾呼，要求消除一些不可改变但在任何特定时间都被普遍承认的社会不平等或"社会排斥（social exclusion）"造成的弊病——例如社会不公正的问题，即使是目前的英国保守党政府也在致力解决，其中包括种族、信仰、性别、残障群体、性取向、国民生活工资和工人权利、地区差距、代际公平、心理健康、家庭暴力和虐待、学校和技术教育改革以及移民。因此，国家就开始包含服从自己的、官僚化的政治牛虻（比喻那些不断批评以求改变的人）。这并不是说人们应该反对解决弊病的责任；恰恰相反，就像铲除罪恶一样，它们是不能被反对的。

让人意外的是，将知识转化为批判的工具，有助于将批判转换为工具用于社会救助项目。我们看到的转化结果是一种威权自由主义，它的运作比神权主义、后极权主义更精细，但不如反自由主义的威权主义统治下的土匪式社会那样直接粗暴。这种广义的、社会性的自我批评形式的一个重要目的和优势是系统地排除自我排斥，取缔不法分子或异己，正如第六章中隐士和圣愚的历史所暗示的那样，无论是宗教教育还是高等教育，异己都是如此麻烦的副产品。

然而，反对社会罪恶的运动，就像所有内稳态机制一样，只是对动荡的暂时缓解。例如，要保持对反对运动的热情，就需要相信自己是一个深陷困境的少数群体中的一员，身处一个被外界围攻的社会或世界里，而当反对运动扩大时，你往往会失去活力，从前那个冲锋陷阵维护自己宗派的教徒就会安稳下来，成为身着开襟毛衣的英国国教教徒。另外，热情一旦起航，参与者会尤其热衷于为运动制造新的机会。所以我们很有可能会看到，在转向一个越来越围绕知识组织起来并通过知识复制来运转的经济体时，出现其他结构性的紧张关系。

科学知识的力量在20世纪的原子武器发展中得到了集中体现，这对第二次世界大战的结果起了决定性的作用。军事知识的力量在20世纪下半叶被各种技术专长所体现，同时被投资的巨大经济力量所扩展和分化。如今，竞争优势越来越依赖于资源的可得性和生产性劳动力。它还依赖于技术创新的能力，因为正是依靠技术创新，我们才有能力超越资源的限制来发展自己，并发明技术手段来继续平衡不平衡的能源资源。当然，依然可能存在非体制内的"知识分子"，但是"知识分子"的概念，尤其是所谓的"公共知识分子",属于我在本章提出的知识阶层统治制度的范畴。

和"认识感知(epistemopathy)"一样,"知识阶层统治制度(epistemocracy)"这个词在我之前也有人使用过,不过当时它还没有进入《牛津英语词典》。这个词最常用来指建立在学者或专家知识基础上的或由其指导的政府。特伦斯·鲍尔(Terence Ball)在他1988年出版的《转变政治话语》(*Transforming Political Discourse*)一书中最早使用这个词。鲍尔解释说:"知识统治权威(epistemocratic authority)指的是一个阶级、群体或个人凭借自身拥有的专业知识来统治另一个阶级、群体或个人。"正如鲍尔巧妙地指出的那样,这是一种假设,即一个权威人士因此就应该拥有权威。[7] A. 詹姆斯·格雷戈尔(A. James Gregor)使用"epistemocracy"这个词来指代法西斯理论家和思想家所要求的由"有见识的人和有能力的人"统治的制度,并使用"知识统治者(epistemarchs)"一词指代那些"提倡由最有才华、最博学、最忠诚的人统治"的人。[8] 最近,戴维·M. 埃斯特伦德(David M. Estlund)将这个词简化为"epistocracy",可能是因为该词能让人将它理解为"专家贵族统治(expert aristocracy)"的缩写形式。埃斯特伦德将精英统治简单地描述为"由智者统治",并指出根据上下文,"epistocrat"既可以指一个明智的统治者,也可以指一个知识阶层统治制度的倡导者。[9] 我们可能会想,与这个知识阶层相对应的可能是官僚阶级,而不是民主人士——也就是说,既不是领导人也不是倡导者,而是一个知识体系的工作人员。

大多数政治哲学家都考虑过知识阶层统治制度的性质和可取性,他们都认同埃斯特伦德,认为知识阶层统治制度意味着由特定的专家或学者组成的政府,因此他们担心这种制度与民主之间可能存在的紧张关系。杰森·布伦南（Jason Brennan）认为，现代政府的复杂性，加上大多数选民对大多数问题的无知程度令人沮丧，使得某种形式的专家主导的精英制比民主更可取。[10]这一观点受到最近政治发展的鼓舞，正如大卫·伦奇曼（David Runciman）所说，在知识精英（几乎一半支持留在欧盟的英国选民似乎很奇怪地自认属于知识精英群体）中，对民主固有弱点的疑虑又回来了。[11]伦奇曼报道说，英国脱欧投票之后，在剑桥（他和我都在那里教书，而且除了直布罗陀和我居住的伦敦邮政区之外，选择留欧的选票比其他任何地方都多），几乎所有人都嘲弄那些以这种不负责任和自我伤害的方式投票的人。[12]复仇的声音和嘀咕声不绝于耳。杰里米·帕克斯曼（Jeremy Paxman）津津乐道地引用了H. L. 门肯（H. L. Mencken）的观点："民主假设的是普通人知道他们想要什么，那他们就该好好追寻这种民主。"[13]我对此印象很深，就像伦奇曼所描述的那样，也记得自己当时傻傻地参加了这个诱饵游戏。约翰·诺顿（John Naughton）在2017年2月的一篇文章中总结了这样一个教训：不投资于教育和解决教育成绩低下问题最终会带来巨大的社会成本（可能包括民主制度的崩溃）。这也不是高深莫测的事。[14]事实上，大卫·伦奇曼的判断更为微妙："在我们的政治中，教育的鸿沟并不是真的存在于知识和无知之间。这是一种世界观与另一种世界观的冲突。"[15]在过去的时代，人类一直在为如何克服自己的无知而斗争。在我们这个时代，紧迫的问题是我们要用我们的知识做什么。

可以理解的是，大多数有关知识阶层统治制度的批判性讨论都集中在其合法性和有效性上，围绕这样一个关键问题——将更多的决定权交给专家是不是一个好主意。正如法比安·彼得（Fabienne

Peter)提出的那样:"政治是否需要专家或民主制才能做出正确的决策?"[16]争论似乎归结为在最大化做出正确(或至少是好的)决策的概率和最大化人们在决策过程中的参与感之间的选择。特伦斯·鲍尔(Terence Ball)认识到迫切需要将越来越多的复杂事务决策交给专家,以及工程、医学和物理学领域的专业知识可以做出贡献,因此他抵制了政治本身永远只能被视为技术程序的观点,因为它是"集体协商、对话和判断的艺术"。[17]纳迪亚·乌尔比纳蒂(Nadia Urbinati)同样指出,专注于良好的决策结果可能会导致维持民主程序的风险,而民主程序本身就被视为一件好事:"尽管公共领域内的认识论转向服务于一项崇高的事业,尽管它赋予了群众智慧,但公共领域的认知扭曲会破坏民主独特的不求和谐统一和不求精确的特征,这对于享受政治自由至关重要。"[18]尽管埃斯特伦德存有疑虑,但有人认为建立有限形式的知识阶层统治制度是可能的,这会避免民主进程受到此类扭曲。[19]

这些都是复杂而重要的问题,但它们并不是唯一可以想象得到的问题,而如何做出决策的问题也不是唯一一个可能被问到的关于知识阶层统治制度的问题。这类问题近年来引起如此大的关注,原因之一也许是它提供了一种体制,允许对决策过程进行详细的理论建模和测试,可以体现埃斯特伦德等人关于知识阶层统治的研究。但无论它在认知上多么有益,从理论上加强对政治的关注,都会将政治生活简化为政府的形式体系,并将政府简化为提出问题和回答问题的机构。人们可能会怀疑,在选举中,特别是以赞成或反对的形式进行的公投中,民主是否还会强大。

在纳西姆·尼古拉斯·塔勒布(Nassim Nicholas Taleb)的《黑天鹅》(*The Black Swan*, 2007)中,"知识阶层统治制度,一个梦想"一章中出现了对知识阶层统治制度一词更为理想主义的使用。塔勒布用"epistemocrat"这个词来形容那些表现出"认知谦卑"的人,"他认为自己的知识是可疑的"。[20]在塔勒布看来,法国文艺复兴时期哲学家蒙田(Michel de Montaigne)是这种警惕、温和地自我批评的生物的典型代表,但我们也可以想到认知谦卑存在一些不那么吸引人的表现,例如像强迫症一样的不断自我怀疑或者普遍怀疑,这种形式更盛气凌人、更具破坏性——这意味着一个人的谦卑最好延伸到自我怀疑。塔勒布随后提出了"epistemocracy"的概念,称这个制度可以用于"在建构法律时考虑到人类不可靠性的领域"[21]。事实上,塔勒布只用了几个段落讨论这个话题,接着他就被吸引到更有趣但基本上不相干的话题上,讨论预测未来的困难。尽管他在2010年出版《黑天鹅》第二版的时候补充了一些内容:"我的梦想是拥有一个真正的'知识阶层统治制度',也就是说,一个能够抵御专家错误、预测错误和避免傲慢的社会,一个能够抵抗无能的政治家、监管者、经济学家、央行行长、银行家、政策专家和流行病学家的社会。"[22]认同塔勒布观点的是布伦特·C.波滕格(Brent C. Pottenger),他的名为"医疗保健知识管理者(Healthcare Epistemocrat)"的博客宣称:

> 今天的知识分子是这样一种人,他关注自己不知道的东西,终身学习和博学,积极对冲不确定性带来的损失,拥抱不确定性。
>
> 本质上,一个知识分子是一个实践者(一个思想家和一个行动者,一个践行耶稣会精神的"沉思行动者"),他们尊重(通过悖论思维)作为人类的卑微限制,并(通

过思考）寻求现实的解决方案，帮助我们在日益复杂和循环往复的世界中共同生存和成长，实现多元化的发展。[23]

我认为我所理解的知识阶层统治制度的萌芽和发展是另一种东西，因为它不仅意味着由专家治理，而且意味着更普遍的专业知识形式的沉淀和传播，并意味着知识原则的权威日益增强，而不是某一特定知识阶层的权威不断增强。这可能被称为分配式的知识阶层统治制度，也可以称为知识生产，这种生产不一定完全是自下开始，可能从更多方向和维度上开始，但肯定不是自上而下开始。

这样一种情况所引发的问题是：在一个知识阶层统治的环境中，生活会是什么模样？一个赋予知识至高无上甚至终极权威的社会，无论谁拥有它，它的基调和特征是什么，那些认为解决效率和合法性问题足以达到目的的人可能会说，只要我们能够做到这一点——最好是这样，但不能保证不损害民主运作——生活就会变得更好，因为我们将能够做出更好的决定，这对我们大家都有好处。这里的假设是，让人不快乐的是糟糕的决策，而好的决策会让他们更快乐。但是，政府不仅仅是决策，它还是一个审议的过程，而审议有许多不同的形式。

审议

以决策为导向的审议需要我们深思熟虑，从而讨论出消除幸福障碍的最佳方法。审议有很多好处，因为我们知道通向幸福的障碍有很多：贫穷、疾病、压迫、无知。但审议并不是万能的，因为通向幸福的障碍之一就是通向幸福的所有障碍的消除。人们想当然地认为人类想要幸福，但事实似乎并非如此。人类最想要的似乎是为幸福而努力的过程。我们喜欢解决问题，事实上，这样做比其他任何事情都让我们更快乐，不是因为我们希望看到问题得到解决，而是因为我们喜欢有问题需要解决。我们处理问题不是为了解决问题；相反，我们设计解决问题的方案是为了让解决问题变得有价值，让我们有必要参与对我们来说非常重要的解决问题的活动。我们真正想要的不是快乐，而是有价值，而知识正日益成为实现这一目标的手段。

对于克服困难而言，知识是有用的，甚至常常是必不可少的（即使很少是充分的）。这是实行知识专制或集中的最重要原因之一。但是，知识只要得到充分的传播，也是创造和延长困难的极好方法；事实上，知识的最重要目的之一就是一直制造困难。我们不是为了获得知识而深思熟虑，我们拥有知识是为了有东西可以深思熟虑。我们有理性，以便最大限度地利用推理的机会。实际上，这是实行知识阶层统治制度，也就是通过分布式知识（distributed knowledge）进行统治的最重要原因之一。

知识是审议过程的重要组成部分，但并不是唯一重要的。知识在这里不仅有用，不知道它更可以等同于一种疯狂。这就是为什么书中所讨论的知识的表现或游戏，对我们如此重要。因为知识的表现不仅是我们寻找解决方案的方式——解决方案就是分解问题——而且是我们保持事物运转的方式。

知识与用知识来游戏是分不开的。人们经常观察到，动物越聪明，玩耍的动机就越强。这并不是理性存在的唯一理由，但随着成功克服生存障碍，理性存在的其他理由逐渐减少，这似乎是理性越来越被游戏吸引的原因。我们用知识来游戏，因为知识的目的首先是消除现存的所有障碍，然后消除开始游戏的所有障碍。

知识的产生是为了提高那些发展知识的人的生存机会（或者那些幸存下来的人恰好发展了知识），但是生存本身只是一种确保游戏可能性的手段。对游戏而言，知识也是一种基本的需要。知识游戏的概念允许我们调和工具知识和非工具知识之间的区别。工具知识可以被看作与生存问题有关，有这些问题，知识游戏便不可能发生。生存的意义是为了能够继续玩耍。事实上，也许工具性是知识向自己隐瞒其游戏性的方式，从而允许在严肃性中嵌套游戏，在游戏中嵌套严肃性，这本身就是一种游戏。

知识殖民群体

对知识阶层统治制度持悲观或谨慎态度的人关注知者，也就是知识阶层（epistemocrat）在统治过程中的作用。塔勒布对这个制度持有不是非常坚定的乐观态度，他更关注知识本身谨慎的统治。我想提出一个判断，把哲学王和谨慎的不可知论者之间的界限一分为二。我在这里设想的知识阶层统治制度是一种社会状态，在这种状态下，知识的观念凌驾于其他一切社会价值之上。它聚焦的不是实用性，而是知识的概念，我认为我们不太可能从幻想中很快将其分离出来。与其说它是一种特殊的社会政治结构，不如说它是一种特殊的癖好——一种集体性的好学癖。

从马克斯·韦伯的研究开始，社会合理化（social rationalization）理论的发展提供了重要的背景。韦伯认为，现代社会正在从传统的权威和政府形式（依赖于有魅力的领导人和传统的信仰模式）转向理性计算的形式，其中两个主要的驱动力是官僚管理的增长和经济市场的影响。理性化思想的发展产生了与之相对应的"生活世界（Lebenswelt）"这一奇怪的概念，其核心原则也许是，生活世界是合理化的对象，或者是它的工作对象。对胡塞尔和阿尔弗雷德·舒茨（Alfred Schütz）来说，生活世界既是一个背景——对已经存在的意义、假设和预判的"给予"——也是一种后效，因为合理化的过程倾向于首先揭露"给予"的生活世界本来的样子（也许永远不会再出现）。

生活可以或已经分为其自发的"生活"部分和其程序性的"理性"部分，这种观点几乎无法经受一分钟的理智思考，但却支撑着20世纪以来的许多哲学和社会理论，无论它们是否明确地以这些术语表述。这一观点也推动并合法化了20世纪的许多艺术和文化实践，以及许多关于思想和研究工作的思考方式——尤其是因为这种研究是在被划定为知识产权的机构中进行的，这些机构一方面负责被认为是"生活经验"的特定领域，另一方面负责技术知识。正如生活世界被认为是生活的剩余部分，是技术生活的生产留下或排泄出来的"剩余本质"一样，那些应该把调查、捍卫和丰富生活世界作为自己工作的人文学科的人，习惯于把他们的知识视为一种剩余形式，尽管是一种至关重要的和可救赎的知识。约根·哈贝马斯（Jürgen Habermas）所描述的渐进式的"通过自治系统实现生活世界的殖民化"已成为一种非常普遍的想法，从斯宾格勒到斯克鲁顿的右派思想家和从阿多诺起的左派思想家都极为罕见地分享了这一点。[24]经验与自主知识体系相冲突的观念如此普遍，以至于其已成为思想结构的一部分，甚至已不再是一种观念。实际上，它是社会知识合理化系统的一部分。

知识阶层统治通常被理解为精明理性的权力和权威在生活世界的进一步延伸，从而将政治简化为专家计算的事情。我在这里的主张是，使用"知识阶层统治制度"这个术语来表明的，不是精明理性对生活世界的殖民,而是生活世界对知识的殖民。

在我的用法中,知识阶层统治制度指的是一种知识的文化。它指的不是抽象系统的政府,而是关于这些系统的感觉,由于受到通信媒体快速流通的影响,这些感觉越来越被提升到抽象系统本身的状态。知识文化不仅取决于知识的生产和传播,而且取决于知识观念的承诺、宣传和实践。知识不仅会被重视,它还将提供协调价值观的语言知识和日益普遍的交流媒介。可以按照知识社会本身真实的面目来对它进行描述;知识文化就是知识社会本身。这必须被视为一种抽象的区别,而不是允许在术语的用法之间有明确和抽象的区别,它们无疑是相互融合和重叠的,从而使关于知识社会的观念开始反馈到该社会的状况中。

"知识社会(knowledge society)"一词于1969年在彼得·F.德鲁克的《不连续的时代》(*Age of Discontinuity*)中首次被引入,然后在1973年被丹尼尔·贝尔(Daniel Bell)确定为"后工业社会"的一个主要特征。"知识社会"一词在20世纪80年代中期开始被经常使用,并在21世纪初越来越多地融入官方政策声明和日常生活。[25]这种融合产生的影响同时也鼓励人们思考一个知识社会可能需要什么、存在什么、能够做什么,并反思为什么我们应该用这样的术语来思考。这个短语的成功改变了社会修辞的风气。尼科·斯特尔(Nico Stehr)把知识社会最重要的原则定为"科学知识渗透其生活的所有领域",但后来的研究观察到,知识社会中知识的类型和形式大大超出了科学或技术范畴。[26]事实上,也许知识社会最重要和最有利的条件是计算机技术的发展,现在计算机技术同时决定了信息和社会经验的储存、处理和交换的方式。

目前看来,知识社会的理念仍然充满乐观和善意。联合国教科

文组织《走向知识社会》的报告认为,增加获取知识的机会是一种无条件的好处,并规定:

> 一个知识社会应该能够融合其所有成员,并促进涉及今世后代的新形式的团结。任何人都不应被排除在知识社会之外,在知识社会中,知识是每个人都能获得的公共产品。[27]

一个知识社会很可能是一个拥有更多知识的社会,在这个社会里,知识对社会的稳定和繁荣来说比其他形式的安排更为重要。但令人惊讶的是,很难确定人们实际上将如何记录、测量或监管知识。事实上,无论有什么样的衡量标准,都必然以知识测算指标的形象出现,是知识关系的体现——知识的表现是认识感知禀赋的载体,这也是本书的主题。最突出的知识测算指标可能是对教育的经济投资水平和社会参与水平。人们通常认为,这必然意味着更多的人知道更多的事情,知道如何做更多的事情,但这一点也存在怀疑的余地:在过去,教育水平相当有限的人能够做的很多事情(数学、语法等),现在的人们都觉得具有挑战性,更不用说许多先进社会的公民所无法掌握的基本生活技能了。

我们甚至有理由认为,知识社会可能是一个总体上智力集中度较低的社会,因为在这个社会中,获取和交流专业知识的能力比拥有专业知识更为重要。因此,一个知识社会完全符合这样一种情况,即该社会的个人成员比以往任何时候都对更多种类的事物知之甚少。事实上,知识社会需要并使得知识中介的数量和种类增加,而这些中介为知识文化提供了条件,也就是说,一个社会通过这些中介将知识的理念和理想传递给自己。

一方面，可以作为知识的事物种类无疑是多样化的，正如丹尼尔·英纳拉里（Daniel Innerarity）所提出的：

> 知识社会中，与科学相比，知识具有更重要的意义。如果不考虑这样一个事实，我们就不能完全理解知识社会，即在知识社会的运作和冲突中，它包含了许多不同类型的知识，其中有些是相互矛盾的。[28]

另一方面，日益发展的知识阶层统治制度似乎使任何有价值和有重量的知识要比其他事物更重要。这可能并不是一种幸运的状况。

外部认知

格诺特·伯姆（Gernot Böhme）在1992年的一篇文章中指出，知识社会不仅是一个拥有更多知识的社会，而且还是一个能够以自我认识的方式组织起来的社会：

> 要想通过知识来控制社会，社会本身就必须以知识来组织：社会进程必须按功能区分，按模式安排；社会行为人必须受到约束，使其行为可以被数据收集，或使其社会角色和活动只有在产生数据时才有意义……如果要从这个角度把现代社会定性为知识社会，就必须强调，这不是关于社会本身可能是怎样的知识问题，而是关于一个已经根据其知识性而组织起来的社会的知识问题。[29]

也许当代知识社会所提出的最大难题是计算技术带来的知识与人类认识的分离。人工智能已经伴随我们很长一段时间了，也许甚至像现在人们在提到一周以上的时间时所说的"最长的时间"，因为所有的智能都是人工的，因为所有的智能（在判断能力的意义上）都需要以智能的形式外化（如给出报告）。知识的目的是什么？知识是用来交流的。如果有一种强烈的欲望，要把某些知识隐藏起来，这可能是因为交流知识的冲动或必要性是它固有的。"智慧（intelligence）"一词的意义充分说明了这一点：智慧就是拥有一些可以传递的情报。类似的情况也适用于"信息"一词：信息不仅仅是给定的，而是必须给定的。事实上，如果这个原则是"我不知道我在想什么，直到我看到我所说的"，那么我将不知道我知道什么，直到我可以给自己讲述出来。我只能认知一些我能认知的事物。求知的动力——如果真有这种动力的话——是一种能够说出自己所知的事物的动力，以便使自己能够成为一个他人眼中的知者。仅仅知道似乎是不够的，一个人必须把自己所知道的事情告诉别人，或者至少要确保它不被偷窃或遗忘，以便在需要的时候将其召回。我正在把我所思考的关于我们对知识的关注的事情写成一本书，作为我自己实现这一模式的一部分。对我来说，将"找出我们对于认知想知道的是什么"与"找出关于认知有什么可以讲述的"进行区分，并不容易。

但当一个人说出自己知道的事情时，会发生意想不到的事情。因为正是这一过程使我专注并实现了认识，也开始把我与我的知识分开。因此，我很可能会忘记我写过的东西。可以理解的是，人们有时会礼貌地要求我陈述我可能写过的东西中表达的观点或论点。在以书面形式具体化我所知道的或我逐渐了解的过程之后，我被要求将这些知识拟人化,尽可能令人信服地作知识的补充。但是,仅仅是以某种方式表达了知识,使之变得易懂,这就意味着知识不再是我的了,而且随着时间的推移,我的知识也会越来越少。这就是为什么当人们称赞我,请我解释我写的东西的意思时,我不得不站在他们的立场上,通过阅读来重新阐释,就像他们做的那样。

因此,没有讲述就没有认知,尤其是那种可以重复的叙述,即写作;但是这种写作是对我知识的消蚀,正如苏格拉底所担心的,是我失忆的载体。正如乔伊斯在《芬尼根守灵夜》第六章中引用的一句话,每一个故事都有一个总结、一个盘点,但它也有一个尾声。写作的过程,就好像我在把我所知道的储存在我所写的东西里,以备知识离开我或我离开它的那一天。但我以这种方式积累的知识越多,我对自己的真正了解就越少。知识将永远存在于我所写的文字中,写作保证了其假设知道的主体的幻想。也就是说,这个主体为写作提供想象的支持,这个支持不可能无中生有、无所依靠,它本身就是对这个假设的支持。非常能生动说明问题的一件事是,当我写作的时候,我必须总是有东西可以依靠,一些支撑或假设——一张桌子、一个大腿面、我的手掌,甚至一个朋友舒适的后背,它们为我写作中的假设提供了必要支持。

自动化思考的愿望在思想史上一直反复出现。这也许是一种感觉的逻辑延伸,即理性本身就是一种大脑自我服从的机械操作。有时,正如弗朗西斯·培根在他的《新工具》中提出的非凡建议一样,这似乎预示着一种对更可疑的思维运作的知识净化:

> 还有一个拯救的希望,一个通往健康的方法,那就是

重新启动大脑的整个工作。从一开始，大脑就不应该被放任自流，而应该不断地被控制；而工作（如果我可以这样说的话）是由机器来完成的。[30]

对另一些人来说，计算思维活动的机械化以及由此产生的外部化为解放其他种类的认知活动能力提供了希望。数学家乔治·布尔（George Boole）的妻子玛丽·布尔（Mary Boole）在代数逻辑方面的工作为所有的互联网搜索奠定了基础，她在1883年写道：

> 如果要我指出本世纪对人类来说最伟大的两个恩人，我想我会倾向于提到巴贝奇（Babbage）先生，他制造了一台计算系列化的机器，还有杰文斯（Jevons）先生，他制造了一台三段论串联机。通过无可辩驳的事实逻辑，他们已经结论性地证明，计算和推理就像编织和犁地一样，不是为了人类灵魂的工作，而是铁和木头的巧妙结合。[31]

布尔提出，将这种分类工作委托给铁和木材构成的机器来处理，而当这些机器被超越时，就会使人们了解可能出现的智力发展：

> 如果你花时间做一些机器比你做得更快的工作，那应该只是为了锻炼身体，就像你举哑铃一样，或是为了消遣，就像你在花园里挖土一样，或者在你开始编织时，用它的机械性来抚慰你的神经。通过人为的安排，你可以得到任何你想要的东西，无论是物质上的还是思想上的。任何东西，也就是说，任何现有材料的无机转化，或者任何

你喜欢的事物，除了发展。"

但是，这种对通过计算理性的自动化而解放出来的认知能力的信心，同时也必须应对这样一种可能性：外部系统也有可能获得这些更高或更关键的人类智能。2017年9月，谷歌的深度思维（Deep Mind）小组在一个名为"人类和机器的记忆和想象力"的会议上报告说他们正利用神经网络，希望能开始让机器开发一些被称为"想象力"的能力。从会议讨论来看，那些描述计算机发展的人表现出某种乐观的谦逊态度，而那些认为自己代表了人类的人则表现出易怒的防御反应，对其中一些人来说，这似乎是一种放肆的企图，企图侵占他们认为是该由自己继承的领土。双方似乎都对"想象力"的性质表现出天真的实证主义，似乎这是一个非常清楚的概念，尽管事实证明有必要在其定义中保持某种程度的只可意会不可言传的特性。

我们所说的想象力不仅仅是指它的含义，还包括我们用这个词做什么。我们对这个词所做的与这个词所表示的相反，在其外延上添加了幻想。我们可以同意计算机的反对者们的观点，即机器的想象力是一种幻想，这并不是因为机器想象的方式总是落后于人类的想象，或者在本质上不同于人类的想象，而是因为人类想象力的想法本身就在很大程度上构成了幻想。我们依靠想象来定义什么是"想象力"。除此之外，这是幻想仍在进行的一项工作——机器想象力的想法从一开始就是人类幻想过程的一部分。这是一种拟人法，1561年被称为"伪装成人"。[33]

英语比其他一些语言有修辞上的优势，因为它是拉丁语和日耳曼语（德语的拉丁名）成分的结合，这两种词汇流，出于历史和政治原因，源于讲拉丁语的民族诺曼人（用他们的德语名）对不列颠的征服,其中有许多现成的基础词汇,可以表达感觉和认识两种意义之间的转换(在德语中也一样,这就像个游戏,你可以玩上一天)。由于英语结合了一个情感词汇库和一个认知词汇库,它可以提供一个灵活的语域,记录感觉和知识之间的转换,表现两者循环嵌套的关系(例如,我们对我们认为自己知道的感觉有什么感觉)。

人们可能会特别想到某些单词的命运,这些单词一开始是认知词,后来却充满了情感色彩。比如"数据(data)"一词。几十年前,数据倾向于表示通常具有数字形式的实验程序的结果。因此,数据是某些针对数据形成的系统研究的产物。数据在任何意义上都与该词原义不一致,"data"的原义是给予我们的东西;数据必须以特定的、深思熟虑的方式在确定的上下文中形成和捕获。但是在过去的二十年左右的时间里,个人计算机的普及意味着产生了大量的预编码数据,这些数据可立即用于处理操作——当然,其中可能包括监控、营销和身份盗用,因为尽管仍然需要生成数据,但是只要我们以个人存档和数字化方式进行个人操作和交互,数据也会自发地发出。过去,许多人类社会对头发、指甲和其他种类的个人分泌物的神奇用途感到极为紧张;如今,我们关注的是我们数据排泄的产物。数据并不像这个词所暗示的那样被给予,而是被无节制地给予。碎纸行业的大发展证明了人们对碎纸给我们带来的风险的担忧。"数据"一词越来越有可能暗示着与人有关的这种关注,而不是抽象的或仅涉及技术的问题。

另一个在认知和情感语域之间摇摆的词是"算法(algorithm)"。算法是一种计算过程,就像我大学的一位计算机教授对我说的那样:"这只是一个配方。"因此,它是人类生活中最熟悉的操作之一。每次你测量一堵墙，决定你需要多少卷墙纸，以及在做意大利面的时候炸洋葱，都要操作一个算法。如果我在《牛津英语词典》中查找"algorithm"这个词，我会操作一个算法来实现它。一个算法的用处恰恰在于它是一个目的性和自动性的混合体，我不必每次都设计一个执行这些操作的程序。

算法，通常以algorism、algorym或augrim的形式出现，至少从13世纪开始，它就被用来表示阿拉伯的十进制数字和计算系统，以区别于算盘的使用。它的名字来源于波斯数学家穆罕默德·伊本·穆萨·花拉子密（Muhammed ibn Mūsā al-Khwārizmī），他在9世纪的著作是第一本从阿拉伯语翻译成拉丁语来解释印度数字用法的数学专著。专著的拉丁语书名为 *Liber Algorismi de Numero Indorum*，意为花拉子密关于印度算术的书，其中"algorismi"是作者名字的拉丁语翻译，因此"algorithm"就成了算法在英语中的命名。15世纪早期的《算术技法》（*The Crafte of Nombrynge*）书中有这样的话："本书名为算法（algorym）之书，用一般的说法就是阿拉伯算术之书。这本书讨论算术的技法，这种技法也被称为算法。"[34]这个词似乎与希腊语的"ἀριθμός"（意思是算术或数字）混合在一起使用，也许还受到了"algebra（代数）"一词的影响，这个词也源自花拉子密，他曾写过代数相关的专著。"algorithm"和"augury（预兆，占卜）"没有词源上的联系。后者源自拉丁语"avis"，意为鸟，以及印欧词缀"-gar"，意为呼叫或使知道，尽管盎格鲁-诺曼语中表示算法的词"augorime"说明这些词可能相互产生影响。毫无疑问，希腊语"arithmos（数字）"和16世纪单词"rhythm（节奏）"的兴起（来自希腊语"ρνθμός"，现代希腊语为"rithmos"，用于测量时间或重复的顺序），都对这个词的神奇含义有所贡献。

其中一些含义似乎在当代"算法"一词的使用中被重新唤醒。一段时间以来,自动化的认知程序(其中一些是机械的,但大部分是电子的)已经变得更快、更复杂、更自主。"算法"这个词曾是程序员和计算机科学家技术词汇的一部分,但现在已经进入了文化和政治生活领域,人们越来越意识到一个自动计算的世界——在金融交易、医疗诊断、战场生物识别和出租车订购等不同领域,以一种不受管制的方式做出决定——同时,人们对搜索引擎通过使用算法过滤器向用户选择性地提供信息的方式表示关注,这意味着人类知识的传播本身正在受到非人类机制的支配。在《算法生活》(*Algorithmic Life*,2015)一书中汇集的论文表明,这一术语迅速转化,成为非个人的和自主的信息系统影响力的简称。[35]不仅算法的概念已经成为越来越频繁和激烈的讨论主题,而且计算程序也越来越能够被用来形成和转换人类的感觉和感知,使得我们的知识、我们对我们的知识的感受以及我们对感受的知识之间出现快速和有点不可预测的互换。从埃斯特伦德的"精英政治"中衍生出的"算法政治"一词,最近就被提出来讨论这种令人担忧的情况。[36]

算法社会依赖于所谓的数据化,将交流行为和其他人类现象迅速转换为能够被处理和利用的信息。最重要的转变是,初期的统计——在伦敦瘟疫年代的死亡率统计中,以及法国革命政府收集的大量社会信息中——曾经是一件费时费力的过程,现在可以在自编码数据生成系统中自发地发生。因此,人工智能不仅指在自然界和人类世界中进行的智能操作,还指智能系统产生的"智能"。现在的知识比以往任何时候都多,因为我们生成可知对象的能力正在迅速增长。在这种情况下,如史蒂夫·富勒(Steve Fuller)所说,我们不妨少关注知识的物理变化，多关注知识的化学变化，因为我们可能"对寻找将知识与其他事物区分开的底层联系不感兴趣，而是对将任何东西转化为知识的原则感兴趣"[37]。

能够表现我们如何理解和栖居于这种社会系统的一个重要方面是我们对抽象系统概念，以及对系统地在整个抽象系统内运作的神奇例外法则的狂热关注——也就是说，这个法则确保一个人永远不能完全被一个他能够完全解释的系统所同化。我们也许需要一种我们可以称之为"外部认知（exopistemopathy）"的概念，以应对外部认识论（exopistemology）可能带来的一种情况，那就是我们会对机器产生愤怒情绪，因为人工智能系统窃取或者说篡夺了我们（本能地，也就是说自动地）认为属于人类的认知、学习和理解等能力。一想到有一种知识在我们不知情的情况下运作，我们就会产生一种复杂情绪，其中混杂着迷恋、喜悦和恐惧，也许部分原因是这是我们所有知识的一个特征。这样的系统构成了我之前所说的造梦机器，一种产生梦想并帮助我们实现梦想的机器。[38]许多有关人工智能的幻想可以被看作受到外星人劫持的幻想（被外星人绑架的幻想，以及像外星人一样绑架我们的幻想）。事实上，这种幻想本身可能就是一种人工智能。

人们很自然地认为，获得知识的机会不平等在过去一直是阶级分化的原因，因此扩大获得知识的机会本身就可以作为一种弥补劣势的手段。但知识不一定带来没有偏向性的利益，也不一定能消除极端分化及进行知识的利益共享。事实上，没有比大学更好的例子来说明知识的充裕（而不是知识的缺乏）可以成为一个多么强大的差异化因素。随着知识阶层统治制度的发展，我们很可能会看到强大的知识集团或知识阶层的发展，它们将跨越甚至可能完全取代阶级、种族、宗教、性别、年龄、地区、职业和收入等传统从属关系，就像在知识阶层统治制度下我们也将产生共和国、集团、派系，甚至是达成共识的军队那样。人们认为，大量民众之所以投票给特朗普和英国脱欧，是因为他们受到误导。这种观点本身就是知识阶层统治制度的一种表现，即某一特定知识阶层对其特权受到侵犯的不满。"我们怎么能接受未来的知识社会会像这么多专为少数人的幸福而设的俱乐部一样运作？" 联合国教科文组织《走向知识社会》报告的作者问道。[39]我们可能会疑惑，知识的传播是否会简单而必然地带来更多的社会融合和共识。可以预期的是，关于知识的冲突将越来越多地表现为知识政治的冲突。

联合国教科文组织的报告用相当长的篇幅把知识与信息和数据区分开来——知识总是被呈现为积极的、有益的、谨慎的和令人向往的，而信息和数据很容易被疏远、淹没、商品化或工具化，是削弱人的自由或造成冲突的事物。知识被假定为与所谓的批判性反思是相同的，并被假定是教育的结果。但是，批判性反思的自由主义理想是否会成为知识和教育的普遍理解方式，这一点并不清楚。例如，在教育中存在着强大的权威传统，期望它自己消失是愚蠢的。当然，这些传统也属于联合国教科文组织报告敦促我们保护的各种知识传统，以对抗发达国家的知识殖民化。

在联合国教科文组织发布《走向知识社会》（2005年）到发布后续报告《更新知识社会愿景》（2013年）的八年时间里，信息和知识之间的裂痕似乎在加深。然而，它们之间的差异并没有令人信服地被填补，除了断言信息可以带来坏的影响，而知识既能赋予力量又能促进和平之外——这一提议主要基于"知识意味着意义、占有和参与"。[40]这似乎意味着，信息是"他者"，而知识代表着"我们"——"信息和知识是不一样的,因为知识需要人类来解释"——似乎是在重申弗洛伊德的野心:有它的地方就会有我们。[41]

但这种说法与其说是对知识的定义,不如说是一种对拥有和交换信息的方式的思考和感受的赞美。联合国教科文组织的报告很难让人相信"尽管机器很先进,但在将信息转化为知识所需的思考方面,机器永远不会取代人类",因为报告本身在短短几句话中承认,认知行为不能再按照经典知识理论模式被看作是一种个体心理行为。[42]

公开的数据,或者人们更愿意称作野蛮的数据,其可预见的后果包括恐怖主义、武器扩散、各种欺诈、盗窃、盗版和剥削、私人和公共的威胁、骚扰系统的增长,以及新闻报道的堕落,充斥着虐待狂的嘲弄、女巫的焚烧和对复仇的道德追求。把"信息"隔离开来,把它看成是坏的、机械的、不人道的知识,并将它同好的知识区分开来是毫无用处的,好的知识被理解为通过人类解释而变得有意义的信息。但是可以肯定的是,在ISIL中并不缺少人类的解释或人类的意义创造,实际上,就像任何激进的狂热分子组织一样,它很好地满足了知识社会的所有基本要求。

知识社会的知识特征在知者中的体现越来越少,而越来越多地存在于传递和交换的能力、信息传播和衰退的周期中。知识论在其结构、生产和节奏上变得泛滥,这是因为知识变得越来越具有中介性,它也变得更容易获得。中介性解除了责任,即时性使其难以限制影响。因此,知识最重要的特点是它已经变得流动。只要"知识"不受到任意操控,不以牺牲另一个群体的利益为代价为某个群体的利益服务,这种流动性似乎是可取的。但是,如果知识包含了各种信息,不管是真是假,危险还是安全,有用还是无用,丰富还是可耻，那么把它的不可控制的加速传播视为一种绝对的好，那就太天真了。联合国教科文组织意义上的知识需要超脱和延迟，而知识社会发展的手段却封闭了延迟或距离的一切可能性。

在发达的、分布式的知识阶层统治制度中，可以想象到两种截然不同的危险。首先是无知者的劣势日益加深，随着知识和教育的传播，无知者的处境将变得更加残酷。文盲率为20%要比文盲率为40%好得多，但成为文盲比例为20%的少数群体中的一员，要比成为文盲比例为40%的少数群体中的一员糟糕得多，成为2%的少数群体中的一员，几乎会让你完全脱离所谓的人类存在。贫穷可以通过金钱相对迅速地得到补救，甚至暴力也容易受到某种社会和法律措施的缓解。但是，无知和它所暗示的日益灾难性的被排除在人类生活之外的情况，补救的代价要高得多，超过某一点甚至就无法补救了。在大多数社会中，被认为是愚蠢的人已经被无情地排斥在社会生活之外。知识社会有能力创造"非人"的人或"未成人"的人，这比任何其他权力都要强大。

我们可以期待权力继续从富人、男性、白人，甚至可能是美丽的人身上流失（永远是被调查的最后一个不劳而获的优势），并稳定地积累到聪明人身上。在一个运行知识阶层统治制度的国家里，对专业知识的不经意的臣服可能会使我们比以往任何时候都更难理解有多少事情（懦弱、恶意、骄傲、自私、背叛、懒惰、无情、愤怒、残忍、上瘾等等）是比无知更糟糕的，以及有如此多重要和珍贵的人类优雅和美德，它们与智力没有必然的联系——尊重和培养它们（耐力、勇气、韧性、忠诚、公平、冒险、快乐、温柔、友好、健忘、奉献、慷慨、活泼、快乐、爱、多愁善感、犹豫、幽默、怜悯、关心）是我们的明智之举。这本书的部分目的是试图说明，人类对自身实际拥有的和幻想中的知识力量的迷恋是多么复杂、多么不理性、多么令人厌烦，甚至有时是多么危险，并在此过程中感谢思想家们的工作（我的个人名单包括伊拉斯谟、蒙田、休谟、詹姆斯和塞勒斯）。他们不仅明察秋毫，而且为人可亲可爱，但归根结底他们会把知道如何去爱人看得比对知识的爱更为重要。我们不应认为我们与知识的关系是不可改变的，但重要的是，我们要努力以更聪明的方式去对待不聪明的人。如果说羞耻的力量具有强大的毒性，那么作为最令人痛苦的一种脆弱的形式，感到羞耻这种状态也可能蕴藏着令人惊讶和危险的反抗力量。

知识阶层统治制度的另一个危险是，它为冲突的加剧打开了一扇大门，因为知识不仅成了一种需要争夺的资源，而且成了一种可以利用的工具。知识就是力量这一原则，既可以表示知识是"权力"（指各种既定的或国家的权力）维护其统治的一种手段，也可以表示知识是可以英勇地对抗这种权力的一种手段。但重要的是要认识到，随着知识在各个方面不断增长，知识在任何地方都是力量，对每个拥有知识的人来说都是力量。例如，知识产权方面的紧张局势和冲突正在日益加剧，因为它们涉及药品专利、软件、音乐和其他文化产品的所有权等问题，已经过于复杂，涉及太多利益集团的竞争，无法将其浪漫地简化为企业和大众之间的斗争。[43]在缺乏为了和平而牺牲真理的意愿的情况下，很难看出有什么能够干预，以防止认知上的竞争和敌意的升级，这种对抗甚至在特朗普当选和英国脱欧公投之前就已经存在了，成为大选的一大特色。知识的增长可能不仅仅是通过增加个人的知识和知道如何获取知识来实现的，知识的增长还会增加"揭露"和"生产"知识的机会和欲望。在塔勒布看来，知识阶层统治制度的机会——一种谨慎而实用的自我限制的知识模式——目前看来是有限的。

知识的生产

"知识生产（knowledge production）"一词表明了上述这一点，在我有生之年，这个短语听起来不再奇怪了。并不是所有的人类时代和社会都相信知识的无限可生产性，这正是为什么大多数人类团体如此关注知识的再生产。事实上，似乎大多数对知识的时间性有抽象概念的人类群体都倾向于看到知识稳步地占据一个有限的可知空间，或使自然适应于人类，而不是任由它向外扩展到一个无限的空间，就像一个火车头在它面前铺开自己的轨道。我们以前以为地球上的一切其他资源都是无限的，但现在我们不得不痛苦地加以调整，接受了地球资源是有限的，而在这个时期，这种观念竟显得很自然，这真奇怪。人们肯定会怀疑这里的某种认识论的补偿原则，好像知识需要召唤出一个拥有超能力的幻想的替身，来弥补它忧郁地被迫认识到的有限性。对知识生产的无限视野的展望，可能代表了一种对无限提升自我的神一般的幻想，这是一种陶醉，尽管看起来是内在固有的，但结果并不总是好的。

同时，知识和知识关系的表演（表现）有着悠久的历史，其中一些在本书的章节中已经被探讨过。这可能意味着，认知与某种戏剧表现是分不开的。知识从来没有在这里或那里，在它应该在的地方。它需要舞台、仪式、模仿、传输、造型、剧本、场景和木偶戏来代替它出现在此时此地。被亚里士多德视为首要的求知欲望，现在却无休止地堕落为使认识成为可能的欲望。总要有某种形式来表现知识，有一些情节、人物刻画和场景布置。在前面的章节中，我们已经探讨了其中的一些场景：在控制宏观世界的苍白圆圈的浮士德幻影中；在精神分析的私人密室里进行的心灵探索和心灵手术；神秘的戏剧和烟雾缭绕的秘密之地；在对抗性法庭和公审中，知识被要求承认自己；荒原和荒野，迷雾和沼泽，以及未知的狡猾走廊；在书房、教室、图书馆、实验室和报告厅里，表演停止了，或者必须继续。我们可以用各种各样的方式和手段来"投资"知识——无论是服装、心理、军事还是经济。这本书中最引人注目的是，它的所有讨论都依赖于书本身的幻象时空，我们最熟悉和最成熟的人工智能形式，它将知识解析成它的地点、场合和语言的各种词类，推演出它的假设、语言中表示场所和时间的介词和后置词。

  这里所写的一切都不意味着我们应该削弱拓宽、使我们的知识多样化和更加精确的决心，也不意味着我们应该通过教育将知识普及到更多的人。事实上，我曾试图证明，我们社会对知识的依赖使无知成为前所未有的一种贫困。但应该指出的是，我们也许需要比现在更谨慎地去研究我们已经在知识观念中进行了的情感投资，它表达了一种模糊的希望，即我们知道真正的知识意味着什么，当我们看到它时，我们就会认出它，同时也表明了一种不安的意识，即知识可以做许多不可预测和棘手的事情。[44] 20多年前，尼科·斯特尔在知识社会概念形成之初所坚持的观点，如今显得比以往任何时候都更加正确：

> 现代社会将知识置于中心地位的现有理论最严重的理论缺陷是……他们对关键因素，也就是知识本身，没有区别对待……尽管建立了知识社会学，我们对知识的了解并不精密或全面。[45]

我们对了解无意识的知识很有信心,但是几乎没有开始掌握知识的无意识。知识的疯狂有许多不同的形式,但是也许它们都是围绕着同一种形式的疯狂,即拉丁文"sanus"的字面意义:不健全、不完整。也许可以通过改编尼采的《论道德的谱系》第三章的开场白将其表达出来:我们拥有的知识越多,我们对它的了解就越少。[46]这可能是一种知识的不可弥补的不完整性,它将永远使我们处于疯狂失控的状态,因为知识的终结就相当于我们的终结。

很可能在许多世纪以前,我们就已经达到了人类个体可能知道和知道如何做的操作极限,这意味着人类知识的任何增加都必须完全发生在我们集体的或可传播的知识储备中,我们无法再"知道"(用的是"know"这个词旧时的、表示所属关系的意义)更多的事物了。我们在此刻比以往任何时候都更加依赖知识和认知手段的增加和强化。比如,我们已经意识到生存于地球上,有些限制是无法超越的,但我们比以往还要更加狂热地、忘乎所以地投入寻找方法来超越这些限制的赌博中去。对知识的这种依赖一如既往地使我们变得更强大同时又变得更羸弱。如果我们的社会组织行为形式使我们无法像以往那样依靠疾病免疫模式,那么我们将更依赖医学专业知识和经济投资走在抗病原体抗性的前面。我们彼此的生活——在政治、军事、医疗、环境等方方面面——前所未有地、越来越紧密地联系在一起,从而产生了风险,防范这种风险的唯一措施是不断进行更广泛的、更紧密的知识上的联系。这些是我们需要努力解决的技术难题。

我试图通过这本书,使认识论问题与认识感知问题保持一种战略上的分离,认识论问题是关于我们能知道什么,而认识感知问题是关于我们对知识的梦想、恐惧和欲望——我们对知识的根深蒂固的理想化和投入，对秘密、掌控和探索的渴望，我们在区分知识与竞争、争论时遇到的困难，我们对幻想中的无知状态奇怪地混合在一起的渴望和厌恶，我们对知识的崇敬体现在我们建造的场所和空间中（以及我们与客观世界的关系中）。我在区分知识和知识感受的过程中，越来越意识到我们需要更好地理解和处理我们的发展雄心和奋斗历史，就好像它是已知和可知世界的一部分一样。也许我们的生存能力和福祉不会比以前更为缺失，但我们也许不应该冒险假设这些会更少。知识通常是令人振奋的、吸引人的、诚实的、治愈的、解放的、扩大的、有用的、使人有能力的、和平的、有尊严的、有节制的和文明的。在很多时候，它也是贪婪的、傲慢的、好斗的、夸大的、自负的、强迫的、奴役的、好战的、短视的、殖民的、瘫痪的、保守的、狡猾的、懦弱的、懒惰的和无法控制的。

在本书中，我自始至终都认为，人类知识经验的显著特点是难以了解自己的知识——不仅难以确定自己的知识程度，还难以描述认知过程中所产生的感觉。我至少可以在某种程度上知道我知道什么和如何知道，但似乎很难搞清楚我认知的过程。正如大卫·休谟所指出的那样，认知的困难与感觉的困难是相似的。我可以感觉到寒冷、发痒或悲伤，但我不能感觉到我对这些事物的感觉。同样，我可以知道如何骑自行车、在巴黎要一份煎蛋饼、交流热力学第二定律，但知道我知道这些事情（与我对它们的学习、记忆或交流相对）并不是我能自然或轻松地感受到或做到的。知道我所知道的充其量只是一个假设，即在给定的条件下，我可能会做什么。很难说拥有任何一种形式的认知经验会有什么意义。知识本质上的不可知性使人类被迫通过各种符号和替代物来寻求和维持与自身知识的关系。正如在身体中有一种"感觉移位"作为对没有神经的器官（例如心脏病发作时的左臂）的替代疼痛，也可能有认知过程的知识移位。这本书的大部分内容都是关于这些移位的形式。

人类在农业领域的反思、观察、发现、学习和记忆的思维功能可能比其他任何领域都更发达，它们对早期人类定居式的生存无疑更为重要。知道如何种植/发展作物/事物成为我们所谓的人类文化/种植业的关键技能：人类种植知识的增长大大加速了人类知识的增长。由于需要对农业技能记录成文，这促进了写作文字的发展，文字记录又进一步增加了对农业技能的认知能力。在一个地方耕种而不是易地寻找新资源需要通过口述和解释将知识流传下去，这就需要某种能表示知识的形象符号（也许最初是表示数量的符号），这些符号逐渐发展成文字。口头语言是游牧的，而文字是定居民族的必需品，因为他们需要并能够保留、回忆、传播甚至改变更多关于他们所处环境的知识。如果要形成一个能进行生产的居住环境，那么这个环境中的居民就必须能运筹帷幄，精于计算。游牧生活当然也需谋划和计算，但这些都是群体做出生存选择固有的结果，而这些选择很可能只是一种惯性。游牧民族能够在游牧环境中生存，本身就是环境谋算后的选择，而定居民族则可以进行抽象的计算。要么走向四面八方，要么获得知识。也许这就是为什么我们的大学里有所谓的教席（Chairs，字面意思为椅子），为什么无所不知的上帝通常被描绘成端坐而不是奔跑的形象。

农业使文化，也就是所谓的第二个自然，成为可能和一种必然。令人吃惊的是，许多关于认知过程的工作，特别是当它们涉及书面表达时，仍然隐约透露出与农业和园艺的联系。神学院（seminary）最初指播种种子（seed）的一块土地；表示苗圃和托儿所的单词"nursery"，源于拉丁语"nutrio"，表示滋养和养育

（nourish）的意思，同样，"alumnus（男校友）"和"alma mater（母校）"源自"alere"，意为喂养或供养；"riddle（谜语）"和"reading（阅读）"让人联想到"sieve（筛子）"是如何操作的；花园是植物的图书馆，图书馆和作品选集就是图书的花园，书页就是田地。人类文化的触角似乎不断延伸出外太空，这甚至掩盖了一个事实：我们像以往一样依赖于地球从太阳那里获取能量。看来生物化学很可能需要补充甚至取代种植业，工业和农业之间的旧划分已失去意义。但是，随着工程学——维持和改变物理的、生物的、心理的和象征性的生存条件——成为人类普遍的职业，我们将比以往任何时候都更需要小心地进行知识的生产。为此，我们可能需要更多地了解知识对我们这些潜在的知者来说意味着什么。

参考资料

引 言

1 Anon.,'Jean Paul', *English Review*, vii (1847), p. 296.
2 Ralph Cudworth,*A Treatise Concerning Eternaland Immutable Morality* (London, 1731), p. 272.
3 James iv of Scotland, *Daemonologie in Forme of a Dialogue* (Edinburgh, 1597); Thomas Heywood, *Troia Britanica; or, Great Britaines Troy* (London, 1609), p. 288; Guy Miège, *A Dictionary of Barbarous French; or, A Collection, by Way of Alphabet, of Obsolete, Provincial, Mis-spelt, and Made Words in French* (London, 1679), sig. m2v.
4 Aristotle, *Metaphysics, Books i–ix*, trans. Hugh Tredennick (Cambridge, ma, and London, 1933), p. 3.
5 Jacques Lacan, *The Seminar of Jacques Lacan*, Book xx: *Encore: On Feminine Sexuality, The Limits of Love and Knowledge, 1972–1973*, ed.Jacques-Alain Miller, trans. Bruce Fink (New York, 1998), p. 121.
6 Peter Sloterdijk, *You Must Change Your Life*, trans. Wieland Hoban (Cambridge, 2013), pp. 83–106.
7 'Occasional Notes', *Pall Mall Gazette*, xl/6197 (21 January 1885), p. 3.
8 'A Merry Medico', *Punch*, lxxxviii (17 January 1885), p. 26.
9 Sigmund Koch,'The Nature and Limits of Psychological Knowledge: Lessons of a Century Qua"Science"',*American Psychologist, xxxvi* (1981), p. 258.
10 Sigmund Koch,'Psychology's Bridgman vs Bridgman's Bridgman: An Essay in Reconstruction', *Theory and Psychology*, ii (1992), p. 262.
11 David Hume, *A Treatise of Human Nature*, ed. Ernest C. Mossner (London,

1985), p. 462.
12 William James, *The Meaning of Truth: A Sequel to 'Pragmatism'* (New York, 1909), p. 120.
13 Peter H. Spader, 'Phenomenology and the Claiming of Essential Knowledge', *Husserl Studies*, xi (1995), pp. 169–199.
14 Ernst Cassirer, *The Philosophy of Symbolic Forms*, vol. iii: *The Phenomenology of Knowledge*, trans. Ralph Manheim (New Haven, ct, 1957), p. xiv.
15 Francis Bacon, *The New Organon*, ed. Lisa Jardine and Michael Silverthorne (Cambridge, 2000), p. 44.
16 Sigmund Freud, *The Standard Edition of the Complete Psychological Works of Sigmund Freud*, 24 vols, ed. and trans. James Strachey et al. (London, 1953–1974), vol. xiii, p. 84.
17 Francis Quarles, *Emblemes* (Cambridge, 1643), p. 19.
18 Jerome S. Bruner, Jacqueline J. Goodnow and George A. Austin, *A Study of Thinking* (New Brunswick, nj, 1986), p. 12; Niklas Luhmann, *Introduction to Systems Theory*, ed. Dirk Baecker, trans. Peter Gilgen (Cambridge and Malden, ma, 2013), p. 121.
19 T. S. Eliot, 'Gerontion', *Complete Poems and Plays* (London, 1969), p. 38.
20 Michele G. Sforza, 'Epistemophily-Epistemopathy: Use of the Internet between Normality and Disease', *Psychoanalysis, Identity and the Internet*, ed. Andrea Marzi (London, 2016), pp. 181–207.
21 Randall Styers, *Making Magic: Religion, Magic, and Science in the Modern World* (Oxford and New York, 2004), p. 16.
22 Samuel Beckett, *Company. Ill Seen Ill Said. Worstward Ho. Stirrings Still*, ed. Dirk van Hulle (London, 2009), p. 8.
23 Richard Rorty, *Contingency, Irony, and Solidarity* (Cambridge, 1989), p. 21.
24 Michel Foucault, 'The Order of Discourse', *Untying the Text*, ed. Robert Young (Boston, London and Henley, 1981), p. 60.
25 Slavoj Žižek, *The Sublime Object of Ideology* (London, 1989), p. 21.
26 Michel Serres, *L'Incandescent* (Paris, 2003), p. 141 (my translation).
27 Jacques Lacan, *The Seminar of Jacques Lacan*, Book xi: *The Four*

Fundamental Concepts of Psychoanalysis, ed.Jacques-Alain Miller, trans. Alan Sheridan (New York and London, 1998), p. 232.
28 Steven Connor, 'Collective Emotions: Reasons to Feel Doubtful' (2013), http://stevenconnor.com/collective.html.
29 Lawrence Friedman, 'Drives and Knowledge – A Speculation', *Journal of the American Psychoanalytic Association*, xvi (1968), p. 88.
30 Ibid., p. 82.
31 Ibid., p. 93.
32 Bruno van Swinderen, 'The Remote Roots of Consciousness in Fruit-fly Selective Attention?', *Bioessays*, xxvii (2005), pp. 321–330.
33 Jakob von Uexküll, *A Foray into the Worlds of Animals and Humans, with 'A Theory of Meaning'*, ed. Dorion Sagan, trans. Joseph D. O'Neil (Minneapolis, mn, and London, 2010).
34 The Holy Bible... *Made from the Latin Vulgate by John Wycliffe and his Followers*, ed. Josiah Forshall and Frederic Madden, 4 vols (Oxford, 1850), vol. i, p. 85.
35 Sigmund Freud, *The Standard Edition*, vol. xviii, p. 38.
36 Philip Larkin, *Collected Poems*, ed. Anthony Thwaite (London, 1988), p. 208.
37 John Dryden, *The Works of John Dryden, vol. xv: Plays: Amboyna, The State of Innocence, Aureng-Zebe*, ed. Vinton A. Dearing (Berkeley, ca, and London, 1994), p. 209.
38 E. Nesbit, 'The Things That Matter', *The Rainbow and the Rose* (London, New York and Bombay, 1905), p. 5.
39 W. R. Bion, 'A Theory of Thinking', *Second Thoughts: Selected Papers on Pyscho-Analysis* (London, 1984), pp. 110–119.
40 Samuel Beckett, *Samuel Beckett's Mal Vu Mal Dit/Ill Seen Ill Said: References A Bilingual, Evolutionary, and Synoptic Variorum Edition*, ed. Charles Krance (New York and London, 1996), p. 33.
41 Ibid., p. 32.
42 Samuel Beckett, *Complete Dramatic Works* (London, 1986), p. 148.
43 I. A. Richards, *Science and Poetry* (London, 1926), p. 25. References, to sp, in the text hereafter.

第一章 求知的意志

1 Michel Serres, *Statues: Le Second Livre defondations* (Paris, 1987), p. 209 (my translation).
2 Michel Serres, *Statues: The Second Book of Foundations*, trans. Randolph Burks (London, 2015), p. 119.
3 John Milton, *Paradise Lost*, ed. Stephen Orgel and Jonathan Goldberg (Oxford, 2008), p. 224.
4 Francis Bacon, *The New Organon*, ed. Lisa Jardine and Michael Silverthorne (Cambridge, 2000), p. 24.
5 Samuel Beckett, *The Unnamable*, ed. Steven Connor (London, 2010), pp. 37–38.
6 Bacon, *New Organon*, p. 24.
7 Arthur Schopenhauer, *The World as Will and Representation*, 2 vols, trans. E.F.J. Payne (New York, 1969), vol. i, p. 149. References, to wwr, in the text hereafter.
8 Friedrich Nietzsche, *The Will to Power: Selections from the Notebooks of the 1880s*, ed. R. Kevin Hill, trans. R. Kevin Hill and Michael A. Scarpitti (London, 2017), p. 286. References, to wp, in the text hereafter.
9 Samuel Beckett, *Disjecta: Miscellaneous Writings and a Dramatic Fragment*, ed. Ruby Cohn (London, 1983), p. 86.
10 Michel Serres, *Malfeasance: Appropriation through Pollution?*, trans. Anne-Marie Feenberg-Dibon (Stanford, ca, 2010).
11 Michel Foucault, *Power/Knowledge: Selected Interviews and Other Writings, 1972–1977*, ed. Colin Gordon, trans. Colin Gordon, Leo Marshall, John Mepham and Kate Soper (New York, 1980), p. 132.
12 Ibid., p. 133.
13 Ibid., pp. 53–54.
14 Rex Welshon, 'Saying Yes to Reality: Skepticism, Antirealism, and Perspectivism in Nietzsche's Epistemology', *Journal of Nietzsche Studies*, xxxvii (2009), p. 24.
15 Friedrich Nietzsche, *On the Genealogy of Morality*, ed. Keith Ansell-Pearson, trans. Carole Diethe (Cambridge, 2006), p. 4.
16 Peter Bornedal, *The Surface and the Abyss: Nietzsche as Philosopher of*

Mind and Knowledge (Berlin and New York, 2010), p. 32.

17 Rex Welshon, 'Saying Yes to Reality: Skepticism, Antirealism, and Perspectivism in Nietzsche's Epistemology', *Journal of Nietzsche Studies*, xxxvii (2009), p. 23.

18 Friedrich Nietzsche, *On the Genealogy of Morality*, ed. Keith Ansell-Pearson, trans. Carole Diethe (Cambridge, 2006), p. 87.

19 Ibid.

20 Peter Sloterdijk, *You Must Change Your Life*, trans. Wieland Hoban (Cambridge and Malden, ma, 2013), pp. 8–10.

21 Christopher Marlowe, *Doctor Faustus and Other Plays*, ed. David Bevington and Eric Rasmussen (Oxford, 2008), p. 140.

22 Ibid., p. 142.

23 Ibid., pp. 140–141.

24 Arthur Lindley, 'The Unbeing of the Overreacher: Proteanism and the Marlovian Hero', *Modern Language Review*, lxxxiv (1989), p. 1.

25 Karl P. Wentersdorf, 'Some Observations on the Historical Faust', *Folklore*, lxxxix (1978), p. 210.

26 Ibid., p. 205.

27 François Ost and Laurent van Eynde, *Faust: ou les Frontières du Savoir* (Brussels, 2002), p. 8 (my translation).

28 Ibid.

29 Ibid.

30 Oswald Spengler, *The Decline of the West, vol. i: Form and Actuality*, trans. Charles Frances Atkinson (London, 1926), p. 75. References, to dw, in the text hereafter.

31 W. B. Yeats, 'An Irish Airman Foresees His Death', *The Poems*, ed. Richard J. Finneran (New York, 1997), p. 136.

32 Oswald Spengler, *Selected Essays*, trans. Donald O. White (Chicago, il, 1967), p. 145. References, to *SESS*, in the text hereafter.

33 C. G. Jung, *Freud and Psychoanalysis: Collected Works*, trans. R.F.C. Hull (London, 1961), vol. iv, p. 247.

34 C. G. Jung, *The Psychogenesis of Mental Disease: Collected Works*, trans.

R.F.C. Hull (London, 1960), vol. iii, p. 190.
35 A. A. Roback, *History of American Psychology* (New York, 1952), p. 259.
36 William McDougall,*An Outline of Abnormal Psychology*, 6th edn (London, 1948), p. 232.
37 Sigmund Freud, *The Standard Edition of the Complete Psychological Works of Sigmund Freud*, ed. and trans.James Strachey et al., 24 vols (London, 1953–1974), vol. ix, pp. 197–198. References, to se, in the text hereafter. Sigmund Freud, *Gesammelte Werke*, ed. Anna Freud et al., 18 vols (London, 1991), vol. viii, p. 162. References, to gw, in the text hereafter.
38 Hyginus (Gaius Julius Hyginus), *Fabulae*, ed. Maurice Schmidt (Jena, 1872), p. 130.
39 Seneca the Younger (Lucius Annaeus Seneca), *Epistles 93–124*, trans. Richard M. Gummere (Cambridge, ma, and London, 1925), pp. 444–445.
40 Martin Heidegger, *Being and Time*, trans.John Macquarrie and Edward Robinson (Oxford, 1962), p. 243.
41 Edmund Burke,*A Philosophical Enquiry into the Origin of Our Ideas of the Sublime and Beautiful*, ed. Adam Phillips (Oxford, 2008), p. 29.
42 Ibid.
43 Samuel Beckett, *Molloy*, ed. Shane Weller (London, 2009), p. 177.
44 Guy de Chauliac, *The Cyrurgie of Guy de Chauliac*, ed. M. S. Ogden (London, 1971), p. 117.
45 Philip Larkin,'An Arundel Tomb', *Collected Poems*, ed. Anthony Thwaite (London, 1988), p. 111.

第二章　认识你自己

1 Pausanias, *Description of Greece*, Book 8, trans. W.H.S.Jones (Cambridge, ma, and London, 1935), p. 507.
2 Plato, *Euthyphro. Apology. Crito. Phaedo. Phaedrus*, trans. Harold North Fowler (Cambridge, ma, and London, 2005), p. 421.
3 Ibid., pp. 421–423.
4 Sir John Davies, *Complete Poems*, ed. Alexander B. Grosart, 2 vols (London, 1876), vol. i, p. 43.

5 Ibid., vol. i, p. 120.
6 Ibid., vol. i, p. lxxvii.
7 T. S. Eliot,'Sir John Davies', *Elizabethan Poetry: Modern Essays in Criticism*, ed. Paul J. Alpers (New York, 1967), p. 325.
8 James L. Sanderson, *Sir John Davies* (Boston, ma, 1975), p. 127.
9 Sir John Davies, *Complete Poems*, vol. i, pp. 15–16.
10 Ibid., p. 16.
11 Louis I. Bredvold,'The Sources Used by Davies in *Nosce Teipsum*', *PMLA*, xxxviii (1923), pp. 745–769; George T. Buckley,'The Indebtedness of *Nosce Teipsum* to Mornay's *Trunesse of the Christian Religion*', *Modern Philology*, xxv (1927), pp. 67–78.
12 Sir John Davies, *Complete Poems*, vol. i, p. 21.
13 Ibid.
14 Ibid.
15 Philip Skelton, *Complete Works*, ed. Robert Lynam, 6 vols (London, 1824), vol. vi, p. 201.
16 Fulke Greville, *The Complete Poems and Plays of Fulke Greville, Lord Brooke (1554–1628)*, 2 vols, ed. G. A. Wilkes (Lewiston, Queenston and Lampeter, 2008), vol. ii, p. 273.
17 Ibid.
18 Ibid., vol. ii, p. 274.
19 Ibid., vol. ii, p. 303.
20 Ibid.
21 Anne S. Chapple,'Robert Burton's Geography of Melancholy', *Studies in English Literature, 1500–1900*, xxxiii (1993), pp. 99–130.
22 Robert Burton, *The Anatomy of Melancholy*, ed. Thomas C. Faulkner, Nicolas K. Kiessling and Rhonda L. Blair, 6 vols (Oxford, 1989–2000), vol. i, p. 24.
23 Richard Hedgerson,'Epilogue: The Folly of Maps and Modernity', *Literature, Mapping and the Politics of Space in Early Modern Britain*, ed. Andrew Gordon and Bernhard Klein (Cambridge, 2001), p. 243.
24 Ayesha Ramachandran, *The Worldmakers: Global Imagining in Early Modern Europe* (Chicago, il, 2015), p. 224.

25 Pedanius Dioscorides of Anazarbos, *De Materia Medica: Being an Herbal with Many Other Medicinal Materials*, trans. T. A. Osbaldeston and R.P.A. Wood (Johannesburg, 2000), p. 706.
26 Ibid., p. 707.
27 Burton,*Anatomy of Melancholy*, vol. i, p. lxii.
28 William Alley, *Ptochomuseion: The Poore Mans Librarie* (London, 1565), fol. 126v; A. M., *The Reformed Gentleman; or, The Old English Morals Rescued from the Immoralities of the Present Age* . . . (London, 1693), p. 4.
29 Timothy Bright,*A Treatise, Wherein is Declared the Sufficiencie of English Medicines,for Cure of All Diseases, Cured with Medicines* (London, 1615), p. 17.
30 Thomas Pope Blount, *Essays on Several Subjects* (London, 1692), p. 162.
31 Lionardo Di Capua, *The Uncertainty of the Art of Physick: together with an Account of the Innumerable Abuses Practised by the Professors of That Art*, trans.J. L. (London, 1684), p. 47.
32 Burton,*Anatomy of Melancholy*, vol. i, pp. 100–101.
33 Ibid., vol. i, p. 115.
34 Ibid., vol. i, p. 58.
35 Stephen Frosh, *For and Against Psychoanalysis*, 2nd edn (London, 2006), pp. 29–81.
36 Quoted in Darius Gray Ornston,'The Invention of"Cathexis"', *International Review of Psycho-Analysis*, xii (1985), pp. 391–8, p. 393.
37 Peter T. Hoffer,'Reflections on Cathexis', *Psychoanalytic Quarterly*, lxxiv (2005), p. 1129.
38 Adam Phillips,'Psychoanalysis and Education', *Psychoanalytic Review*, xci (2004), p. 786.
39 Sigmund Freud, *The Standard Edition of the Complete Psychological Works of Sigmund Freud*, 24 vols, ed. and trans.James Strachey et al. (London, 1953–1974), vol. xix, p. 216. References, to se, in the text hereafter.
40 Ernest Jones et al.,'Discussion: Lay Analysis', *International Journal of Psycho-Analysis*, viii (1927), p. 265.
41 Sigmund Freud, *Gesammelte Werke*, ed. Anna Freud et al., 18 vols (London, 1991), vol. ix, p. 105. References, to gw, in the text hereafter.

42 Sigmund Freud, *The Correspondence of Sigmund Freud and Sándor Ferenczi*, vol. i: *1908–1914*, ed. Eva Brabant, Ernst Falzeder and Patrizia Giampieri- Deutsch, trans. Peter T. Hoffer (Cambridge, ma, and London, 1993), p. 457.
43 Sigmund Freud and Sándor Ferenczi, *Briefwechsel*, Band i.2: 1912–1914, ed. Eva Brabant, Ernst Falzeder and Patrizia Giampieri-Deutsch (Vienna, Cologne and Weimar, 1993), p. 185.
44 Ibid.
45 Johann Wolfgang Goethe, *Faust: Der Tragödie Erster Teil* (Stuttgart, 1956), p. 9 (my translation).
46 C. G.Jung, *Memories, Dreams, Reflections*, ed. Aniela Jaffé, trans Richard and Clara Winston (London, 1963), pp. 147–148.
47 Ibid., p. 148.
48 Ibid., pp. 147–148.
49 Sándor Ferenczi, *First Contributions to Psycho-Analysis*, trans. Ernest Jones (London, 1952), p. 241. References, to fc, in the text hereafter.
50 Bertram D. Lewin,'Education or the Quest for Omniscience',*Journal of the American Psychoanalytic Association*, vi (1958), p. 395.
51 Bertram D. Lewin,'Some Observations on Knowledge, Belief and the Impulse to Know', *InternationalJournal of Psycho-Analysis*, xx (1939), p. 429.
52 Ibid., pp. 429–430.
53 Bertram D. Lewin,'Education or the Quest for Omniscience',*Journal of the American Psychoanalytic Association*, vi (1958), p. 395.
54 Ibid., p. 410.
55 Melanie Klein, *Love, Guilt and Reparation, and Other Works, 1921–1945* (London, 1998), p. 70. References, to lgr, in the text hereafter.
56 Ernest Gellner, *The Psychoanalytic Movement: The Cunning of Unreason*, 2nd edn (London, 1993), p. 124.
57 Ibid.
58 Rachel Bowlby, *Freudian Mythologies: Greek Tragedy and Modern Identities* (Oxford, 2009), p. 124.
59 Julia Kristeva,'The Need to Believe and the Desire to Know, Today',

Psychoanalysis, Monotheism and Morality: Symposia of the Sigmund Freud Museum 2009–2011, ed. Wolfgang Müller-Funk, Ingrid Scholz-Strasser and Herman Westerink (Leuven, 2013), p. 79.

60 Sophia de Mijolla-Mellor, *Le Besoin de savoir: Théories et mythes magico-sexuels dans l'enfance* (Paris, 2002), p. 4 (my translation).

61 Liran Razinsky, *Freud, Psychoanalysis and Death* (Cambridge, 2013), p. 39.

62 Mary Chadwick, 'Notes upon the Acquisition of Knowledge', *Psychoanalytic Review*, xiii (1926), pp. 257–280, pp. 267–269.

63 Ibid., p. 279.

64 Mary Chadwick, *Difficulties of Child Development* (London, 1928), pp. 371–372.

65 Marie-Hélène Huet, *Monstrous Imagination* (Cambridge, ma, 1993), p. 5.

66 Mary Chadwick, 'Notes upon the Acquisition of Knowledge', *Psychoanalytic Review*, xiii (1926), p. 269.

67 M. B. Bill, 'Delusions of Doubt', *Popular Science Monthly*, xxi (1882), p. 788.

68 Mary Chadwick, *Adolescent Girlhood* (London, 1932), p. 233.

69 Mary Chadwick, 'A Case of Kleptomania in a Girl of Ten Years', *International Journal of Psycho-Analysis*, vi (1925), p. 311.

70 Ibid., p. 312.

71 Mary Chadwick, 'Im Zoologischen Garten', *Zeitschrift für psychoanalytische Pädagogik*, iii (1929), pp. 235–236 (my translation). References, to 'izg', in the text hereafter.

72 Mary Chadwick, *Difficulties of Child Development* (London, 1928), p. 364.

73 Susan Stanford Friedman, *Analyzing Freud: Letters of H.D., Bryher, and their Circle* (New York, 2002), p. 100.

74 Ibid., p. 188, p. 142.

75 Rachel B. Blass, 'Psychoanalytic Understanding of the Desire for Knowledge as Reflected in Freud's *Leonardo da Vinci and a Memory of his Childhood*', *International Journal of Psycho-Analysis*, lxxxvii (2006), p. 1269. References, to 'dk', in the text hereafter.

76 Ludwig Wittgenstein, *Philosophical Occasions*, 1912–1951, ed. James C. Klagge and Alfred Nordmann, trans. various (Indianapolis, in, and

Cambridge, ma, 1993), p. 125.
77 John Farrell, *Freud's Paranoid Quest: Psychoanalysis and Modern Suspicion* (New York and London, 1996), p. 46.
78 Steven Connor, *Dream Machines* (London, 2017), pp. 61–63.
79 W. R. Bion, *Attention and Interpretation: A Scientific Approach to Insight in Psycho-Analysis and Groups*, in *The Complete Works of W. R. Bion*, ed. Chris Mawson (London, 2014), vol. vi, pp. 242–243.
80 W. R. Bion, *Second Thoughts: Selected Papers on Psycho-Analysis* (London, 1967), pp. 93–109.
81 Ibid., p. 165.
82 W. R. Bion, *Learning from Experience* (London, 1962), p. 36.
83 W. R. Bion, *A Memoir of the Future*, Book One: *The Dream*, in *The Complete Works of W. R. Bion*, ed. Chris Mawson (London, 2014), vol. xii, p. 45.
84 Ernest Gellner, *The Psychoanalytic Movement: The Cunning of Unreason*, 2nd edn (London, 1993), p. 3.

第三章　知识的秘密性

1 Richard Dawkins, 'Theology Has No Place in a University', Letters to the Editor, *The Independent*, 6539 (1 October 2007), p. 30.
2 Peter Sloterdijk, *You Must Change Your Life*, trans. Wieland Hoban (Cambridge and Malden, ma, 2013), pp. 83–107.
3 Ibid., p. 34.
4 Wilhelm Reich, *The Mass Psychology of Fascism*, trans. Vincent R. Carfagno, ed. Mary Higgins and Chester M. Raphael (New York, 1970), pp. 115–142.
5 Sigmund Freud, *The Standard Edition of the Complete Psychological Works of Sigmund Freud*, 24 vols, ed. and trans. James Strachey et al. (London, 1953–74), vol. xiv, p. 76.
6 E. M. Cioran, *Drawn and Quartered*, trans. Richard Howard (New York, 1983), p. 82.
7 *The Owl and the Nightingale: Text and Translation*, ed. Neil Cartlidge (Exeter, 2008), p. 34.
8 Anon., *The Kalender of Shepherdes: the edition of Paris 1503 in*

photographic facsimile: afaithful reprint of R. Pynson's edition of London 1506, 3 vols, ed. H. Oskar Sommer (London, 1872), vol. iii, p. 180.

9 Samuel Taylor Coleridge,'Frost at Midnight', *The Major Works*, ed. H.J.Jackson (Oxford, 2008), p. 87.

10 James Joyce, *A Portrait of the Artist as a Young Man*, ed. Seamus Deane (London, 1992), p. 43.

11 James Joyce, *Ulysses: The 1922 Text*, ed.Jeri Johnson (Oxford, 2008), p. 274.

12 Sigmund Freud, *The Standard Edition*, vol. xvii, pp. 224–225.

13 Ibid., p. 225.

14 John Palsgrave, *Lesclarcissement de la Langue Francoyse* (London, 1530), fol. cclxxiii(v).

15 Thomas More, *The Debellacyon of Salem and Bizance* (London, 1533), sig. o3r.

16 Francis Bacon, *The Essays*, ed.John Pitcher (London, 1985), p. 126.

17 Steven Connor,'Channels'(2013),www.stevenconnor.com/channels.html.

18 Emily Dickinson, *Complete Poems*, ed. Thomas H.Johnson (London, 1975), p. 620.

19 Edward W. Legg and Nicola S. Clayton,'Eurasian Jays (*Garrulus glandarius*) Conceal Caches from Onlookers', *Animal Cognition*, xvii (2014), pp. 1223–1226.

20 Alex Posecznik,'On Anthropological Secrets',www.anthronow.com, 1 October 2009.

21 'Secret Intelligence Service'(n.d.), www.sis.gov.uk, accessed 23 September 2018.

22 Georg Simmel,'The Sociology of Secrecy and of Secret Societies', *American Journal of Sociology*, xi (1906), p. 452. References, to'ss', in the text hereafter.

23 Evelyn Lord, *The Hell-fire Clubs: Sex, Satanism and Secret Societies* (New Haven, ct, and London, 2009).

24 John Robison, *Proofs of a Conspiracy against All the Religions and Governments of Europe, Carried on in the Secret Meetings of Free Masons, Illuminati, and Reading Societies* (London and Edinburgh, 1797), pp. 11–12.

25 Ibid., pp. 25–26.

26 Neal Wilgus, *The Illuminoids: Secret Societies and Political Paranoia* (London, 1980).
27 Michel Foucault, *The History of Sexuality*, vol. i:*An Introduction*, trans. Robert Hurley (New York, 1980), p. 35.
28 Michael Taussig, *Defacement: Public Secrecy and the Labor of the Negative* (Stanford, ca, 1999), p. 51.
29 Samuel Beckett, *Murphy*, ed.J.C.C. Mays (London, 2009), p. 38.
30 Georg Simmel, *The View of Life: Four Metaphysical Essays with Journal Aphorisms*, trans. and ed.John A. Y. Andrews and Donald N. Levine (Chicago, il, and London, 2015), p. 5.
31 Procopius of Caesarea, *The Anecdota, or Secret History*, trans. H. B. Dewing (Cambridge, ma, and London, 1935), p. 5.
32 Procopius of Caesarea, *The Secret History of the Court of the Emperor Justinian* (London, 1674), p. 48.
33 Rebecca Bullard, *The Politics of Disclosure, 1674–1725: Secret History Narratives* (London, 2009), p. 37.
34 Melinda Alliker Rabb, *Satire and Secrecy in English Literature from 1650 to 1750* (Basingstoke, 2007), pp. 73–74.
35 Rebecca Bullard, *The Politics of Disclosure, 1674–1725: Secret History Narratives* (London, 2009), p. 11.
36 John Pudney, *The Smallest Room* (London, 1954), p. 33.
37 Ibid.
38 Samuel D. Warren and Louis D. Brandeis,'The Right to Privacy (The Implicit Made Explicit)', *Philosophical Dimensions of Privacy: An Anthology*, ed. Ferdinand David Schoeman (Cambridge, 1984), p. 76.
39 Ibid.
40 Ibid., p. 77.
41 Kocku von Stuckrad, *Western Esotericism: A Brief History of Secret Knowledge*, trans. Nicholas Goodrick-Clarke (London and Oakville, ct, 2005), p. 11.
42 Jan Assmann, *Religio Duplex: How the Enlightenment Reinvented Egyptian Religion*, trans. Robert Savage (Cambridge and Malden, ma, 2014), pp. 3–4.

43 Irenaeus, *The Writings of Irenaeus*, trans. Alexander Roberts and W. H. Rambaut, *Ante-Nicene Christian Library: Translations of the Writings of the Fathers Down to AD 325*, ed. Alexander Roberts and James Donaldson, vol. v, pt 1 (Edinburgh, 1868), p. 22.

44 Kocku von Stuckrad, *Western Esotericism: A Brief History of Secret Knowledge*, trans. Nicholas Goodrick-Clarke (London and Oakville, ct, 2005), p. 26.

45 Katherine Raine, 'Thomas Taylor, Plato, and the English Romantic Movement', *Sewanee Review*, lxxvi (1968), p. 231.

46 Tomas Taylor, *A Dissertation on the Eleusinian and Bacchic Mysteries* (Amsterdam, 1790), p. iii.

47 Ibid., pp. 52–53.

48 Ibid., p. 127.

49 Ibid., pp. iii–iv.

50 Margot K. Louis, 'Gods and Mysteries: The Revival of Paganism and the Remaking of Mythography through the Nineteenth Century', *Victorian Studies*, xlvii (2005), pp. 329–361.

51 Helena Petrovna Blavatsky, *The Secret Doctrine: The Synthesis of Science, Religion, and Philosophy*, 2 vols (London, 1888), vol. i, p. xxiii. References to sd, in the text hereafter.

52 W. B. Yeats, 'The Statues', *Collected Poems* (London, 1951), p. 323.

53 Peter Sloterdijk, *God's Zeal: The Battle of the Three Monotheisms*, trans. Wieland Hoban (Cambridge and Malden, ma, 2009), p. 130.

54 Ambrose Bierce, *The Devil's Dictionary* (London, 2008), p. 42.

55 Jonathan Black, *The Secret History of the World* (London, 2007), p. 20.

56 Ibid., p. 33.

57 Ibid., p. 34.

第四章 知识的问答

1 Walter J. Ong, *Fighting for Life: Contest, Sexuality, and Consciousness* (Amherst, ma, 1989), pp. 27–28.

2 Ibid., p. 35.

3   Shlomith Cohen, 'Connecting Through Riddles, or The Riddle of Connecting', *Untying the Knot: On Riddles and Other Enigmatic Modes*, ed. Galit Hasan-Rokem and David Shulman (New York and Oxford, 1996), p. 298.
4   Annikki Kaivola-Bregenhøj, *Riddles: Perspectives on the Use, Function and Change in a Folklore Genre* (Helsinki, 2016), p. 57.
5   Cora Diamond and Roger White, 'Riddles and Anselm's Riddle', *Proceedings of the Aristotelian Society*, li (1977), p. 145.
6   Emily Dickinson, 'The Riddle we can guess', *The Complete Poems*, ed. Thomas H. Johnson (London, 1975), p. 538.
7   Galileo Galilei, *Opere*, ed. Antonio Favoro, 20 vols (Florence, 1890–1909), vol. ix, p. 227 (my translation).
8   Cora Diamond and Roger White, 'Riddles and Anselm's Riddle', *Proceedings of the Aristotelian Society*, li (1977), p. 156.
9   Sophocles, *Ajax. Electra. Oedipus Tyrannus*, trans. Hugh Lloyd-Jones (Cambridge, ma, and London, 1997), pp. 363–365.
10 Ludwig Wittgenstein, *Tractatus Logico-Philosophicus*, trans. C. K. Ogden (London, 1960), p. 187.
11 Lee Haring, 'On Knowing the Answer', *Journal of American Folklore*, lxxxvii (1974), p. 197.
12 Ibid., pp. 200–202.
13 Ibid., p. 207.
14 John Blacking, 'The Social Value of Venda Riddles', *African Studies*, xx (1961), p. 3.
15 Ibid., p. 5.
16 Ibid.
17 Roger D. Abrahams, 'Introductory Remarks to a Rhetorical Theory of Folklore', *Journal of American Folklore*, lxxxi (1968), p. 150.
18 Ibid.
19 Rafat Borystawski, *The Old English Riddles and the Riddlic Elements of Old English Poetry* (Frankfurt am Main, 2004), p. 47.
20 Ibid., p. 8.
21 Ibid., p. 19.

22 Lewis Carroll,*Alice's Adventures in Wonderland and Through the Looking-Glass and What Alice Found There*, ed. Roger Lancelyn Green (Oxford, 1998), p. 63.
23 Johan Huizinga, *Homo Ludens: A Study of the Play Element in Culture*, trans. R.F.C. Hull (London, Boston and Henley, 1980), p. 108.
24 Roger D. Abrahams,'Introductory Remarks to a Rhetorical Theory of Folklore', *Journal of American Folklore*, lxxxi (1968), p. 156.
25 Rudolph Schevill,'Some Forms of the Riddle Question and the Exercise of the Wits in Popular Fiction and Formal Literature', *University of California Publications in Modern Philology*, ii (1911), pp. 204–205.
26 Plutarch, *Moralia*, trans. Frank Cole Babbitt (Cambridge, ma, and London, 1928), vol. ii, p. 375.
27 Ibid., p. 377.
28 Eleanor Cook, *Enigmas and Riddles in Literature* (Cambridge, 2006), pp. 7–26.
29 Galileo Galilei, *Opere*, ed. Antonio Favoro, 20 vols (Florence, 1890–1909), vol. ix, p. 227 (my translation).
30 Ella Köngäs Maranda,'The Logic of Riddles', *Structural Analysis of Oral Tradition*, ed. Pierre Maranda and Ella Köngäs Maranda   (Philadelphia, pa, 1971), p. 214.
31 Ibid., pp. 192–193.
32 Ian Hamnett,'Ambiguity, Classification and Change: The Function of Riddles', *Man*, new ser., ii/3 (1967), p. 379.
33 Matthew Marino,'The Literariness of the *Exeter Book* Riddles', *Neuphilologische Mitteilungen*, lxxix (1978), p. 265.
34 Ilan Amit,'Squaring the Circle', *Untying the Knot: On Riddles and Other Enigmatic Modes*, ed. Galit Hasan-Rokem and David Shulman (New York and Oxford, 1996), p. 284.
35 Huizinga, *Homo Ludens*, p. 112.
36 Daniel 2.5, T*he Holy Bible . . . Made from the Latin Vulgate by John Wycliffe and his Followers*, ed.Josiah Forshall and Frederic Madden, 4 vols (Oxford, 1850), vol. iii, p. 623; Claudius Hollyband, *The Treasurie of the French Tong*

(London, 1580), sig. o1r.
37 Huizinga, *Homo Ludens*, p. 108.
38 Sarah Iles Johnston, *Ancient Greek Divination* (Chichester, 2008), p. 56.
39 Huizinga, *Homo Ludens*, pp. 105–118.
40 Ibid.
41 Ibid., p. 110.
42 Walter J. Ong, *Fighting for Life: Contest, Sexuality, and Consciousness* (Amherst, ma, 1989), pp. 130–133.
43 Ibid., pp. 122–123.
44 Brian Tucker, *Reading Riddles: Rhetorics of Obscurity from Romanticism to Freud* (Lewisburg, ny, 2011); Daniel Tiffany, *Infidel Poetics: Riddles, Nightlife, Substance* (Chicago, il, and London, 2009).
45 Tucker, *Reading Riddles*, p. 168.
46 Donald Felipe, 'Post-Medieval Ars Disputandi', PhD dissertation, University of Texas (1991), p. 4, http://disputatioproject.files.wordpress.com.
47 Marcus Terentius Varro, *On the Latin Language*, trans. Roland G. Kent, 2 vols (Cambridge, ma, and London, 1938), vol. i, p. 231.
48 Ibid.
49 Ku-ming Chang, 'From Oral Disputation to Written Text: The Transformation of the Dissertation in Early Modern Europe', *History of Universities*, xix/2 (2004), p. 132.
50 Ibid., p. 140.
51 Ibid., pp. 133–134.
52 Robin Whelan, 'Surrogate Fathers: Imaginary Dialogue and Patristic Culture in Late Antiquity', *Early Modern Europe*, xxv (2017), p. 19.
53 Janneke Raaijmakers, 'I, Claudius: Self-styling in Early Medieval Debate', *Early Modern Europe*, xxv (2017), p. 84.
54 Graham Chapman, *The Complete Monty Python's Flying Circus: All the Words*, vol. ii (London, 1989), p. 88.
55 Jakob W. Feuerlein, *Regulaepraecipuae bonae disputationis academicae* (Göttingen, 1747), p. 5 (my translation).
56 William Clark, *Academic Charisma and the Origins of the Research*

University (Chicago, il, 2006), p. 79.

57 Walter J. Ong, *Fighting for Life: Contest, Sexuality, and Consciousness* (Amherst, ma, 1989), p. 127.

58 Joshua Rodda, *Public Religious Disputation in England, 1558–1626* (Farnham and Burlington, vt, 2014), pp. 74–78.

59 Ibid., p. 203.

60 Theophilus Higgons, *The First Motive of T. H. Maister of Arts, and Lately Minister, to Suspect the Integrity of his Religion which was Detection of Falsehood in D. Humfrey, D. Field, & other Learned Protestants . . .* (Douai, 1609), p. 52.

61 Ku-ming Chang, 'From Oral Disputation to Written Text: The Transformation of the Dissertation in Early Modern Europe', *History of Universities*, xix/2 (2004), p. 159.

62 William Clark, *Academic Charisma and the Origins of the Research University* (Chicago, il, 2006), p. 139.

63 John Milton, *Complete Poems and Major Prose*, ed. Merritt Y. Hughes (New York, 1957), p. 632.

64 Lorraine Daston, 'Baconian Facts, Academic Civility, and the Prehistory of Objectivity', *Annals of Scholarship*, viii (1991), p. 345.

65 Mary Poovey, *A History of the Modern Fact: Problems of Knowledge in the Sciences of Wealth and Society* (Chicago, il, and London, 1998).

66 Oswald Dykes, *Moral Reflexions Upon Select British Proverbs: Familiarly Accommodated to the Humour and Manners of the Present Age* (London, 1708), sig. a3v.

67 *The Fanatick Feast: A Pleasant Comedy* (London, 1710), p. 6.

68 Maria Edgeworth, *Patronage*, 4 vols (London, 1814), vol. i, pp. 82–83.

69 'Epilogue to the New Comedy of Speculation', *Britannic Magazine*, iii (1795), p. 410.

70 C. H. Wilson, ed., *The Myrtle and Vine; or, Complete Vocal Library*, 4 vols (London, 1800), vol. iii, p. 82.

71 George Gordon, Lord Byron, *Byron's Don Juan: A Variorum Edition*, 4 vols, ed. Truman Guy Steffan and Willis W. Pratt (Austin, tx, and Edinburgh,

1957), vol. iii, p. 203.
72 Ibid., vol. iii, p. 512.
73 Thomas Moore, *Life of Lord Byron: With His Letters and Journals*, 6 vols (London, 1854), vol. iii, p. 201.
74 John Collins, Scripscrapologia; or, Collins's Doggerel Dish Of All Sorts (Birmingham, 1804), p. 163.
75 'Philip Harmless', 'To the Quiz Club', *The Quiz*, i (1797), pp. 81–82.
76 Charles Dibdin, *The Etymology of Quiz, Written and Composed by Mr Dibdin, for His Entertainment called The Quizes, or a Trip to Elysium* (London, 1793), p. 3.
77 'Wanted', *The Spirit of the Public Journals for* 1809, xiii (1809), pp. 168–169.
78 Anthony Pasquin (John Williams), *The Hamiltoniad; or, An Extinguisher for the Royal Faction of New-England* (Boston, ma, 1804), p. 45.
79 Richard Polwhele, *The Follies of Oxford; or, Cursory Sketches on a University Education, from an Under Graduate to his Friend in the Country* (London, 1785), p. 12; *Advice to the Universities of Oxford and Cambridge, and to the Clergy of Every Denomination* (London, 1783), pp. 37–38.
80 *Advice to the Universities of Oxford and Cambridge, and to the Clergy of Every Denomination* (London, 1783), p. 38.
81 Ibid., pp. 39–44.
82 Ibid., p. 44.
83 'Quizicus', 'Address to the Freshmen of the University of Cambridge', *Sporting Magazine*, v (1794), p. 157.
84 Ibid.
85 Ibid.
86 Steven Connor, *Beyond Words: Sobs, Hums, Stutters and other Vocalizations* (London, 2014), pp. 172–173.
87 Samuel Pratt, *Harvest-Home: Consisting of Supplementary Gleanings, Original Dramas and Poems* (London, 1805), p. 143.
88 Alexander Rodger, *Stray Leaves from the Portfolios of Alisander the Seer, Andrew Whaup, and Humphrey Henkeckle* (Glasgow, 1842), p. 127.

89 'Central Criminal Court, Sept. 20', *The Times* (22 September 1879), p. 12.
90 Alex Boese, 'The Origin of the Word Quiz', www.hoaxes.org, 10 July 2012.
91 'Origin of the Word Quiz', *London and Paris Observer*, dix (15 February 1835), p. 112.
92 Ibid.
93 Ibid.
94 Ben Zimmer, 'Here's a Pop Quiz: Where the Hell Did "Quiz" Come From?', www.vocabulary.com, 9 February 2015.
95 *The World*, 816 (15 August 1789), n.p.
96 Ibid.
97 Ibid.
98 *The World*, 821 (22 August 1789), n.p.
99 *The Diary; or, Woodfall's Register*, 138 (5 September 1789), n.p.
100 Thomas Paine, Rights of Man, *Common Sense and Other Political Writings*, ed. Mark Philp (Oxford, 2008), p. 247.
101 James Joyce, *Ulysses: The 1922 Text*, ed. Jeri Johnson (Oxford, 2008), p. 286.
102 'Domestic Intelligence', *European Magazine and London Review*, xli (1802), p. 500.
103 B. H. Smart, *Walker Remodelled: A New Critical Pronouncing Dictionary of the English Language* (London, 1836), p. 507.
104 Ibid.
105 George Combe, *Lectures on Phrenology* (London and Edinburgh, 1839), p. 92.
106 'The United States', *The Times* (11 September 1873), p. 4.
107 Jim Cox, *The Great Radio Audience Participation Shows: Seventeen Programs from the 1940s and 1950s* (Jefferson, nc, and London, 2001), p.4.
108 'The Precious Metals', *American Whig Review*, v (1847), p. 424.
109 G. W. Peck, 'Evangeline', *American Whig Review*, vii (1848), p. 158.
110 'The Doctor and his Pills', *American Whig Review*, xvi (1852), p. 107.
111 'The Right to Free Highways', *Scientific American*, new ser., xvi (1867), p. 142.

112 *Common Knowledge*, www.dukeupress.edu/common-knowledge.
113 Martin A. Gardner, *Quiz Kids: The Radio Program with the Smartest Children in America, 1940–1953* (Jefferson, nc, and London, 2013).
114 Olaf Hoerschelmann, *Rules of the Game: Quiz Shows and American Culture* (Albany, ny, 2006), p. 5.
115 Ibid., p. 6.
116 Thomas A. DeLong, *Quiz Craze: America's Infatuation with Game Shows* (New York, Westport and London, 1991), p. 255.
117 Marcus Berkman, *Brain Men: The Passion to Compete* (London, 1999), p. 71.
118 Martin Heidegger, *Being and Time*, trans. John Macquarrie and Edward Robinson (Oxford, 1962), p. 32; Martin Heidegger, *Sein und Zeit* (Tübingen, 2006), p. 12: Jean-Paul Sartre, *Being and Nothingness: An Essay on Phenomenological Ontology*, trans. Hazel E. Barnes (London, 1984), p. lxii.

第五章 冒牌的知识

1 Dante Alighieri, *The Divine Comedy, 1: Inferno*, trans. Robin Kirkpatrick (London, 2006), p. 34.
2 Bram Stoker, *Famous Impostors* (London, 1910); C.J.S. Thompson, *Mysteries of History: With Accounts of Some Remarkable Characters and Charlatans* (London, 1928); George Bachelor, *Impostors and Charlatans: Ten Thrilling Stories of Deceivers* (Lower Chelston, Devon, 1946); Nigel Blundell and Sue Blackhall, *Great Hoaxers, Artful Fakers and Cheating Charlatans* (Barnsley, 2009); Linda Stratmann, *Fraudsters and Charlatans: A Peek at Some of History's Greatest Rogues* (Stroud, 2010).
3 John Milton, *Paradise Lost*, ed. Stephen Orgel and Jonathan Goldberg (Oxford, 2008), p. 54.
4 Eliza Haywood, *Love in Excess*; or, *The Fatal Inquiry*, 2nd edn, ed. David Oakleaf (Peterborough, on, 2000), p. 44.
5 Aristotle, *On Sophistical Refutations. On Coming-to-be and Passing Away. On the Cosmos*, trans. E. S. Forster and D.J. Furley (Cambridge, ma, and London, 1955), p. 61.

6　John Palsgrave, *Lesclarcissement de la languefrancoyse* (London, 1530), p. 667.
7　Robert Lowth, *Lectures on the Sacred Poetry of the Hebrews*, 2 vols, trans. G. Gregory (London, 1787), vol. ii, p. 127.
8　Charles Dickens, *Hard Times*, ed. Kate Flint (London, 2003), p. 193.
9　Antoine Arnauld, *The Coppie of the Anti-Spaniard Made at Paris by a French Man, a Catholique*, trans. Anthony Munday (London, 1590), p. 29.
10　Randle Cotgrave, *A Dictionarie of the French and English Tongues* (London, 1611), sig. q2r.
11　Ben Jonson, *The Alchemist and Other Plays*, ed. Gordon Campbell (Oxford, 2008), pp. 237–238.
12　Ibid., p. 236.
13　George Ripley, *The Compound of Alchymy; or, The Ancient Hidden Art of Archemie [sic], Conteining the Right & Perfectest Meanes to Make the Philosophers Stone, Aurum Potabile, with Other Excellent Experiments* (London, 1591), sig. k2v.
14　Ben Jonson, *The Alchemist and Other Plays*, ed. Gordon Campbell (Oxford, 2008), p. 238.
15　Ibid., p. 219.
16　Ibid., p. 297.
17　Piero Gambaccini, *Mountebanks and Medicasters: A History of Italian Charlatans from the Middle Ages to the Present*, trans. Bettie Gage Lippitt (Jefferson, nc, and London, 2004), p. 5.
18　Nicholas Jewson, 'The Disappearance of the Sick Man from Medical Cosmology, 1770–1870', *Sociology*, x (1976), pp. 232–233.
19　Roy Porter, *Quacks: Fakers and Charlatans in English Medicine* (Stroud, 2000), p. 43.
20　James Adair, *Medical Cautions, for the Consideration of Invalids* (Bath, 1786), p. 13.
21　Henry John Rose and Thomas Wright, *A New General Biographical Dictionary*, 12 vols (London, 1848), vol. i, p. 84.
22　Roy Porter, *Quacks: Fakers and Charlatans in English Medicine* (Stroud,

2000), p. 100.
23 Alexander Pope, *The Major Works*, ed. Pat Rogers (Oxford, 2006), p. 24.
24 Roy Porter, *Quacks: Fakers and Charlatans in English Medicine* (Stroud, 2000), p. 93.
25 John Corry, *The Detector of Quackery; or, Analyser of Medical, Philosophical, Political, Dramatic, and Literary Imposture* (London, 1802), pp. 64–65.
26 Tom Gunning, 'The Cinema of Attraction: Early Film, its Spectator and the Avant-garde', *Wide Angle*, viii (1986), p. 66.
27 Roy Porter, *Quacks: Fakers and Charlatans in English Medicine* (Stroud, 2000), p. 157.
28 Steven Connor, *Dream Machines* (London, 2017), pp. 103–117.
29 Johann Burkhard Mencken, *The Charlatanry of the Learned*, trans. Francis E. Litz, ed. H. L. Mencken (London, 1937), pp. 59–60.
30 Plato, *Euthyphyro. Apology. Crito. Phaedo. Phaedrus*, trans. Harold N. Fowler (Cambridge, ma, and London, 2005), pp. 565–567.
31 Abraham Andersen, *The Treatise of the Three Impostors and the Problem of the Enlightenment: A New Translation of the 'Traité des Trois Imposteurs' (1777 Edition)* (Lanham, md, 1997); Georges Minois, *The Atheist's Bible: The Most Dangerous Book that Never Existed* (Chicago, il, and London, 2012).
32 K. R. St Onge, *The Melancholy Anatomy of Plagiarism* (Lanham, New York and London, 1988), p. vii.
33 Stanley Cavell, *Must We Mean What We Say? A Book of Essays*, 2nd edn (Cambridge, 2002), p. 264.
34 Ibid., p. 266.
35 Pauline Rose Clance and Suzanne Imes, 'The Imposter [sic] Phenomenon in High Achieving Women: Dynamics and Therapeutic Intervention', *Psychotherapy Theory, Research and Practice*, xv (1978), pp. 241–247.
36 Joe Langford and Pauline Rose Clance, 'The Impostor Phenomenon: Recent Research Findings Regarding Dynamics, Personality and Family Patterns and their Implications for Treatment', *Psychotherapy*, xxx (1993), p. 496;

Rebecca L. Badawy, Brooke A. Gazdag, Jeffrey R. Bentley and Robyn L. Brouer, 'Are All Impostors Created Equal? Exploring Gender Differences in the Impostor Phenomenon–Performance Link', *Personality and Individual Differences*, cxxxi (2018), pp. 156–163.
37 Dana Simmons, 'Impostor Syndrome, a Reparative History', *Engaging Science, Technology, and Society*, ii (2016), pp. 119–120.
38 Ibid., p. 123.

第六章 无 知

1 Thomas A. Fudge, *The Trial of Jan Hus: Medieval Heresy and Criminal Procedure* (Oxford, 2013), pp. 64–70.
2 Sharon Henderson Taylor, 'Terms for Low Intelligence', *American Speech*, xlix (1974), p. 202.
3 John Donne, 'The True Character of a Dunce', *Paradoxes, Problemes, Essayes, Characters* . . . (London, 1652), p. 67.
4 Henry Cary, *The Slang of Venery and its Analogues* (Chicago, il, 1916), p. 51.
5 Nicholas Breton, *Crossing of Proverbs, Crosse-answeres and Crosse-humours* (London, 1616), sig. a8r.
6 John S. Farmer and W. E. Henley, *Slang and its Analogues Past and Present: A Dictionary, Historical and Comparative, of the Heterodox Speech of All Classes of Society for More than Three Hundred Years*, 7 vols (London, 1890–1904), vol. ii, p. 280.
7 Ibid., vol. ii, p. 281.
8 Jeannie B. Thomas, 'Dumb Blondes, Dan Quayle, and Hillary Clinton: Gender, Sexuality, and Stupidity in Jokes', *Journal of American Folklore*, cx (1997), p. 282.
9 Geoffrey Chaucer, *The Riverside Chaucer*, 3rd edn, ed. Larry D. Benson (Oxford, 2008), p. 69.
10 Walter Scott, 'Marmion: A Tale of Flodden Field', *Poetical Works*, ed. J. G. Lockhart (Edinburgh, 1841), p. 103.
11 Sigmund Freud, *The Standard Edition of the Complete Psychological Works*

of *Sigmund Freud*, 24 vols, ed. and trans.James Strachey et al. (London, 1953–74), vol. xvii, pp. 223–224. References, to *SE*, in the text hereafter.

12 Christopher Marlowe, *Dr Faustus and Other Plays*, ed. David Bevington and Eric Rasmussen (Oxford, 2008), p. 308.

13 Hermann Varnhagen,'Zu den sprichwörtern Hendings', *Anglia: Zeitschriftfür englische Philologie*, iv (1881), p. 190.

14 'Cuthbert Cunny-Catcher', *The Defence of Conny-catching; or, A Confutation of those Two Iniurious Pamphlets Published by R. G. against the Practitioners of Many Nimble-witted and Mysticall Sciences* (London, 1592), sig. a3r.

15 Robert Greene, *A Notable Discouery of Coosenage Now Daily Practised by Sundry Lewd Persons, Called Connie-catchers, and Crosse-byters* (London, 1591); *The Second Part of Conny-catching Contayning the Discouery of Certaine Wondrous Coosenages, Either Superficiallie Past Ouer, or Vtterlie Vntoucht in the First* (London, 1591).

16 Thomas Dekker and Thomas Middleton, *The Honest Whore, with The Humours of the Patient Man, and the Longing Wife* (London, 1604), sig. f3r.

17 Anon., *The Cony-catching Bride who After She Was Privately Married in a Conventicle or Chamber, According to the New Fashion of Marriage, She Sav'd her Selfe Very Handsomely from Being Coney-caught* (London, 1643).

18 Francis Beaumont and John Fletcher, *Cupid's[sic] Revenge* (London, 1615), sig. h3r.

19 B. E.,*A New Dictionary of the Canting Crew in its Several Tribes of Gypsies, Beggers, Thieves, Cheats &c.* (London, 1699), sig. c3v.

20 Ibid., sig. d 1v; sig. c8v.

21 Daniel Heller-Roazen, *Dark Tongues: The Art of Rogues and Riddlers* (Cambridge, ma, 2013).

22 Keith Briggs,'oe and me cunte in Place-names',*Journal of the English Place-name Society*, xli (2009), p. 29.

23 Kit Toda,'Eliot's Cunning Passages: A Note', *Essays in Criticism*, lxiv (2014), pp. 90–97.

24 T. S. Eliot,'Gerontion', *Complete Poems and Plays* (London, 1969), p. 38.

25 Richard Holt and Nigel Baker,'Towards a Geography of Sexual Encounter: Prostitution in Medieval English Towns', *Indecent Exposure: Sexuality, Society and the Archaeological Record*, ed. Lynne Bevan (Glasgow, 2001), p. 210.
26 Ibid., p. 202.
27 Keith Briggs,'oe and me cunte in Place-names', *Journal of the English Place-name Society*, xli (2009), p. 29.
28 B. E. New Dictionary, sig. d 1v; John Cleland, *Memoirs of a Woman of Pleasure*, 2 vols (London, 1749), vol. i, p. 196.
29 James Joyce, *Ulysses: The 1922 Text*, ed.Jeri Johnson (Oxford, 2008), p. 548.
30 Lisa Williams,'On Not Using the Word"Cunt"in a Poem', *Virginia Quarterly Review*, lxxxii (2006), p. 151.
31 Sigmund Freud, *Gesammelte Werke*, 18 vols (London, 1991), vol. xii, p. 247.
32 Ibid., vol. xvii, p. 47.
33 Keith Briggs,'oe and me cunte in Place-names', *Journal of the English Place-name Society*, xli (2009), p. 36, p. 28, p. 31.
34 James Joyce, *Finnegans Wake* (London, 1975), p. 213.
35 Ibid., p. 203.
36 Ibid., p. 310.
37 John Stephens, *Essayes and Characters, Ironicall, and Instructiue* (London, 1615), p. 33; George Ruggle, *Ignoramus: A Comedy as it was Several Times Acted with Extraordinary Applause before the Majesty of King James*, trans. Robert Codrington (London, 1662).
38 Richard Chenevix Trench, *On the Study of Words: Five Lectures Addressed to the Pupils at the Diocesan Training School, Winchester* (London, 1851), p. 74.
39 William Tyndale, *An Answer to Sir Thomas More's Dialogue, The Supper of the Lord after the True Meaning ofJohn vi and 1 Cor. XI*, ed. Henry Walter (Cambridge, 1850), pp. 48–49.
40 Thomas Pope Blount, *Glossographia, or,A Dictionary Interpreting All Such Hard Words of Whatsoever Language Now Used in Our Refined English Tongue*... (London, 1661), sig. kk4v.

41 John Donne, 'The True Character of a Dunce', *Paradoxes, Problemes, Essayes, Characters* (London, 1652), pp. 68–69.
42 Christopher Marlowe, *Dr Faustus and Other Plays*, ed. David Bevington and Eric Rasmussen (Oxford, 2008), p. 145.
43 Mikaela von Kursell, 'Faustus as Dunce: The Degeneration of Man and Word', *The Explicator*, lxxi (2013), p. 304.
44 Cecil Adams [pseud.], 'What's the Origin of the Dunce Cap?', *The Straight Dope*, 21 June 2000, www.straightdope.com.
45 Charles Dickens, *The Old Curiosity Shop: A Tale*, ed. Norman Page (London, 2000), p. 190.
46 Yadin Dudai et al., 'Dunce, a Mutant of *Drosophila* Deficient in Learning', *Proceedings of the National Academy of Sciences of the United States of America*, lxxiii (1976), pp. 1684–1688.
47 J. S. Duerr and W. G. Quinn, 'Three Drosophila Mutations that Block Associative Learning Also Affect Habituation and Sensitization', *Proceedings of the National Academy of Sciences of the United States of America*, lxxix (1982), pp. 3646–3650.
48 T. W. Adorno, *Minima Moralia: Reflections from Damaged Life*, trans. E.F.N.Jephcott (London and New York, 2005), p. 197.
49 B. E., *A New Dictionary*, n.p.
50 James Frederick Ferrier, *Institutes of Metaphysic: The Theory of Knowing and Being* (Edinburgh and London, 1854), p. 400.
51 Ibid., pp. 414–415.
52 John Skelton, *Poetical Works*, ed. Alexander Dyce, 3 vols (Boston, ma, and Cincinnati, oh, 1856), vol. ii, p. 126.
53 William Hazlitt, 'On Prejudice', *The Collected Works of William Hazlitt, vol. xii: Fugitive Writings*, ed. A. R. Waller and Arnold Glover (London and New York, 1904), p. 391.
54 Michael Deacon, 'Even Stupid People Have Feelings – Let's End This Bigotry', www.telegraph.co.uk, 2 August 2010.
55 John Saward, *Perfect Fools: Follyfor Christ's Sake in Catholic and Orthodox Spirituality* (Oxford, 1980), pp. 16–17. References, to pf, in the text hereafter.

56 Peter Sloterdijk, *God's Zeal: The Battle of the Three Monotheisms*, trans. Wieland Hoban (Cambridge and Malden, ma, 2009), pp. 23–24.
57 William Wordsworth, *The Major Works*, ed. Stephen Gill (Oxford, 2000), p. 70.
58 Ibid., p. 79.
59 Ibid., p. 80.
60 John Lyly, *Mother Bombie* (London, 1594), sig. e5r.
61 Patrick McDonagh, *Idiocy: A Cultural History* (Cambridge, 2011).
62 Martin Halliwell, *Images of Idiocy: The Idiot Figure in Modern Fiction and Film* (Abingdon and New York, 2016), p. 233.
63 Genese Grill, 'Musil's "On Stupidity": The Artistic and Ethical Uses of the Feminine Discursive', *Studia Austriaca*, xxi (2013), . 94.
64 Richard Vaughan, *Matthew Paris* (Cambridge, 1958), p. 60.
65 F.E.J. Valpy, *An Etymological Dictionary of the Latin Language* (London, 1828), p. 544.
66 Alfred Ernout and Alfred Meillet, *Dictionnaire étymologique de la langue latine: Histoire des mots*, 4th edn (Paris, 2001), p. 659.
67 Flannery O'Connor, *Mystery and Manners*, ed. Sally Fitzgerald and Robert Fitzgerald (New York, 1969), p. 77.
68 Robert Kugelmann, 'Imagination and Stupidity', *Soundings: An Interdisciplinary Journal*, lxx (1987), p. 87.
69 Ibid., p. 89.
70 Ibid., p. 90.
71 Tony Jasnowski, 'The Writer as Holy Fool: A Virtue of Stupidity', *Writing on the Edge*, iv (1993), p. 26.
72 Ibid., p. 30.
73 Ibid., p. 31.
74 Natalie Pollard, 'The Fate of Stupidity', *Essays in Criticism*, lxii (2012), p. 136.
75 Avital Ronell, *Stupidity* (Urbana, il, 2002), pp. 6–9. References, to *SY*, in the text hereafter.
76 Sianne Ngai, *Ugly Feelings* (Cambridge, ma, 2005), pp. 271–280.
77 Ibid., p. 278.

78 Ibid., p. 284.
79 Ibid., p. 297.
80 Ibid., p. 261.
81 Dale C. Spencer and Amy Fitzgerald, 'Criminology and Animality: Stupidity and the Anthropological Machine', *Contemporary Justice Review*, xviii (2015), p. 414, pp. 417–418.
82 Christopher Prendergast, 'Flaubert: Quotation, Stupidity and the Cretan Liar Paradox', *French Studies*, xxxv (1981), p. 266.
83 Robert Musil, 'On Stupidity', *Precision and Soul: Essays and Addresses*, ed. and trans Burton Pike and David S. Luft (Chicago, il, and London, 1990), p. 270.
84 Ibid., pp. 283–284.

第七章 知识的空间

1 Melanie Klein, *Love, Guilt and Reparation, and Other Works, 1921–1945* (New York, 1975), p. 59.
2 Sigmund Freud, *The Standard Edition of the Complete Psychological Works of Sigmund Freud*, 24 vols, ed. and trans. James Strachey et al. (London, 1953–1974), vol. iv, p. 273.
3 Ibid., vol. iv, p. 274.
4 Melanie Klein, *Love, Guilt and Reparation, and Other Works, 1921–1945* (New York, 1975), p. 59.
5 Ibid., p. 60.
6 Ibid.
7 Ibid., p. 66.
8 Deborah P. Britzman, *After-Education: Anna Freud, Melanie Klein, and Psychoanalytic Histories of Learning* (Albany, ny, 2003), p. 3.
9 Ibid., p. 7.
10 Scott Olsen, *Golden Section: Nature's Greatest Secret* (New York, 2006), p. 8.
11 Anon., *Ad C. Herennium de Ratione Dicendi (Rhetorica ad Herennium)*, trans. Harry Caplan (London and Cambridge, ma, 1954), p. 209. References, to rh, in the text hereafter.
12 Mary Carruthers, *The Craft of Thought: Meditation, Rhetoric, and the*

Making of Images, 400–1200 (Cambridge, 1998), p. 12.
13 Joannes Tzetzes, βιβλιον ιστορικησ τησ δια στιχων πολιτκων/*Historiarum variarum chiliades*, ed. Theophilus Kiesslingius (Leipzig, 1826), p. 322.
14 Martin Heidegger, *Introduction to Metaphysics*, 2nd edn, trans. Gregory Fried and Richard Polt (New Haven, ct, and London, 2014), p. 141.
15 Jorge Luis Borges,'The Library of Babel', *Collected Fictions*, trans. Andrew Hurley (New York, 1998), pp. 113–114.
16 Ibid., p. 115.
17 Ibid.
18 Ibid., p. 118.
19 Justus Lipsius,*A Brief Outline of the History of Libraries*, trans. John Cotton Dana (Chicago, il, 1907), pp. 36–37, pp. 52–54.
20 Lina Bolzoni, *The Gallery of Memory: Literary and Iconographic Models in the Age of the Printing Press*, trans.Jeremy Parzen (Toronto, Buffalo and London, 2001), pp. 65–82.
21 Mary Carruthers, *The Craft of Thought: Meditation, Rhetoric, and the Making of Images, 400–1200* (Cambridge, 1998), pp. 22–23.
22 Steven Connor, *Dream Machines* (London, 2017), pp. 153–154.
23 Giulio Camillo, *L'idea del theatro* (Florence, 1550); Frances A. Yates, *The Art of Memory* (London, 1966), pp. 129–159.
24 Frances A. Yates, *The Art of Memory*, pp. 130–131.
25 Ibid., p. 132.
26 Ibid., p. 144.
27 Robert of Brunne, *Robert of Brunne's 'Handlyng Synne' ad 1303*: Part i, ed. Frederick J. Furnivall (London, 1901), p. 158.
28 Dora Thornton, *The Scholar in his Study: Ownership and Experience in Renaissance Italy* (New Haven, ct, and London, 1997), p. 137.
29 Ibid., p. 77.
30 Jacobus de Voragine, *The Golden Legend: or, Lives of the Saints, as Englished by William Caxton*, 6 vols (London, 1900), vol. v, pp. 202–207.
31 David Hume, *A Treatise of Human Nature*, ed. Ernest C. Mossner (London, 1985), p. 301.

32 Donald Beecher, 'Mind, Theaters, and the Anatomy of Consciousness', *Philosophy and Literature*, xxx (2006), p. 3.
33 Ibid., p. 14.
34 Steven Connor, 'Thinking Things', *Textual Practice*, xxiv (2010), pp. 1–20.
35 Seamus Heaney, 'Villanelle for an Anniversary', *Opened Ground: Poems, 1966–1996* (London, 1998), p. 289.
36 John Milton, *Paradise Lost and Paradise Regained*, ed. Gordon Campbell (London, 2008), p. 351.
37 Henry Peacham, *Minerva Britanna; or, A Garden of Heroical Devises* (London, 1612), p. 185.
38 Charles Augustin Sainte-Beuve, 'Pensées d'août', *Poésies* (Paris, 1837), p. 152.
39 Gaston Bachelard, *The Poetics of Space*, trans. Marie Jolas (Boston, ma, 1994), p. 22.
40 John Henry Newman, *The Idea of a University*, ed. Frank M. Turner (New Haven, ct, 1996), pp. 16–17.
41 Robert Burton, *The Anatomy of Melancholy*, ed. Thomas C. Faulkner, Nicolas K. Kiessling and Rhonda L. Blair, 6 vols (Oxford, 1989–2000), vol. i, p. 236.
42 William Camden, *Britain, or A Chorographicall Description of the Most Flourishing Kingdomes, England, Scotland, and Ireland*, trans. Philémon Holland (London, 1610), p. 486.
43 Philip Larkin, 'Whitsun Weddings', *Collected Poems*, ed. Anthony Thwaite (London, 1990), p. 116.
44 Jet Propulsion Laboratory, 'nasa Spacecraft Embarks on Historic Journey into Interstellar Space', www.jpl.nasa.gov, 12 September 2013.
45 Lewis Carroll, *Alice's Adventures in Wonderland and Through the Looking-Glass and What Alice Found There*, ed. Roger Lancelyn Green (Oxford, 1998), p. 105.
46 Wilhelm Worringer, *Abstraction and Empathy: A Contribution to the Psychology of Style*, trans. Michael Bullock (Chicago, il, 1997), p. 15.
47 Gaston Bachelard, *The Poetics of Space*, trans. Marie Jolas (Boston, ma, 1994), p. 91.
48 Émile Durkheim, *The Elementary Forms of Religious Life*, trans. Karen E.

Fields (New York, 1995), p. 217.

49 Christopher Marlowe, *Dr Faustus and Other Plays*, ed. David Bevington and Eric Rasmussen (Oxford, 2008), p. 254.

第八章　知识阶层统治制度

1 Steve Fuller,'Knowledge as Product and Property', *The Culture and Power of Knowledge: Inquiries into Contemporary Societies*, ed. Nico Stehr and Richard V. Ericson (Berlin and New York, 1992), p. 174.

2 Diogenes Laertius, *Lives of Eminent Philosophers*, trans. R. D. Hicks, 2 vols (London and New York, 1925), vol. ii, p. 41.

3 Christian Wolff,'On the Philosopher King and the Ruling Philosopher', *Moral Enlightenment: Leibniz and Wolff on China*, trans. and ed.Julia Ching and Willard G. Oxtoby (Nettetal, 1992), p. 187.

4 Peter Sloterdijk, *Critique of Cynical Reason*, trans. Michael Eldred (London and New York, 1988), pp. 160–161.

5 Patrick Nold, *Pope John xxii and his Franciscan Cardinal: Bertrand de la Tour and the Apostolic Poverty Controversy* (Oxford, 2003), pp. 140–177; Melanie Brunner,'Pope John xxii and the Michaelists: The Scriptural Title of Evangelical Poverty in *Quia vir reprobus*', *Church History and Religious Culture*, xciv (2014), pp. 197–226.

6 Peter F. Drucker, *The Age of Discontinuity: Guidelines to our Changing Society* (London, 1969), p. 259.

7 Terence Ball, *Transforming Political Authority: Political Theory and Critical Conceptual History* (Oxford, 1988), p. 115.

8 A.James Gregor, *Mussolini's Intellectuals: Fascist Social and Political Thought* (Princeton, nj, and Oxford, 2005), pp. 27–142.

9 David M. Estlund, *Democratic Authority: A Philosophical Framework* (Princeton, nj, and Oxford, 2008), pp. 29–278.

10 Jason Brennan,*Against Democracy* (Princeton, nj, 2016).

11 David Runciman,'How the Education Gap is Tearing Politics Apart', www.theguardian.com, 5 October 2016.

12 Ibid.

13 H. L. Mencken, *A Little Book in C Major* (New York, 1916), p. 19.
14 John Naughton, 'The Education Gap and its Implications', *Memex 1.1: John Naughton's Online Diary*, http://memex.naughtons.org, 6 February 2017.
15 David Runciman, 'How the Education Gap is Tearing Politics Apart', www.theguardian.com, 5 October 2016.
16 Fabienne Peter, 'The Epistemic Circumstances of Democracy', *The Epistemic Life of Groups: Essays in the Epistemology of Collectives*, ed. Michael S. Brady and Miranda Fricker (Oxford, 2016), p. 133.
17 Terence Ball, *Transforming Political Authority: Political Theory and Critical Conceptual History* (Oxford, 1988), p. 119.
18 Nadia Urbinati, *Democracy Disfigured: Opinion, Truth, and the People* (Cambridge, ma, and London, 2014), pp. 5–6.
19 Anne Jeffrey, 'Limited Epistocracy and Political Inclusion', *Episteme* (2017), pp. 1–21.
20 Nassim Nicholas Taleb, *The Black Swan: The Impact of the Highly Improbable* (London, 2007), p. 190.
21 Ibid.
22 Nassim Nicholas Taleb, 'Black Swan-Blind', *New Statesman* (5 July 2010), cxxxix/5008, p. 30.
23 Brent C. Pottenger, 'What is an Epistemocrat?', *Healthcare Epistemocrat*, 2007, http://epistemocrat.blogspot.co.uk.
24 Jürgen Habermas, *The Theory of Communicative Action*, 2 vols, trans. Thomas McCarthy (Boston, ma, 1987), vol. ii, p. 333.
25 Peter F. Drucker, *The Age of Discontinuity: Guidelines to our Changing Society* (London, 1969), pp. 247–355; Daniel Bell, *The Coming of Post-industrial Society: A Venture in Social Forecasting* (New York, 1973), p. 212.
26 Nico Stehr, *Knowledge Societies* (London, Thousand Oaks and New Delhi, 1994), p. 9.
27 UNESCO, *Towards Knowledge Societies* (Paris, 2005), p. 18.
28 Daniel Innerarity, 'Power and Knowledge: The Politics of the Knowledge Society', *European Journal of Social Theory*, xvi (2012), p. 4.
29 Gernot Böhme, 'The Techno-structures of Society', *The Culture and Power*

of Knowledge: Inquiries into Contemporary Societies, ed. Nico Stehr and Richard V. Ericson (Berlin and New York, 1992), p. 42.
30 Francis Bacon, *The New Organon*, ed. Lisa Jardine and Michael Silverthorne (Cambridge, 2000), p. 28.
31 Mary Everest Boole, *The Message of Psychic Science to Mothers and Nurses* (London, 1883), pp. 246–247.
32 Ibid., p. 247.
33 Heinrich Bullinger,*A Hundred Sermons vpon the Apocalips of Iesu Christe* (London, 1561), p. 199.
34 Robert Steele, *The Earliest Arithmetics in English* (London and Oxford, 1922), p. 3.
35 Louise Amoore and Volha Piotukh,*Algorithmic Life: Calculative Devices in the Age of Big Data* (London, 2015).
36 John Danaher,'The Threat of Algocracy: Reality, Resistance and Accommodation', *Philosophy and Technology*, xxix (2016), pp. 245–268.
37 Steve Fuller,'Knowledge as Product and Property', *The Culture and Power of Knowledge: Inquiries into Contemporary Societies*, ed. Nico Stehr and Richard V. Ericson (Berlin and New York, 1992), p. 158.
38 Steven Connor, *Dream Machines* (London, 2017).
39 UNESCO, *Towards Knowledge Societies* (Paris, 2005), p. 22.
40 Robin Mansell and Gaëtan Tremblay, *Renewing the Knowledge Societies Vision: Towards Knowledge Societies for Peace and Sustainable Development* (Paris, 2013), p. 1.
41 Ibid., p. 13.
42 UNESCO, *Towards Knowledge Societies* (Paris, 2005), p. 50.
43 Sebastian Haunss, *Conflicts in the Knowledge Society: The Contentious Politics of Intellectual Property* (Cambridge, 2013).
44 UNESCO, *Towards Knowledge Societies* (Paris, 2005), p. 96.
45 Nico Stehr, *Knowledge Societies* (London, Thousand Oaks and New Delhi, 1994), p. 91.
46 Friedrich Nietzsche, *On the Genealogy of Morality*, ed. Keith Ansell-Pearson, trans. Carole Diethe (Cambridge, 2006), p. 3.

进一步阅读

Adams, Cecil [pseud.], 'What's the Origin of the Dunce Cap?', www.straightdope.com, 21 June 2000.

Amoore, Louise, and Volha Piotukh, *Algorithmic Life: Calculative Devices in the Age of Big Data* (London, 2006).

Andersen, Abraham, *The Treatise of the Three Impostors and the Problem of the Enlightenment. A New Translation of the Traité des Trois Imposteurs (1777 Edition)* (Lanham, md, 1997).

Batsaki, Yota, Subha Mukherji, and Jan-Melissa Schramm, eds, *Fictions of Knowledge: Fact, Evidence, Doubt* (London and New York, 2012).

Beecher, Donald, 'Mind, Theaters, and the Anatomy of Consciousness', *Philosophy and Literature*, xxx (2006), pp. 1–16.

Berkman, Marcus, *Brain Men: The Passion to Compete* (London, 1999).

Bill, M. B., 'Delusions of Doubt', *Popular Science Monthly*, xxi (1882), pp. 788–795.

Bion, W. R., *Learning from Experience* (London, 1962).

Birdsall, Carolyn, Maria Boletsi, Itay Sapir and Pieter Verstraete, eds, *Inside Knowledge: (Un)doing Ways of Knowing in the Humanities* (Newcastle upon Tyne, 2009).

Boese, Alex, 'The Origin of the Word Quiz', www.hoaxes.org, 10 July 2012.

Brady, Michael S., and Miranda Fricker, eds, *The Epistemic Life of Groups: Essays in the Epistemology of Collectives* (Oxford, 2016).

Bullard, Rebecca, *The Politics of Disclosure, 1674–1725: Secret History Narratives* (London, 2009).

Camillo, Giulio, *L'idea del theatro* (Florence, 1550).

Carruthers, Mary, *The Craft of Thought: Meditation, Rhetoric, and the Making of Images, 400–1200* (Cambridge, 1998).

Cassirer, Ernst, *The Philosophy of Symbolic Forms*, vol. iii: *The Phenomenology of Knowledge*, trans. Ralph Manheim (New Haven, ct, 1957).

Chadwick, Mary, 'Notes upon the Acquisition of Knowledge', *Psychoanalytic Review*, xiii (1926), pp. 257–280.

Clark, William, *Academic Charisma and the Origins of the Research University* (Chicago, il, 2006).

Connor, Steven, 'Modern Epistemopathies' (2017), www.stevenconnor.com/modern-epistemopathies.html.

Cook, Eleanor, *Enigmas and Riddles in Literature* (Cambridge, 2006).

DeLong, Thomas A., *Quiz Craze: America's Infatuation with Game Shows* (New York, Westport and London, 1991).

Donne, John, 'The True Character of a Dunce', *Paradoxes, Problemes, Essayes, Characters* (London, 1652), pp. 67–71.

Drucker, Peter F., *The Age of Discontinuity: Guidelines to our Changing Society* (London, 1969).

Felipe, Donald, 'Post-Medieval Ars Disputandi', PhD dissertation, University of Texas, 1991, https://disputatioproject.files.wordpress.com.

Ferrier, James Frederick, *Institutes of Metaphysic: The Theory of Knowing and Being* (Edinburgh and London, 1854).

Gambaccini, Piero, *Mountebanks and Medicasters: A History of Italian Charlatans from the Middle Ages to the Present*, trans. Bettie Gage Lippitt (Jefferson, nc, and London, 2004).

Halliwell, Martin, *Images of Idiocy: The Idiot Figure in Modern Fiction and Film* (Abingdon and New York, 2016).

Haring, Lee, 'On Knowing the Answer', *Journal of American Folklore*, lxxxvii (1974), pp. 197–207.

Harms, Arnold C., *The Spiral of Inquiry: A Study in the Phenomenology of Inquiry* (Lanham, md, 1999).

Hasan-Rokem, Galit, and David Shulman, eds, *Untying the Knot: On Riddles and*

Other Enigmatic Modes (New York and Oxford, 1996).

Haunss, Sebastian, *Conflicts in the Knowledge Society: The Contentious Politics of Intellectual Property* (Cambridge, 2013).

Heller-Roazen, Daniel, *Dark Tongues: The Art of Rogues and Riddlers* (Cambridge, ma, 2013).

Hoerschelmann, Olaf, *Rules of the Game: Quiz Shows and American Culture* (Albany, ny, 2006).

Innerarity, Daniel, 'Power and Knowledge: The Politics of the Knowledge Society', *European Journal of Social Theory*, xvi (2012), pp. 3–16.

Kaivola-Bregenhøj, Annikki, *Riddles: Perspectives on the Use, Function and Change in a Folklore Genre* (Helsinki, 2016).

Kugelmann, Robert, 'Imagination and Stupidity', *Soundings: An Interdisciplinary Journal*, lxx (1987), pp. 81–93.

Lewin, Bertram D., 'Education or the Quest for Omniscience', *Journal of the American Psychoanalytic Association*, vi (1958), pp. 389–412.

Lipsius, Justus, *A Brief Outline of the History of Librairies*, trans. John Cotton Dana (Chicago, il, 1907).

Lord, Evelyn, *The Hell-fire Clubs: Sex, Satanism and Secret Societies* (New Haven, ct, and London, 2009).

McDonagh, Patrick, *Idiocy: A Cultural History* (Cambridge, 2011)

McGann, Jerome J., *Towards a Literature of Knowledge* (Oxford, 1999).

Mansell, Robin, and Gaëtan Tremblay, *Renewing the Knowledge Societies Vision: Towards Knowledge Societies for Peace and Sustainable Development* (Paris, 2013).

Maranda, Ella Köngäs, 'The Logic of Riddles', *Structural Analysis of Oral Tradition*, ed. Pierre Maranda and Ella Köngäs Maranda (Philadelphia, pa, 1971), pp. 189–232.

Mencken, Johann Burkhard, *The Charlatanry of the Learned*, trans. Francis E. Litz, ed. H. L. Mencken (London, 1937).

Mijolla-Mellor, Sophia de, *Le Besoin de savoir: Théories et mythes magico-sexuels dans l'enfance* (Paris, 2002).

Musil, Robert, 'On Stupidity', *Precision and Soul: Essays and Addresses*, ed.

and trans. Burton Pike and David S. Luft (Chicago, il, and London, 1990), pp. 268–286.

Nagel, Jennifer, *Knowledge: A Very Short Introduction* (Oxford, 2014) Nesbit, E., 'The Things That Matter', *The Rainbow and the Rose* (London, New York and Bombay, 1905), pp. 3–5.

Nietzsche, Friedrich, *The Will to Power: Selections from the Notebooks of the 1880s*, ed. R. Kevin Hill, trans. R. Kevin Hill and Michael A. Scarpitti (London, 2017).

Ost, François, and Laurent van Eynde, *Faust, ou les frontières du savoir* (Brussels, 2002).

Pollard, Natalie, 'The Fate of Stupidity', *Essays in Criticism*, lxii (2012), pp. 25–38.

Porter, Roy, *Quacks: Fakers and Charlatans in English Medicine* (Stroud, 2000) Poovey, Mary, *A History of the Modern Fact: Problems of Knowledge in the Sciences of Wealth and Society* (Chicago, il, and London, 1998).

Posecznik, Alex, 'On Anthropological Secrets', www.anthronow.com, 1 October 2009.

Procopius of Caesarea, *The Anecdota, or Secret History*, trans. H. B. Dewing (Cambridge, ma, and London, 1935).

Rabb, Melinda Alliker, *Satire and Secrecy in English Literature from 1650 to 1750* (Basingstoke, 2007).

Richards, I. A., *Science and Poetry* (London, 1926).

Ronell, Avital, *Stupidity* (Urbana, il, 2002).

Rudnytsky, Peter L., and Ellen Handler Spitz, eds, *Freud and Forbidden Knowledge* (New York, 1994).

Runciman, David, 'How the Education Gap is Tearing Politics Apart', www.theguardian.com, 5 October 2016.

St Onge, K. R., *The Melancholy Anatomy of Plagiarism* (Lanham, New York and London, 1988).

Saward, John, *Perfect Fools: Folly for Christ's Sake in Catholic and Orthodox Spirituality* (Oxford, 1980).

Sforza, Michele G., 'Epistemophily-Epistemopathy: Use of the Internet between Normality and Disease', in *Psychoanalysis, Identity and the Internet*, ed.

Andrea Marzi (London, 2016), pp. 181–207.

Simmel, Georg, 'The Sociology of Secrecy and of Secret Societies', *American Journal of Sociology*, xi (1906), pp. 441–498.

Simmons, Dana, 'Impostor Syndrome, a Reparative History', *Engaging Science, Technology, and Society*, ii (2016), pp. 106–127.

Spengler, Oswald, *The Decline of the West*, vol 1: *Form andActuality*, trans. Charles Frances Atkinson (London, 1926).

Stehr, Nico, *Knowledge Societies* (London, Thousand Oaks and New Delhi, 1994).

Stuckrad, Kocku von, *Western Esotericism: A Brief History of Secret Knowledge*, trans. Nicholas Goodrick-Clarke (London and Oakville, ct, 2005).

Taussig, Michael, *Defacement: Public Secrecy and the Labor of the Negative* (Stanford, ca, 1999).

Thomas, Jeannie B., 'Dumb Blondes, Dan Quayle, and Hillary Clinton: Gender, Sexuality, and Stupidity in Jokes', *Journal of American Folklore*, cx (1997), pp. 277–313.

Thornton, Dora, *The Scholar in his Study: Ownership and Experience in Renaissance Italy* (New Haven, ct, and London, 1997).

Tucker, Brian, *Reading Riddles: Rhetorics of Obscurityfrom Romanticism to Freud* (Lewisburg, pa, 2011).

unesco, *Towards Knowledge Societies* (Paris, 2005).

Walsh, Dorothy, *Literature and Knowledge* (Middletown, ct, 1969).

Wilgus, Neal, *The Illuminoids: Secret Societies and Political Paranoia* (London, 1980).

Winter, Sarah, *Freud and the Institution of Psychoanalytic Knowledge* (Stanford, ca, 1999).

Wood, Michael, *Literature and the Taste of Knowledge* (Cambridge, 2009).

Yates, Frances A. *The Art of Memory* (London, 1966).